U0158655

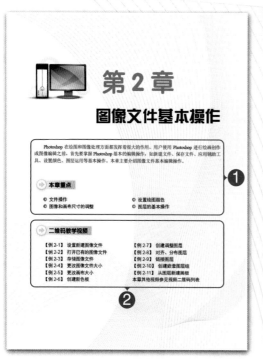

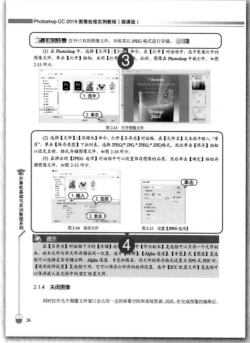

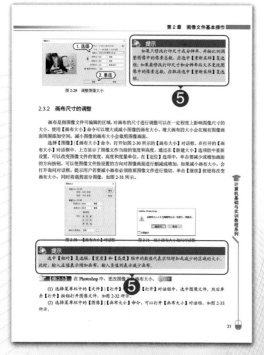

① **导读与重点：**

以言简意赅的语言表述本章介绍的主要内容和教学重点。

② **教学视频：**

列出本章有同步教学视频的操作案例，让读者随时扫码学习。

③ **实例概述：**

简要描述实例内容，同时让读者明确该实例是否附带教学视频。

④ **操作步骤：**

图文并茂，详略得当，让读者对实例操作过程轻松上手。

⑤ **技巧提示：**

讲述软件操作在实际应用中的技巧，让读者少走弯路、事半功倍。

[配套资源使用说明]

▶▶ 观看二维码教学视频的操作方法

　　本套丛书提供书中实例操作的二维码教学视频，读者可以使用手机微信中的"扫一扫"功能，扫描本书前言中的"扫一扫，看视频"二维码图标，即可打开本书对应的同步教学视频界面。

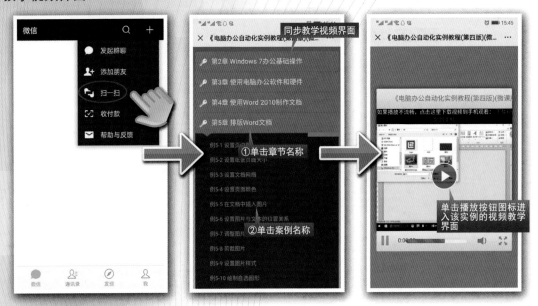

▶▶ 推送配套资源到邮箱的操作方法

　　本套丛书提供扫码推送配套资源到邮箱的功能，读者可以使用手机微信中的"扫一扫"功能，扫描本书前言中的"扫码推送配套资源到邮箱"二维码图标，即可快速下载图书配套的相关资源文件。

Word中的大纲视图

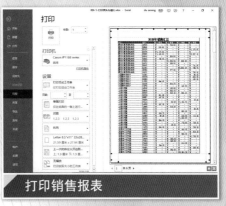

打印销售报表

给段落添加底纹

设置放映方式

设置幻灯片母版

设置切换动画

设置图表元素

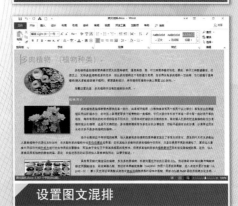

设置图文混排

[本书案例演示]

添加切换动画

在幻灯片中插入图片

在文档中插入符号

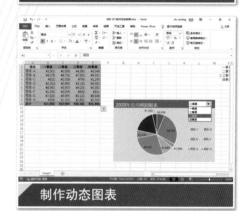

制作动态图表

制作服务保障卡

制作强调动画

制作数据透视图

制作员工培训幻灯片

计算机基础与实训教材系列

Office 2019
实例教程 (微课版)

卢莹莹 编著

清华大学出版社
北京

内 容 简 介

本书由浅入深、循序渐进地介绍使用 Office 2019 进行办公的操作方法和使用技巧。全书共分 13 章，分别介绍 Office 2019 入门基础，Word 文本段落编辑，Word 图文混排，Word 高级排版设计，使用宏、域和公式，Excel 基础操作，管理表格数据，使用公式与函数，制作图表与数据透视表，PowerPoint 基础操作，幻灯片版式和动画设计，放映和发布演示文稿、Office 2019 综合应用等内容。

本书内容丰富、结构清晰、语言简练、图文并茂，具有很强的实用性和可操作性，是一本适用于高等院校的优秀教材，也是广大初、中级计算机用户的首选参考书。

本书对应的电子课件、实例源文件和习题答案可以到 http://www.tupwk.com.cn/edu 网站下载，也可以通过扫描前言中的二维码下载。

本书封面贴有清华大学出版社防伪标签，无标签者不得销售。

版权所有，侵权必究。举报：010-62782989，beiqinquan@tup.tsinghua.edu.cn。

图书在版编目(CIP)数据

Office 2019 实例教程：微课版 / 卢莹莹编著. —北京：清华大学出版社，2021.1

计算机基础与实训教材系列

ISBN 978-7-302-56829-2

Ⅰ.①O… Ⅱ.①卢… Ⅲ. ①办公自动化—应用软件—教材 Ⅳ. ①TP317.1

中国版本图书馆 CIP 数据核字(2020)第 223933 号

责任编辑：胡辰浩
封面设计：高娟妮
版式设计：妙思品位
责任校对：成凤进
责任印制：吴佳雯

出版发行：清华大学出版社

　　　　网　　址：http://www.tup.com.cn，http://www.wqbook.com

　　　　地　　址：北京清华大学学研大厦 A 座　　　　　邮　编：100084

　　　　社 总 机：010-62770175　　　　　　　　　　邮　购：010-62786544

　　　　投稿与读者服务：010-62776969，c-service@tup.tsinghua.edu.cn

　　　　质 量 反 馈：010-62772015，zhiliang@tup.tsinghua.edu.cn

印 装 者：三河市君旺印务有限公司

经　　销：全国新华书店

开　　本：190mm×260mm　　　印　张：22.75　　　插　页：2　　字　数：614 千字

版　　次：2021 年 1 月第 1 版　　　印　次：2021 年 1 月第 1 次印刷

印　　数：1～3000

定　　价：78.00 元

产品编号：083378-01

前言

《Office 2019 实例教程(微课版)》是"计算机基础与实训教材系列"丛书中的一本。本书从教学实际需求出发,合理安排知识结构,由浅入深、循序渐进地讲解使用 Office 2019 进行办公的操作方法和使用技巧。全书共分 13 章,主要内容如下。

第 1 章介绍 Office 2019 的入门基础知识,包括软件的安装流程,Word、Excel 和 PowerPoint 的工作界面以及自定义功能的操作等内容。

第 2~5 章介绍使用 Word 2019 处理文档的方法和技巧,包括文本段落编辑、图文混排、高级排版设计、使用宏和域等内容。

第 6~9 章介绍使用 Excel 2019 处理表格的方法和技巧,包括表格基础知识、管理表格数据、使用公式与函数、制作图表与数据透视表等内容。

第 10~12 章介绍使用 PowerPoint 2019 制作幻灯片的方法和技巧,包括幻灯片基础知识、幻灯片版式和动画设计、放映和发布演示文稿等内容。

第 13 章通过几个综合实例讲述 Office 2019 在办公应用中的使用方法和技巧。

本书图文并茂、条理清晰、通俗易懂、内容丰富,在讲解每个知识点时都配有相应的实例,方便读者上机实践。同时,为了方便老师教学,我们免费提供本书对应的电子课件、实例源文件和习题答案下载。本书提供书中实例操作的二维码教学视频,读者使用手机微信和 QQ 中的"扫一扫"功能,扫描下方的二维码,即可观看本书对应的同步教学视频。

本书配套素材和教学课件的下载地址如下。

http://www.tupwk.com.cn/edu

本书同步教学视频的二维码如下。

扫一扫,看视频

扫码推送配套资源到邮箱

本书由阜新高等专科学校的卢莹莹编著。由于作者水平有限,本书难免有不足之处,欢迎广大读者批评指正。我们的邮箱是 huchenhao@263.net,电话是 010-62796045。

编 者

2020 年 8 月

推荐课时安排

章　名	重点掌握内容	教学课时
第 1 章 Office 2019 入门基础	Office 2019 的启动和退出、工作界面、自定义工作环境、获取 Word 帮助	1 学时
第 2 章 Word 文本段落编辑	输入文本、编辑文本、设置文本和段落格式、设置项目符号和编号、添加边框和底纹	3 学时
第 3 章 Word 图文混排	使用表格、使用图片、使用艺术字、使用 SmartArt 图形、使用形状、使用文本框	4 学时
第 4 章 Word 高级排版设计	设置页面格式，表格基础编辑，使用样式，编辑长文档，插入页眉、页脚和页码	3 学时
第 5 章 使用宏、域和公式	使用宏、使用域、使用公式	2 学时
第 6 章 Excel 基础操作	工作簿、工作表、单元格的基础操作，输入表格数据，设置表格格式，添加主题和背景	3 学时
第 7 章 管理表格数据	排序、筛选、分类汇总数据、使用数据有效性功能	4 学时
第 8 章 使用公式与函数	公式的运算符、使用公式、使用函数、使用名称	3 学时
第 9 章 制作图表与数据透视表	插入和编辑图表、制作数据透视表、使用切片器、创建数据透视图、设置打印报表	3 学时
第 10 章 PowerPoint 基础操作	创建演示文稿、幻灯片的基础操作、编辑幻灯片文本、修饰幻灯片元素	3 学时
第 11 章 幻灯片版式和动画设计	设置幻灯片母版、设置幻灯片主题和背景、设计幻灯片切换动画、添加对象动画效果、设置对象动画效果、制作交互式幻灯片	4 学时
第 12 章 放映和发布演示文稿	幻灯片放映设置、放映演示文稿、打包和导出演示文稿	2 学时
第 13 章 Office 2019 综合应用	制作员工培训 PPT 等实例	3 学时

注：1. 教学课时安排仅供参考，授课教师可根据情况进行调整。

2. 建议每章安排与教学课时相同时间的上机练习。

目录

计算机基础与实训教材系列

计算机基础与实训教材系列

第1章

Office 2019入门基础

Office 2019 是 Microsoft 公司推出的最新的办公软件。其界面清爽，操作方便，功能齐全，并且集成了 Word、Excel、PowerPoint 等多种常用办公软件，使用户在使用时更加得心应手。本章将介绍安装和运行 Office 2019 的操作方法，以及软件的工作界面等内容。

➡ 本章重点

- Office 2019 的启动和退出
- Office 2019 工作界面
- 自定义工作环境
- Office 2019 帮助系统

➡ 二维码教学视频

【例 1-1】 设置功能区
【例 1-2】 设置快速访问工具栏
【例 1-3】 使用 Word 帮助系统
【例 1-4】定制工作界面
【例 1-5】设置保存选项

1.1 Office 2019 概述

Office 2019 包括 Word 2019、Excel 2019、PowerPoint 2019、Access 2019、Outlook 2019 和 Publisher 2019 等组件，其中 Word 2019、Excel 2019、PowerPoint 2019 是最常用的三大组件。

1.1.1 Office 2019 功能应用

Office 2019 中的 Word 2019、Excel 2019、PowerPoint 2019 这三个软件是日常办公应用中最常用的三大组件，分别用于文字处理领域、数据处理领域和幻灯片演示领域。

1. Word 2019 功能应用

Word 2019 是一款功能强大的文档处理软件。它既能够制作各种简单的办公商务和个人文档，又能制作用于印刷的版式复杂的文档。使用 Word 2019 处理文件，大大提高了企业办公自动化的效率。

Word 2019 主要有以下几种实际应用。

▽ 文字处理功能：Word 2019 是一个功能强大的文字处理软件，利用它可以输入文字，并可为文字设置不同的字体样式和大小。

▽ 表格制作功能：Word 2019 不仅能处理文字，还能制作各种表格，使文字内容更加清晰，如图 1-1 所示。

▽ 图形图像处理功能：在 Word 2019 中可以插入图形图像，例如文本框、艺术字和图表等，制作出图文并茂的文档，如图 1-2 所示。

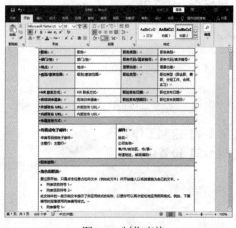

图 1-1 制作表格

图 1-2 插入图像

▽ 文档组织功能：在 Word 2019 中可以建立任意长度的文档，还能对长文档进行各种编辑管理。

▽ 页面设置及打印功能：在 Word 2019 中可以设置出各种各样的版式，以满足不同用户的需求。使用打印功能可轻松地将电子文本打印到纸上，如图 1-3 所示。

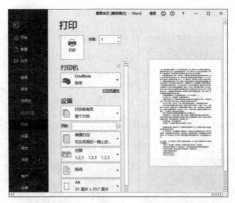

图 1-3　页面和打印设置

2. Excel 2019 功能应用

Excel 是一款非常优秀的电子表格制作软件，不仅广泛应用于财务部门，很多其他用户也使用 Excel 来处理和分析他们的业务信息。Excel 2019 主要负责数据计算工作，具有数据录入与编辑、表格美化、数据计算、数据分析与数据管理等功能。

Excel 2019 主要有以下几种实际应用。

▽ 创建统计表格：Excel 2019 的制表功能可以把用户所用到的数据输入 Excel 中以形成表格。

▽ 进行数据计算：在 Excel 2019 的工作表中输入完数据后，还可以对用户所输入的数据进行计算，例如进行求和、求平均值、求最大值以及最小值等，如图 1-4 所示为计算提成数据。此外，Excel 2019 还提供强大的公式运算与函数处理功能，可以对数据进行更复杂的计算工作。

▽ 建立多样化的统计图表：在 Excel 2019 中，可以根据输入的数据来建立统计图表，以便更加直观地显示数据之间的关系，让用户可以比较数据之间的变动、成长关系以及趋势等，如图 1-5 所示。

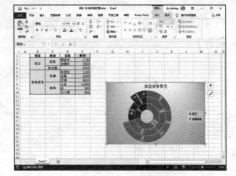

图 1-4　计算数据　　　　　　　　　　　　　　图 1-5　建立图表

3. PowerPoint 2019 功能应用

PowerPoint 是一款演示文稿软件，用于大型环境下的多媒体演示，可以在演示过程中插入声音、视频、动画等多媒体资料，从而把学术交流、辅助教学、广告宣传、产品演示等信息以更轻松、更高效的方式表达出来。

PowerPoint 2019 主要有以下几种实际应用。

计算机基础与实训教材系列

▽ 多媒体商业演示：PowerPoint 可以为各种商业活动提供一个内容丰富的多媒体产品或服务演示的平台，帮助销售人员向最终用户演示产品或服务的优越性。

▽ 多媒体交流演示：PowerPoint 演示文稿是宣讲者的演讲辅助手段，以交流为用途，被广泛用于培训、研讨会、产品发布等领域，如图 1-6 所示为演讲型 PPT。

▽ 多媒体娱乐演示：因为 PowerPoint 支持文本、图像、动画、音频和视频等多种媒体内容的集成，所以，很多用户都使用 PowerPoint 来制作各种娱乐性质的演示文稿，例如手工剪纸集、相册等，通过 PowerPoint 的丰富表现功能来展示多媒体娱乐内容，如图 1-7 所示为相册 PPT。

图 1-6　演讲型 PPT

图 1-7　相册 PPT

1.1.2　安装 Office 2019

要使用 Office 2019 的组件，就必须先将 Office 2019 安装到计算机中。用户在软件专卖店或 Microsoft 公司官方网站购买正版软件，即可成功安装 Office 常用组件。下面介绍使用官方在线安装工具 Office Tool Plus 安装 Office 2019。

首先卸载原有旧版本 Office 并重启计算机，打开 Office Tool Plus，转到【激活】界面，选择命令，先卸载所有密钥，再清除所有许可证，如图 1-8 所示。

转到【部署】界面，如图 1-9 所示。选择一个 Office 2019 版本进行下载，下载完毕后单击【开始部署】按钮进行安装。

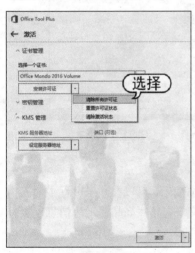

图 1-8　【激活】界面

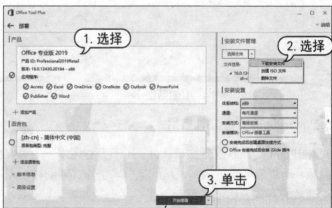

图 1-9　【部署】界面

此时系统自动安装 Office 2019 全系列组件，安装完毕后单击【关闭】按钮即可，如图 1-10 所示。

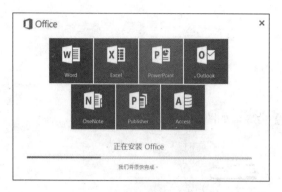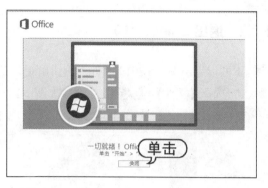

图 1-10　安装完毕

1.2　Office 2019 的启动和退出

将 Office 2019 安装至计算机后，首先需要掌握启动和退出组件的操作方法，也就是打开和关闭 Office 组件。

1.2.1　启动 Office 2019

Office 2019 各组件的功能虽然各异，但其启动方法基本相同。下面以启动 Word 2019 组件为例讲解启动的方法。

▽　从【开始】菜单启动：启动 Windows 10 后，打开【开始】菜单，选择【Word】选项，如图 1-11 所示。

▽　通过桌面快捷方式启动：当 Word 2019 安装完后，桌面上将自动创建 Word 2019 快捷图标。双击该快捷图标，即可启动 Word 2019，如图 1-12 所示。

图 1-11　从【开始】菜单启动　　　　　图 1-12　通过桌面快捷方式启动

计算机基础与实训教材系列

▽ 通过 Word 文档启动：双击扩展名为.docx 的文件，即可打开该文档，启动 Word 2019 应用程序。

1.2.2 退出 Office 2019

下面以退出 Word 2019 组件为例讲解退出的方法。

▽ 选择【文件】|【关闭】命令，如图 1-13 所示。
▽ 右击标题栏，从弹出的菜单中选择【关闭】命令，如图 1-14 所示。

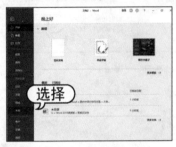
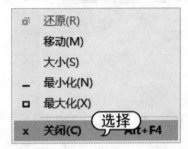

图 1-13　选择【文件】|【关闭】命令　　　　图 1-14　选择【关闭】命令

▽ 按 Alt+F4 快捷键。
▽ 单击 Word 2019 窗口右上角的【关闭】按钮 。

1.3　Office 2019 工作界面

Office 2019 的工作界面在 Office 2016 版本的基础上，又进行了一些优化。它将所有的操作命令都集成到功能区中不同的选项卡下，用户在功能区中便可方便地使用各组件的各种功能。

1.3.1 Word 2019 工作界面

启动 Word 2019 后，用户可看到如图 1-15 所示的主界面，该界面主要由标题栏、快速访问工具栏、功能区、文档编辑区和状态栏等组成。

在 Word 2019 界面中，各部分的功能如下。

▽ 快速访问工具栏：快速访问工具栏中包含最常用操作的快捷按钮，方便用户使用。在默认状态下，快速访问工具栏中包含 3 个快捷按钮，分别为【保存】按钮、【撤销】按钮和【恢复】按钮，如图 1-16 所示。

▽ 标题栏：标题栏位于窗口的顶端，用于显示当前正在运行的程序名及文件名等信息。标题栏最右端有 3 个按钮，分别用来控制窗口的最小化、最大化和关闭，此外还有一个【功能区显示选项】按钮 ，单击该按钮可以选择显示或隐藏功能区。在按钮下方有【操作说明搜索】搜索框，以及用来登录 Microsoft 账号和共享文件的按钮，如图 1-17 所示。

图 1-15　Word 2019 主界面

图 1-16　快速访问工具栏

图 1-17　标题栏中的按钮

▽ 功能区：在 Word 2019 中，功能区是完成文本格式操作的主要区域。在默认状态下，功能区主要包含【文件】【开始】【插入】【设计】【布局】【引用】【邮件】【审阅】【视图】【加载项】【帮助】11 个基本选项卡中的工具按钮。

▽ 文档编辑区：文档编辑区就是输入文本，添加图形、图像以及编辑文档的区域，用户对文本进行的操作结果都将显示在该区域。默认情况下，文档编辑区不显示标尺和制表符。打开【视图】选项卡，在功能区的【显示】组中选中【标尺】复选框，如图 1-18 所示，即可在文档编辑区中显示标尺和制表符。标尺常用于对齐文档中的文本、图形、表格或者其他元素。制表符用于选择不同的制表位，如左对齐式制表位、首行缩进、左缩进和右缩进等。

▽ 状态栏：状态栏位于 Word 窗口的底部，显示了当前文档的信息，如当前显示的文档是第几页、第几节和当前文档的字数等。在状态栏中还可以显示一些特定命令的工作状态。状态栏中间有视图按钮，用于切换文档的视图方式。另外，通过拖动右侧的【显示比例】中的滑块，可以直观地改变文档编辑区的大小。

计算机基础与实训教材系列

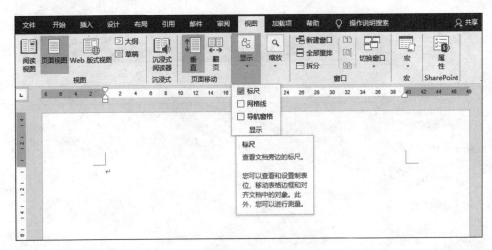

图 1-18　显示标尺和制表符

1.3.2　Excel 2019 工作界面

Excel 2019 的工作界面主要由【文件】按钮、标题栏、快速访问工具栏、功能区、编辑栏、工作表编辑区、工作表标签、行号、列标和状态栏等部分组成，如图 1-14 所示。下面将重点介绍 Excel 特有的编辑栏、工作表编辑区、行号、列标和工作表标签等元素。

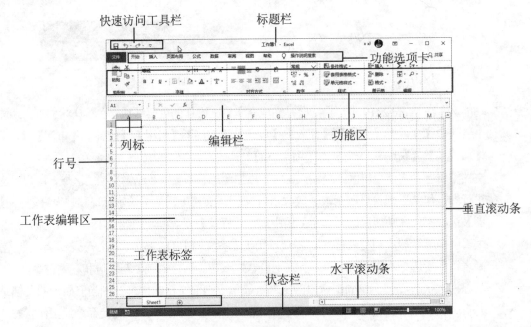

图 1-19　Excel 2019 工作界面

▽　编辑栏: 在编辑栏中主要显示的是当前单元格中的数据,可在编辑框中对数据直接进行编辑,如图 1-20 所示。其中的单元格名称框用于显示当前单元格的名称,这个名称可以是程序默认的,也可以是用户自己设置的。插入函数按钮在默认状态下只有一个按钮 *fx*,当在单元格

中输入数据时会自动出现另外两个按钮 × 和 ✓。单击 × 按钮可取消当前在单元格中的设置；单击 ✓ 按钮可确定单元格中输入的公式或函数；单击 ƒ× 按钮可在打开的【插入函数】对话框中选择需在当前单元格中插入的函数。编辑框用来显示或编辑当前单元格中的内容，有公式和函数时则显示公式和函数。

▽ 工作表编辑区：工作表编辑区相当于 Word 的文档编辑区，是 Excel 的工作平台和编辑表格的重要场所，位于操作界面的中间位置，呈网格状。

▽ 行号和列标：Excel 中的行号和列标是确定单元格位置的重要依据，也是显示工作状态的一种导航工具。其中，行号由阿拉伯数字组成，列标由大写的英文字母组成。单元格的命名规则是：列标＋行号。例如第 C 列的第 3 行即称为 C3 单元格，如图 1-21 所示。

▽ 工作表标签：在一个工作簿中可以有多个工作表，工作表标签表示的是每个对应工作表的名称。

图 1-20　编辑栏组成

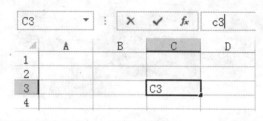

图 1-21　C3 单元格

1.3.3　PowerPoint 2019 工作界面

PowerPoint 2019 的工作界面主要由标题栏、功能区、预览窗格、幻灯片编辑窗口、备注栏、状态栏、快捷按钮和显示比例滑杆等元素组成，如图 1-22 所示。

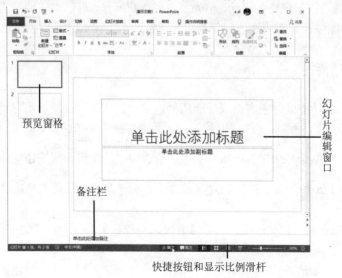

图 1-22　PowerPoint 2019 工作界面

▽ 预览窗格：该窗格显示了幻灯片的缩略图，单击某个缩略图可在主编辑窗口查看和编辑该幻灯片，如图 1-23 所示。

▽ 备注栏：在该栏中可分别为每张幻灯片添加备注文本。

▽ 快捷按钮和显示比例滑杆：该区域包括 6 个快捷按钮和一个【显示比例滑杆】，其中 4 个视图按钮可快速切换视图模式；一个比例按钮可快速设置幻灯片的显示比例；最右边的一个按钮可使幻灯片以合适比例显示在主编辑窗口；另外通过拖动【显示比例滑杆】中的滑块，可以直观地改变文档编辑区的大小，如图 1-24 所示。

图 1-23　单击缩略图

图 1-24　改变编辑区大小

1.4　自定义工作环境

Office 2019 具有统一风格的界面，但为了方便用户操作，可以对软件的工作环境进行自定义设置，例如设置功能区和设置快速访问工具栏等，本节将以 Word 2019 为例介绍修改设置的操作。

1.4.1　自定义功能区

Word 2019 中的功能区将所有选项功能巧妙地集中在一起，以便于用户查找与使用。根据用户需要，可以在功能区中添加新选项卡和新组，并增加新组中的按钮。

【例 1-1】　在 Word 2019 的功能区中添加新选项卡、新组和新按钮。 🎬 视频

(1) 启动 Word 2019，在功能区任意位置右击，从弹出的快捷菜单中选择【自定义功能区】命令，如图 1-25 所示。

(2) 打开【Word 选项】对话框，打开【自定义功能区】选项卡，单击下方的【新建选项卡】按钮，如图 1-26 所示。

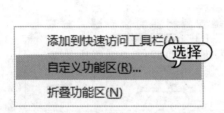

图 1-25　选择【自定义功能区】命令　　　　　图 1-26　单击【新建选项卡】按钮

(3) 此时，在【自定义功能区】选项组的【主选项卡】列表框中显示【新建选项卡(自定义)】和【新建组(自定义)】选项，选中【新建选项卡(自定义)】复选框，单击【重命名】按钮，如图 1-27 所示。

(4) 打开【重命名】对话框，在【显示名称】文本框中输入"新选项卡"，单击【确定】按钮，如图 1-28 所示。

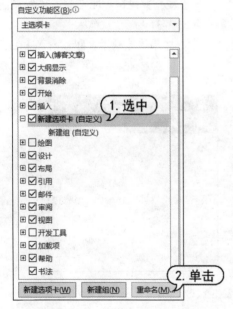

图 1-27　重命名选项卡　　　　　　　　　　图 1-28　输入选项卡名称

(5) 在【自定义功能区】选项组的【主选项卡】列表框中选择【新建组(自定义)】选项，单击【重命名】按钮，如图 1-29 所示。

(6) 打开【重命名】对话框，在【符号】列表框中选择一种符号，在【显示名称】文本框中输入"运行"，然后单击【确定】按钮，如图 1-30 所示。

计算机基础与实训教材系列

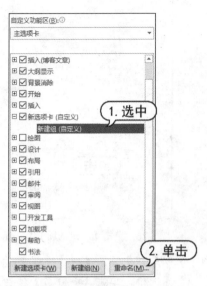
图 1-29　重命名组

图 1-30　输入组名

　　(7) 返回【Word 选项】对话框,在【主选项卡】列表框中显示重命名后的选项卡和组,在【从下列位置选择命令】下拉列表中选择【不在功能区中的命令】选项,并在下方的列表框中选择需要添加的按钮,这里选择【帮助改进 Office?】选项,单击【添加】按钮,即可将其添加到新建的【运行】组中,单击【确定】按钮,完成自定义设置,如图 1-31 所示。

　　(8) 返回 Word 2019 工作界面,此时显示【新选项卡】选项卡,打开该选项卡,即可看到【运行】组中的【帮助改进 Office?】按钮,如图 1-32 所示。

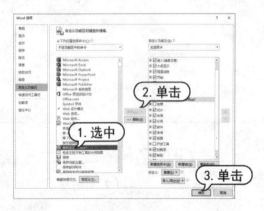
图 1-31　添加按钮

图 1-32　显示新选项卡

1.4.2　自定义快速访问工具栏

　　快速访问工具栏包含一组独立于当前所显示选项卡的命令,是一个可自定义的工具栏。用户可以快速地自定义常用的命令按钮,单击【自定义快速访问工具栏】下拉按钮▾,从弹出的下拉菜单中选择一种命令,即可将该命令按钮添加到快速访问工具栏中。

如果用户不希望快速访问工具栏出现在当前位置，可以单击【自定义快速访问工具栏】下拉按钮，从弹出的下拉菜单中选择【在功能区下方显示】命令，即可将快速访问工具栏移动到功能区下方。

【例 1-2】 设置 Word 2019 快速访问工具栏中的按钮。视频

(1) 启动 Word 2019，在快速访问工具栏中单击【自定义快速访问工具栏】下拉按钮，在弹出的菜单中选择【新建】命令，将【新建】按钮添加到快速访问工具栏中，如图 1-33 所示。

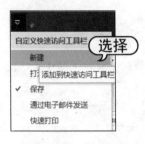
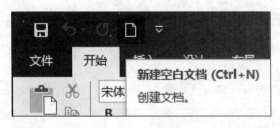

图 1-33　添加【新建】按钮到快速访问工具栏中

(2) 在快速访问工具栏中单击【自定义快速访问工具栏】下拉按钮，在弹出的菜单中选择【其他命令】命令，打开【Word 选项】对话框。打开【快速访问工具栏】选项卡，在【从下列位置选择命令】下拉列表中选择【常用命令】选项，并且在下面的列表框中选择【查找】选项，然后单击【添加】按钮，将【查找】按钮添加到【自定义快速访问工具栏】列表框中，单击【确定】按钮，如图 1-34 所示。

(3) 完成快速访问工具栏的设置。此时，快速访问工具栏的效果如图 1-35 所示。

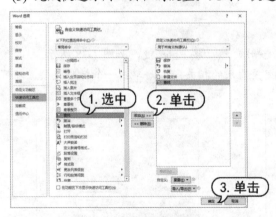
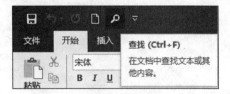

图 1-34　添加【查找】按钮　　　　图 1-35　快速访问工具栏

在快速访问工具栏中右击某个按钮，在弹出的快捷菜单中选择【从快速访问工具栏删除】命令，即可将该按钮从快速访问工具栏中删除。

1.5 Office 2019 帮助系统

在使用 Office 2019 时，如果遇到难以弄懂的问题，这时可以求助 Office 2019 的帮助系统。它能够帮助用户解决使用中遇到的各种问题，加快用户掌握软件的进度。

1.5.1 使用帮助系统

Office 2019 的帮助功能已经融入每一个组件中，用户只需按 F1 键，即可打开帮助窗口。下面以 Word 2019 为例，讲解如何通过帮助系统获取帮助信息。

【例 1-3】 使用 Word 2019 的帮助系统获取帮助信息。 视频

(1) 启动 Word 2019，打开一个空白文档，按 F1 键，打开帮助窗口，选择【开始使用】选项，如图 1-36 所示。

(2) 打开选项内容，选择需要了解的项目进行查看，如图 1-37 所示。

图 1-36 选择【开始使用】选项

图 1-37 查看项目

(3) 在【搜索】文本框中输入文本"保存文档"，然后按 Enter 键，如图 1-38 所示。

(4) 搜索完毕后，在帮助文本区域将显示搜索结果的相关内容，单击一个标题链接，即可打开页面查看其详细内容，如图 1-39 所示。

图 1-38 输入文本

图 1-39 单击链接

1.5.2　联网获取帮助

当计算机确保已经联网的情况下，用户还可以通过强大的网络搜寻到更多的 Office 2019 帮助信息，即通过 Internet 获得更多的技术支持。

首先打开帮助窗口，在【更多帮助】下单击【访问 Word 培训中心】链接，如图 1-40 所示。在打开的 Office 帮助网页中单击任意一条文字链接，就可以搜索到更多的信息，如图 1-41 所示。

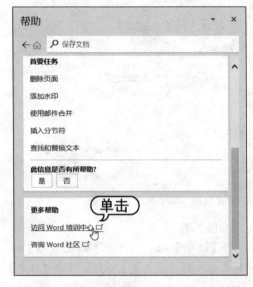

图 1-40　单击【访问 Word 培训中心】链接

图 1-41　帮助网页

计算机基础与实训教材系列

1.6　实例演练

本章的实例演练部分是定制工作界面和设置保存选项两个实例操作，用户通过练习从而巩固本章所学知识。

1.6.1　定制工作界面

【例 1-4】　定制工作界面并创建模板文档。　📹 视频

(1) 启动 Word 2019，单击【自定义快速访问工具栏】下拉按钮，从弹出的菜单中选择【其他命令】命令，如图 1-42 所示。

(2) 打开【Word 选项】对话框中的【快速访问工具栏】选项卡，在【从下列位置选择命令】下拉列表中选择【常用命令】选项，在其下的列表框中选择【插入图片】选项，单击【添加】按钮，将其添加到右侧的【自定义快速访问工具栏】列表框中，单击【确定】按钮，如图 1-43 所示。

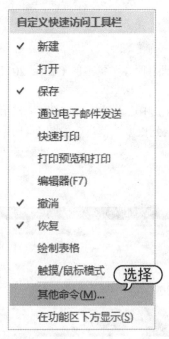

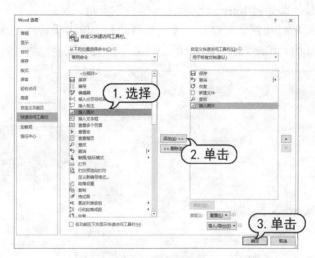

图1-42　选择【其他命令】命令　　　　　　　图1-43　【快速访问工具栏】选项卡

(3) 返回工作界面，查看快速访问工具栏中的按钮，如图1-44所示。

(4) 单击【文件】按钮，从弹出的【文件】菜单中选择【选项】命令，打开【Word选项】对话框，打开【常规】选项卡，在【Office主题】后的下拉列表中选择【深灰色】选项，单击【确定】按钮，如图1-45所示。

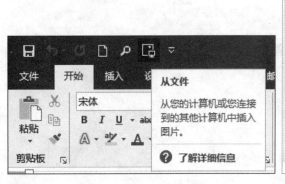

图1-44　显示按钮　　　　　　　　　　　图1-45　选择【深灰色】选项

(5) 返回工作界面，查看改变了主题后的界面，如图1-46所示。

(6) 单击【文件】按钮，从弹出的菜单中选择【新建】命令，在模板中选择【蓝灰色简历】选项，如图1-47所示。

图1-46　显示界面

图1-47　选择【蓝灰色简历】选项

(7) 单击【创建】按钮后，新建一个名为"文档 2"的新文档，并自动套用所选择的模板样式，效果如图 1-48 所示。

(8) 选择【文件】|【另存为】命令，打开【另存为】对话框，选择文档的保存路径，在【文件名】文本框中输入名称，单击【保存】按钮，如图 1-49 所示。

图1-48　新建文档

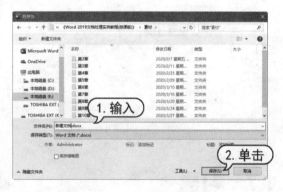

图1-49　【另存为】对话框

1.6.2　设置保存选项

【例 1-5】 设置 Word 保存选项。 视频

(1) 启动 Word 2019，选择【文件】|【选项】命令，如图 1-50 所示。

(2) 打开【Word 选项】对话框，选择【保存】选项卡，在右侧的【保存文档】区域单击【将文件保存为此格式】后的下拉按钮，选择【Word 文档(*.docx)】选项，设置为该保存格式，然后单击【默认本地文件位置】文本框后的【浏览】按钮，如图 1-51 所示。

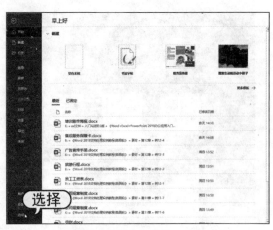

图 1-50　选择【选项】命令

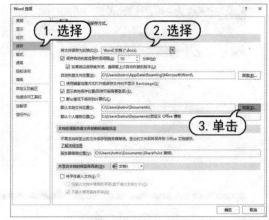

图 1-51　【保存】选项卡

(3) 打开【修改位置】对话框，选择文档默认保存的文件夹位置，然后单击【确定】按钮，如图 1-52 所示。

(4) 返回【Word 选项】对话框后，即可看到已经更改了文档的默认保存位置，单击【确定】按钮完成设置，如图 1-53 所示。

图 1-52　【修改位置】对话框

图 1-53　单击【确定】按钮

1.7　习题

1. 简述启动和退出 PowerPoint 2019 的方法。
2. 简述 Excel 2019 工作界面的组成部分。
3. 打开一个 Word 文档，自定义功能区和快速访问工具栏。

第2章
Word文本段落编辑

使用 Word 2019 可以方便地进行文字、图形、图像和数据处理，Word 2019 是 Office 2019 组件中最常使用的文档处理软件。本章将介绍 Word 文档的基本操作，以及输入、编辑文本等基础内容。

➡ 本章重点

- Word 文档基础操作
- 编辑文本
- 输入文本
- 设置文本和格式

➡ 二维码教学视频

【例 2-1】 输入文本
【例 2-2】 输入符号
【例 2-3】 输入日期和时间
【例 2-4】 查找和替换文本
【例 2-5】 设置文本格式
【例 2-6】 设置段落对齐

【例 2-7】 设置首行缩进
【例 2-8】 设置段落间距
【例 2-9】 添加项目符号和编号
【例 2-10】 添加边框
【例 2-11】 添加页面边框
本章其他视频参见视频二维码列表

2.1 Word 2019 文档基础操作

在使用 Word 2019 创建文档前，必须掌握文档的一些基础操作，包括新建、保存、打开和关闭文档等。只有熟悉这些基础操作后，才能更好地操控 Word 2019。

2.1.1 新建文档

Word 文档是文本、图片等对象的载体，在做任何操作之前，首先必须创建一个新文档。

1. 新建空白文档

空白文档是指文档中没有任何内容的文档。要创建空白文档，可以选择【文件】按钮，在打开的界面中选择【新建】选项，打开【新建】选项区域，然后在该选项区域中单击【空白文档】选项，即可创建一个空白文档，如图 2-1 所示。

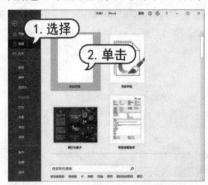

图 2-1　新建空白文档

2. 使用模板创建文档

模板是 Word 预先设置好内容格式的文档。Word 2019 为用户提供了多种具有统一规格、统一框架的文档模板，如传真、信函和简历等。

首先打开【文件】界面，选择【新建】选项，打开【新建】选项区域，在【搜索联机模板】搜索框内输入文本，例如"简历"，然后按下回车键，如图 2-2 所示。在打开的界面中单击【蓝色球简历】模板，如图 2-3 所示。

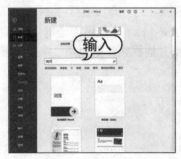

图 2-2　输入文本

图 2-3　单击模板

在打开的对话框中单击【创建】按钮，此时，Word 2019 将通过网络下载模板，并依据该模板创建新文档，如图 2-4 所示。

图 2-4　使用模板新建文档

2.1.2　打开和关闭文档

打开文档是 Word 的一项基本操作，对于任何文档来说都需要先将其打开，然后才能对其进行编辑。编辑完成后，可将文档关闭。

1. 打开文档

找到文档所在的位置后，双击 Word 文档，或者右击 Word 文档，从弹出的快捷菜单中选择【打开】命令，直接打开该文档。

用户还可在一个已打开的文档中打开另外一个文档。单击【文件】按钮，选择【打开】命令，然后在打开的选项区域中选择打开文件的位置(例如选择【浏览】选项)，如图 2-5 所示，打开【打开】对话框，选择需要打开的 Word 文档，单击【打开】按钮，即可将其打开，如图 2-6 所示。

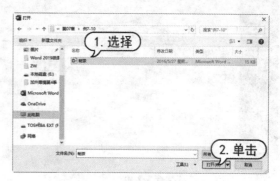

图 2-5　选择【浏览】选项　　　　　　图 2-6　【打开】对话框

2. 关闭文档

当用户不需要使用某个文档时，应将其关闭，常用的关闭文档的几种方法如下。

▽ 单击标题栏右侧的【关闭】按钮 × 。

▽ 按 Alt+F4 组合键。

　　▽　单击【文件】按钮，从弹出的界面中选择【关闭】命令，关闭当前文档。
　　▽　右击标题栏，从弹出的快捷菜单中选择【关闭】命令。

提示

如果文档经过了修改，但没有保存，那么在进行关闭文档的操作时，将会自动弹出信息提示框提示用户进行保存。

2.1.3　保存文档

对于新建的文档，只有将其保存起来，才可以再次对其进行查看或编辑修改。而且，在编辑文档的过程中，养成随时保存文档的习惯，可以避免因计算机故障而丢失信息。

保存文档分为保存新建的文档、保存已存档过的文档、将现有的文档另存为其他文档和自动保存4种方式。

1. 保存新建的文档

在第一次保存编辑好的文档时，需要指定文件名、文件的保存位置和保存格式等信息。

如果要对新建的文档进行保存，可选择【文件】选项卡，在打开的界面中选择【保存】选项，或单击快速访问工具栏上的【保存】按钮，打开【另存为】界面，选择【浏览】选项，如图 2-7 所示，打开【另存为】对话框，设置保存路径、名称及保存格式，然后单击【保存】按钮即可，如图 2-8 所示。

在保存新建的文档时，如果在文档中已输入了一些内容，Word 2019 自动将输入的第一行内容作为文件名。

图2-7　【另存为】窗口

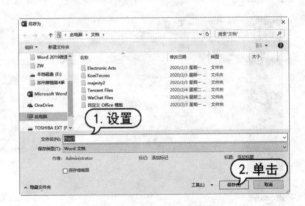

图2-8　【另存为】对话框

2. 保存已保存过的文档

要对已保存过的文档进行保存，可选择【文件】选项卡，在打开的界面中选择【保存】选项，或单击快速访问工具栏上的【保存】按钮，就可以按照原有的路径、名称以及格式进行保存。

3. 保存经过修改的文档

如果文档已保存过，但在进行了一些编辑操作后，需要将其保存下来，并且希望仍能保存以前的文档，这时就需要对文档进行另存为操作。

要将当前文档另存为其他文档，可以选择【文件】选项卡，在打开的界面中选择【另存为】选项，然后在打开的选项区域中设定文档另存为的位置，并单击【浏览】按钮打开【另存为】对话框指定文件保存的具体路径。

4. 设置自动保存

用户若不习惯随时对修改的文档进行保存操作，则可以将文档设置为自动保存。设置自动保存后，无论文档是否进行了修改，系统会根据设置的时间间隔在指定的时间自动对文档进行保存。

首先打开一个 Word 文档，选择【文件】|【选项】选项，如图 2-9 所示。打开【Word 选项】对话框的【保存】选项卡，选中【保存自动恢复信息时间间隔】复选框，在其右侧的微调框中输入 8，表示设置自动保存的时间间隔为 8 分钟，单击【确定】按钮完成设置，如图 2-10 所示。

图 2-9　选择【选项】选项

图 2-10　设置自动保存时间

2.1.4　Word 视图模式

Word 2019 为用户提供了多种浏览文档的视图模式，包括页面视图、阅读视图、Web 版式视图、大纲视图和草稿视图。在【视图】选项卡的【视图】组中，单击相应的按钮，即可切换视图模式，如图 2-11 所示。

图 2-11　Word 的各视图按钮

▽ 页面视图：页面视图是 Word 默认的视图模式，该视图中显示的效果和打印的效果完全一致。在页面视图中可看到页眉、页脚、水印和图形等各种对象在页面中的实际打印位置，便于用户对页面中的各种元素进行编辑，如图 2-12 所示。

▽ 阅读视图：为了方便用户阅读文章，Word 设置了阅读视图模式，该视图模式比较适用于阅读比较长的文档，如果文字较多，它会自动分成多屏以方便用户阅读。在该视图模式中，可对文字进行勾画和批注，如图 2-13 所示。

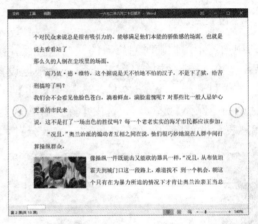

图 2-12　页面视图　　　　　　　　　　　图 2-13　阅读视图

▽ Web 版式视图：Web 版式视图是几种视图方式中唯一一个按照窗口的大小来显示文本的视图，使用这种视图模式查看文档时，无须拖动水平滚动条就可以查看整行文字，如图 2-14 所示。

▽ 大纲视图：对于一个具有多重标题的文档来说，用户可以使用大纲视图来查看该文档。这是因为大纲视图是按照文档中标题的层次来显示文档的，用户可将文档折叠起来只看主标题，也可展开文档查看全部内容。

▽ 草稿视图：草稿视图是 Word 中最简化的视图模式，在该视图中不显示页边距、页眉和页脚、背景、图形图像以及没有设置为"嵌入型"环绕方式的图片。因此这种视图模式仅适合编辑内容和格式都比较简单的文档，如图 2-15 所示。

图 2-14　Web 版式视图　　　　　　　　　图 2-15　草稿视图

2.2　输入文本

在 Word 2019 中，建立文档的目的是输入文本内容。本节将介绍中英文本、特殊符号、日期和时间等各类型文本的输入方法。

2.2.1　输入普通文本

新建一个文档后，在文档的开始位置将出现一个闪烁的光标，称之为"插入点"。在 Word 文档中输入的文本，都会在插入点处出现。定位了插入点的位置后，选择一种输入法，即可开始输入文本。

在英文状态下通过键盘可以直接输入英文、数字及标点符号。需要注意的是以下几点。

▽ 按 Caps Lock 键可输入英文大写字母，再次按该键输入英文小写字母。

▽ 按 Shift 键的同时按双字符键将输入上档字符；按 Shift 键的同时按字母键将输入英文大写字母。

▽ 按 Enter 键，插入点自动移到下一行行首。

▽ 按空格键，在插入点的左侧插入一个空格符号。

【例 2-1】 新建名为"通知"的文档，在其中输入中文。 🎬 视频

(1) 启动 Word 2019，新建一个空白文档，在快速访问工具栏中单击【保存】按钮，打开【另存为】对话框，将其以"通知"为名进行保存，如图 2-16 所示。

(2) 选择中文输入法，按空格键，将插入点移至页面中间位置。输入标题"校园篮球比赛通知"，如图 2-17 所示。

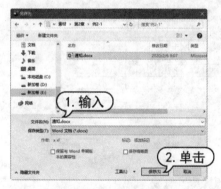

图 2-16　保存文档

图 2-17　输入标题

(3) 按 Enter 键，将插入点跳转至下一行的行首，继续输入文本"南大全体师生:"，如图 2-18 所示。

(4) 按 Enter 键，将插入点跳转至下一行的行首，再按下 Tab 键，首行缩进 2 个字符，继续输入多段正文文本，按 Enter 键换行，将插入点定位到最右侧，输入文本"南大学生会"，如图 2-19 所示。

图 2-18　输入文本　　　　　　　　　　图 2-19　继续输入文本

(5) 在快速访问工具栏中单击【保存】按钮，保存该文档。

2.2.2　输入特殊字符

在输入文本时，除了可以直接通过键盘输入常用的基本符号外，还可以通过 Word 2019 的插入符号功能输入一些诸如☆、口、®(注册符)以及™(商标符)等特殊字符。

1. 插入一般符号

打开【插入】选项卡，单击【符号】组中的【符号】下拉按钮，从弹出的下拉菜单中选择相应的符号，如图 2-20 所示。或者选择【其他符号】命令，将打开【符号】对话框，选中要插入的符号，单击【插入】按钮，即可插入符号，如图 2-21 所示。

图 2-20　选择符号　　　　　　　　　图 2-21　【符号】对话框

在【符号】对话框的【符号】选项卡中，各选项的功能如下所示。

▽　【字体】下拉列表：可以从中选择不同的字体集，以输入不同的字符。

▽　【子集】下拉列表：显示各种不同的符号。

▽　【近期使用过的符号】选项区域：显示了用户最近使用过的 16 个符号，方便用户快速查找符号。

▽ 【字符代码】文本框：显示所选的符号的代码。

▽ 【来自】下拉列表：显示符号的进制，例如，符号十进制。

▽ 【自动更正】按钮：单击该按钮，可打开【自动更正】对话框，可以对一些经常使用的符号使用自动更正功能。

▽ 【快捷键】按钮：单击该按钮，将打开【自定义键盘】对话框，将光标置于【请按快捷键】文本框中，在键盘上按下用户设置的快捷键，单击【指定】按钮就可以将快捷键指定给该符号。这样用户就可以在不打开【符号】对话框的情况下，直接按快捷键插入符号。

此外，打开【特殊字符】选项卡，在其中可以选择®(注册符)以及™(商标符)等特殊字符，单击【插入】按钮，即可将其插入文档中，如图 2-22 所示。

2. 插入特殊符号

要插入特殊符号，可以打开【加载项】选项卡，在【菜单命令】组中单击【特殊符号】按钮，打开【插入特殊符号】对话框，在该对话框中选择相应的符号后，单击【确定】按钮即可，如图 2-23 所示。

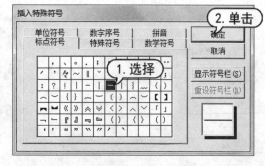

图 2-22　【特殊字符】选项卡　　　　图 2-23　【插入特殊符号】对话框

【例 2-2】 在文档中输入符号。 视频

(1) 启动 Word 2019，打开例 2-1 制作的"通知"文档。

(2) 将插入点定位到文本"时间"左侧，打开【插入】选项卡，在【符号】组中单击【符号】按钮，从弹出的菜单中选择【其他符号】命令，打开【符号】对话框的【符号】选项卡，在【字体】下拉列表中选择 Wingdings 选项，在其下的列表框中选择笑脸形状符号，然后单击【插入】按钮，如图 2-24 所示。

(3) 将插入点定位到文本"地点"左侧，返回到【符号】对话框，单击【插入】按钮，继续插入笑脸形状符号。

(4) 单击【关闭】按钮，关闭【符号】对话框，此时在文档中显示所插入的符号，如图 2-25 所示。

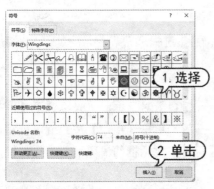
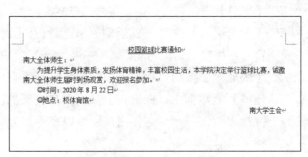

图 2-24　【符号】对话框　　　　　　　　　　图 2-25　显示符号

2.2.3　输入日期和时间

使用 Word 2019 编辑文档时，可以使用插入日期和时间功能来输入当前的日期和时间。

在 Word 2019 中输入日期类格式的文本时，Word 2019 会自动显示默认格式的当前日期，按 Enter 键即可完成当前日期的输入。如果要输入其他格式的日期，除了可以手动输入外，还可以通过【日期和时间】对话框进行插入。打开【插入】选项卡，在【文本】组中单击【日期和时间】按钮，打开【日期和时间】对话框，如图 2-26 所示。

图 2-26　【日期和时间】对话框

> **提示**
> 在【日期和时间】对话框的【可用格式】列表框中显示的日期和时间是系统当前的日期和时间，因此每次打开该对话框，显示的数据都会不同。

在【日期和时间】对话框中，各选项的功能如下所示。

▽ 【可用格式】列表框：用来选择日期和时间的显示格式。

▽ 【语言(国家/地区)】下拉列表：用来选择日期和时间应用的语言，如中文或英文。

▽ 【使用全角字符】复选框：选中该复选框，可以用全角字符方式显示插入的日期和时间。

▽ 【自动更新】复选框：选中该复选框，可对插入的日期和时间格式进行自动更新。

▽ 【设为默认值】按钮：单击该按钮，可将当前设置的日期和时间格式保存为默认的格式。

【例 2-3】　在文档中输入日期和时间。

(1) 启动 Word 2019，打开"邀请函"文档。将插入点定位在文档末尾，按 Enter 键换行。

(2) 打开【插入】选项卡，在【文本】组中单击【日期和时间】按钮，打开【日期和时间】对话框，在【语言(国家/地区)】下拉列表中选择【中文(中国)】选项，在【可用格式】列表框中选择第 3 种日期格式，单击【确定】按钮，插入该日期，如图 2-27 所示。

(3) 此时在文档末尾插入该日期，按空格键将该日期文本移动至该行最右侧，如图 2-28 所示。

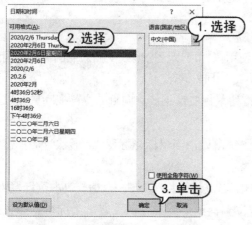

图 2-27 【日期和时间】对话框   图 2-28 显示日期文本

(4) 将插入点定位在文本"时间：2020 年 8 月 22 日"后，使用同样的方法，打开【日期和时间】对话框，如图 2-29 所示，选择【上午 8 时 30 分】这种时间格式，单击【确定】按钮，将其插入文档中，如图 2-30 所示。

(5) 在快速访问工具栏中单击【保存】按钮，保存该文档。

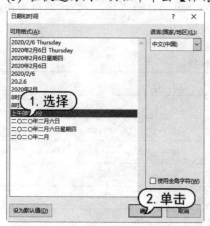

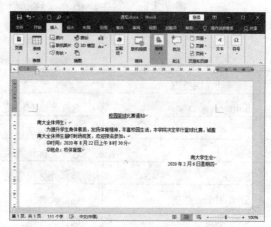

图 2-29 【日期和时间】对话框   图 2-30 显示时间文本

2.3 编辑文本

在编辑文档的过程中，通常需要对文本进行选取、复制、移动、删除、查找和替换等操作。熟练地掌握这些基本操作，可以节省大量的时间，提高文档编辑工作中的效率。

2.3.1 选择文本

在 Word 2019 中，用户在进行文本编辑之前，必须选择或选定操作的文本。选择文本既可以使用鼠标，也可以使用键盘，还可以结合鼠标和键盘进行选择。

1. 使用鼠标选择文本

使用鼠标选择文本是最基本、最常用的方法。使用鼠标可以轻松地改变插入点的位置，因此使用鼠标选择文本十分方便。使用鼠标选择文本有以下几种方法。

▽ 拖动选择：将鼠标指针定位在起始位置，按住鼠标左键不放，向目的位置拖动鼠标以选择文本。

▽ 单击选择：将鼠标光标移到要选定行的左侧空白处，当鼠标光标变成 ⟋ 形状时，单击鼠标可选择该行文本内容。

▽ 双击选择：将鼠标光标移到文本编辑区左侧，当鼠标光标变成 ⟋ 形状时，双击鼠标左键，即可选择该段的文本内容；将鼠标光标定位到词组中间或左侧，双击鼠标可选择该单字或词。

▽ 三击选择：将鼠标光标定位到要选择的段落，三击鼠标可选中该段的所有文本；将鼠标光标移到文档左侧空白处，当光标变成 ⟋ 形状时，三击鼠标可选中整篇文档。

2. 使用键盘选择文本

使用键盘选择文本时，需先将插入点移动到要选择的文本的开始位置，然后按键盘上相应的快捷键即可。利用快捷键选择文本内容的功能如表 2-1 所示。

表 2-1 键盘选择文本的快捷键

快捷键	功 能
Shift+→	选择光标右侧的一个字符
Shift+←	选择光标左侧的一个字符
Shift+↑	选择光标位置至上一行相同位置之间的文本
Shift+↓	选择光标位置至下一行相同位置之间的文本
Shift+Home	选择光标位置至行首的文本
Shift+End	选择光标位置至行尾的文本
Shift+PageDown	选择光标位置至下一屏之间的文本
Shift+PageUp	选择光标位置至上一屏之间的文本
Ctrl+Shift+Home	选择光标位置至文档开始之间的文本
Ctrl+Shift+End	选择光标位置至文档结尾之间的文本
Ctrl+A	选中整篇文档

3. 结合键盘+鼠标选择文本

使用鼠标和键盘结合的方式，不仅可以选择连续的文本，还可以选择不连续的文本。

▽ 选择连续的较长文本：将插入点定位到要选择区域的开始位置，按住 Shift 键不放，再移动光标至要选择区域的结尾处，单击鼠标左键即可选择该区域之间的所有文本内容。

▽ 选择不连续的文本：选择任意一段文本，按住 Ctrl 键，再拖动鼠标选择其他文本，即可同时选择多段不连续的文本。

▽ 选择整篇文档：按住 Ctrl 键不放，将光标移到文本编辑区左侧空白处，当光标变成⚐形状时，单击鼠标左键即可选择整篇文档。

▽ 选择矩形文本：将插入点定位到开始位置，按住 Alt 键并拖动鼠标，即可选择矩形文本。

2.3.2　移动和复制文本

在 Word 文档中需要重复输入文本时，可以使用移动或复制文本的方法进行操作，以节省时间，加快输入和编辑的速度。

1. 移动文本

移动文本是指将当前位置的文本移到另外的位置，在移动的同时，会删除原来位置上的文本。移动文本后，原来位置的文本消失。

移动文本有以下几种方法。

▽ 选择需要移动的文本，按 Ctrl+X 组合键剪切文本，在目标位置处按 Ctrl+V 组合键粘贴文本。

▽ 选择需要移动的文本，在【开始】选项卡的【剪贴板】组中单击【剪切】按钮，在目标位置处单击【粘贴】按钮。

▽ 选择需要移动的文本，按下鼠标右键拖动至目标位置，松开鼠标后弹出一个快捷菜单，在其中选择【移动到此位置】命令。

▽ 选择需要移动的文本后，右击，在弹出的快捷菜单中选择【剪切】命令，在目标位置处右击，在弹出的快捷菜单中选择【粘贴】命令。

▽ 选择需要移动的文本后，按下鼠标左键不放，此时鼠标光标变为形状，并出现一条虚线，移动鼠标光标，当虚线移动到目标位置时，释放鼠标即可将选取的文本移动到该处。

2. 复制文本

Word 文本的复制，是指将要复制的文本移动到其他的位置，而原版文本仍然保留在原来的位置。

复制文本有以下几种方法。

▽ 选取需要复制的文本，按 Ctrl+C 组合键，把插入点移到目标位置，再按 Ctrl+V 组合键。

▽ 选取需要复制的文本，在【开始】选项卡的【剪贴板】组中单击【复制】按钮，将插入点移到目标位置处，单击【粘贴】按钮。

计算机基础与实训教材系列

▽ 选取需要复制的文本，按下鼠标右键拖动到目标位置，松开鼠标会弹出一个快捷菜单，在其中选择【复制到此位置】命令。

▽ 选取需要复制的文本，右击，从弹出的快捷菜单中选择【复制】命令，把插入点移到目标位置，右击，从弹出的快捷菜单中选择【粘贴】命令。

2.3.3 查找和替换文本

在篇幅比较长的文档中，使用 Word 2019 提供的查找与替换功能可以快速地找到文档中的某个信息或更改全文中多次出现的词语，从而无须反复地查找文本，使操作变得较为简单并提高效率。

1. 使用查找和替换功能

在编辑一篇长文档的过程中，要查找和替换一个文本，使用 Word 2019 提供的查找和替换功能，将会达到事半功倍的效果。

【例 2-4】 在文档中查找文本"篮球"，并将其替换为"足球"。

(1) 启动 Word 2019，打开"通知"文档。在【开始】选项卡的【编辑】组中单击【查找】按钮，打开导航窗格。

(2) 在【导航】文本框中输入文本"篮球"，如图 2-31 所示，此时 Word 2019 自动在文档编辑区中以黄色高亮显示所查找到的文本。

(3) 在【开始】选项卡的【编辑】组中，单击【替换】按钮，打开【查找和替换】对话框，打开【替换】选项卡，此时【查找内容】文本框中显示文本"篮球"，在【替换为】文本框中输入文本"足球"，单击【全部替换】按钮，如图 2-32 所示。

图 2-31　输入文本

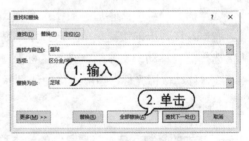

图 2-32　【查找和替换】对话框

(4) 替换完成后，打开完成替换提示框，单击【确定】按钮，如图 2-33 所示。

(5) 返回【查找和替换】对话框，单击【关闭】按钮，返回文档窗口，查看替换后的文本，如图 2-34 所示。

计算机基础与实训教材系列

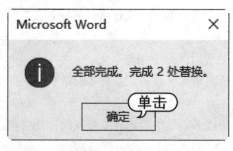

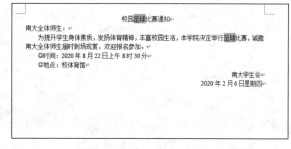

图 2-33　单击【确定】按钮　　　　　　　图 2-34　查看替换后的文本

2. 使用高级查找功能

在 Word 2019 中使用高级查找功能不仅可以在文档中查找普通文本，还可以对特殊格式的文本、符号等进行查找。

打开【开始】选项卡，在【编辑】组中单击【查找】下拉按钮，从弹出的下拉菜单中选择【高级查找】命令，打开【查找和替换】对话框中的【查找】选项卡，输入查找文本，单击【更多】按钮，如图 2-35 所示，可展开该对话框用来设置文档的查找高级选项，如图 2-36 所示。

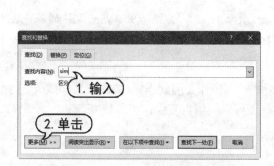

图 2-35　单击【更多】按钮　　　　　　　图 2-36　展开查找高级选项

在如图 2-36 所示的【查找和替换】对话框中，主要查找高级选项的功能如下。

▽ 【搜索】下拉列表：用来选择文档的搜索范围。选择【全部】选项，将在整个文档中进行搜索；选择【向下】选项，可从插入点处向下进行搜索；选择【向上】选项，可从插入点处向上进行搜索。

▽ 【区分大小写】复选框：选中该复选框，可在搜索时区分大小写。

▽ 【全字匹配】复选框：选中该复选框，可在文档中搜索符合条件的完整单词，而不搜索长单词或词组中的一部分。

▽ 【使用通配符】复选框：选中该复选框，可搜索输入【查找内容】文本框中的通配符、特殊字符或特殊搜索操作符。

▽ 【同音(英文)】复选框：选中该复选框，可搜索与【查找内容】文本框中文字发音相同但拼写不同的英文单词。

▽ 【查找单词的所有形式(英文)】复选框：选中该复选框，可搜索与【查找内容】文本框中的英文单词相同的所有形式。

▽ 【区分全/半角】复选框：选中该复选框，可在查找时区分全角与半角。

▽ 【格式】按钮：单击该按钮，在弹出的下一级子菜单中可设置查找文本的格式，例如字体、段落、制表位等。

▽ 【特殊字符】按钮：单击该按钮，在弹出的下一级子菜单中可选择要查找的特殊字符，如段落标记、省略号、制表符等。

2.3.4 删除和撤销文本

在编辑文档的过程中，需要对多余或错误的文本进行删除操作。

删除文本的操作方法如下。

▽ 按 Backspace 键，删除光标左侧的文本；按 Delete 键，删除光标右侧的文本。

▽ 选择需要删除的文本，在【开始】选项卡的【剪贴板】组中，单击【剪切】按钮。

▽ 选择文本，按 Backspace 键或 Delete 键均可删除所选文本。

> **提示**
>
> Word 2019 状态栏中有【改写】和【插入】两种状态。在改写状态下，输入的文本将会覆盖其后的文本，而在插入状态下，会自动将插入位置后的文本向后移动。Word 默认的状态是插入，若要更改状态，可以在状态栏中单击【插入】按钮，此时将显示【改写】按钮，单击该按钮，返回插入状态。按 Insert 键，同样可以在这两种状态下切换。

编辑文档时，Word 2019 会自动记录最近执行的操作，因此当操作错误时，可以通过撤销功能将错误操作撤销。如果误撤销了某些操作，还可以使用恢复操作将其恢复。

1. 撤销操作

常用的撤销操作主要有以下两种。

▽ 在快速访问工具栏中单击【撤销】按钮，撤销上一次的操作。单击按钮右侧的下拉按钮，可以在弹出列表中选择要撤销的操作。

▽ 按 Ctrl+Z 组合键，撤销最近的操作。

2. 恢复操作

恢复操作用来还原撤销的操作。

常用的恢复操作主要有以下两种。

▽ 在快速访问工具栏中单击【恢复】按钮，恢复操作。

▽ 按 Ctrl+Y 组合键，恢复最近的撤销操作，这是 Ctrl+Z 的逆操作。

2.4　设置文本和段落格式

在 Word 文档中输入的文本默认字体为宋体，默认字号为五号，为了使文档更加美观、条理更加清晰，通常需要对文本和段落进行格式化操作，如设置字体、字号、字体颜色、段落间距、段落缩进等。

2.4.1　设置文本格式

要设置文本格式，有以下几种方式进行操作。

1. 使用【字体】组设置

选中要设置格式的文本，在功能区中打开【开始】选项卡，使用【字体】组中提供的按钮即可设置文本格式，如图 2-37 所示。

其中各字符格式按钮的功能分别如下。

▽ 字体：指文字的外观，Word 2019 提供了多种字体，默认字体为宋体。

▽ 字形：指文字的一些特殊外观，例如加粗、倾斜、下画线、上标和下标等，单击【删除线】按钮 abc ，可以为文本添加删除线效果。

▽ 字号：指文字的大小，Word 2019 提供了多种字号。

▽ 字符边框：为文本添加边框，单击带圈字符按钮，可为字符添加圆圈效果。

▽ 文本效果：为文本添加特殊效果，单击该按钮，从弹出的菜单中可以为文本设置轮廓、阴影、映像和发光等效果。

▽ 字体颜色：指文字的颜色，单击【字体颜色】按钮右侧的下拉箭头，在弹出的菜单中可选择需要的颜色命令。

▽ 字符缩放：增大或者缩小字符。

▽ 字符底纹：为文本添加底纹效果。

2. 使用浮动工具栏设置

选中要设置格式的文本，此时选中文本区域的右上角将出现浮动工具栏，使用工具栏提供的命令按钮可以进行文本格式的设置，如图 2-38 所示。

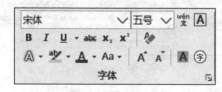

图 2-37　【字体】组

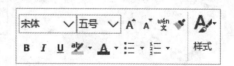

图 2-38　浮动工具栏

3. 使用【字体】对话框设置

打开【开始】选项卡，单击【字体】对话框启动器按钮 ，打开【字体】对话框，即可进行文本格式的相关设置。其中，【字体】选项卡可以设置字体、字形、字号、字体颜色和效果等，如图 2-39 所示。【高级】选项卡可以设置文本之间的间隔距离和位置，如图 2-40 所示。

图 2-39　【字体】选项卡

图 2-40　【高级】选项卡

【例 2-5】在"酒"文档中设置文本格式。📷视频

(1) 启动 Word 2019，打开"酒"文档，如图 2-41 所示。

(2) 选中标题文本"酒"，然后在【开始】选项卡的【字体】组中单击【字体】下拉按钮，并在弹出的下拉列表中选择【微软雅黑】选项；单击【字体颜色】下拉按钮，在打开的颜色面板中选择【黑色，文字 1，淡色 15%】选项；单击【字号】下拉按钮，从弹出的下拉列表中选择【26】选项，在【段落】组中单击【居中】按钮，此时标题效果如图 2-42 所示。

图 2-41　打开文档

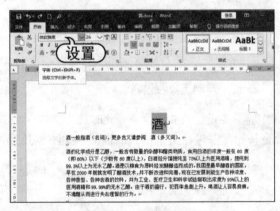

图 2-42　设置标题文本

(3) 选中正文的第一段文本，在【字体】组中单击对话框启动器按钮。

(4) 在弹出的【字体】对话框中打开【字体】选项卡，在【中文字体】下拉列表中选择【方正黑体简体】选项，在【字形】列表框中选择【常规】选项；在【字号】列表框中选择【10.5】选项，单击【字体颜色】下拉按钮，从打开的颜色面板中选择【深蓝】选项，单击【确定】按钮，如图 2-43 所示。

(5) 使用同样的方法，设置文档中其他文本的大小为【10】，颜色为【黑色】，字体为【宋体】，效果如图 2-44 所示。

图 2-43　【字体】选项卡

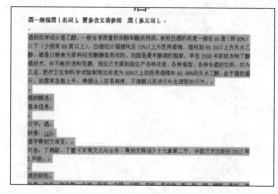

图 2-44　设置文本

2.4.2　设置段落对齐方式

段落对齐指文档边缘的对齐方式，包括两端对齐、左对齐、右对齐、居中对齐和分散对齐。这 5 种对齐方式的说明如下所示。

▽　两端对齐：默认设置，两端对齐时文本左右两端均对齐，但是段落最后不满一行的文字右边是不对齐的。

▽　左对齐：文本的左边对齐，右边参差不齐。

▽　右对齐：文本的右边对齐，左边参差不齐。

▽　居中对齐：文本居中排列。

▽　分散对齐：文本左右两边均对齐，而且每个段落的最后一行不满一行时，将拉开字符间距使该行均匀分布。

设置段落对齐方式时，先选定要对齐的段落，然后可以通过单击【开始】选项卡的【段落】组(或浮动工具栏)中的相应按钮来实现，也可以通过【段落】对话框来实现。

【例 2-6】　在"酒"文档中设置段落对齐方式。 🎬 视频

(1) 启动 Word 2019，打开"酒"文档。

(2) 选中正文第 1 段文本，然后在【开始】选项卡的【段落】组中单击对话框启动器按钮 ，打开【段落】对话框，打开【缩进和间距】选项卡，单击【对齐方式】下拉按钮，在弹出的下拉列表中选择【居中】选项，单击【确定】按钮，如图 2-45 所示。

(3) 此时文档中第一段文字的效果如图 2-46 所示。

计算机基础与实训教材系列

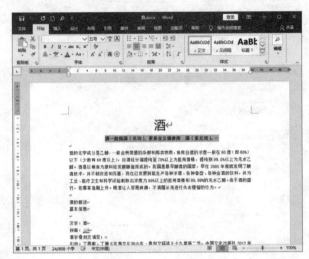

图 2-45　设置【对齐方式】　　　　　　　　图 2-46　显示效果

2.4.3　设置段落缩进

段落缩进是指段落中的文本与页边距之间的距离。Word 2019 提供了以下 4 种段落缩进的方式。

▽ 左缩进：设置整个段落左边界的缩进位置。

▽ 右缩进：设置整个段落右边界的缩进位置。

▽ 悬挂缩进：设置段落中除首行以外的其他行的起始位置。

▽ 首行缩进：设置段落中首行的起始位置。

1. 使用标尺设置缩进量

通过水平标尺可以快速设置段落的缩进方式及缩进量。水平标尺包括首行缩进、悬挂缩进、左缩进和右缩进这 4 个标记，如图 2-47 所示。拖动各标记就可以设置相应的段落缩进方式。

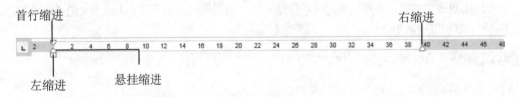

图 2-47　水平标尺

使用标尺设置段落缩进时,在文档中选择要改变缩进的段落,然后拖动缩进标记到缩进位置,可以使某些行缩进。在拖动鼠标时,整个页面上出现一条垂直虚线,以显示新边距的位置。

在使用水平标尺格式化段落时，按住 Alt 键不放，使用鼠标拖动标记，水平标尺上将显示具体的度量值。拖动首行缩进标记到缩进位置，将以左边界为基准缩进第一行。拖动悬挂缩进标记至缩进位置，可以设置除首行外的所有行的缩进。拖动左缩进标记至缩进位置，可以使所有行左缩进。

2. 使用【段落】对话框设置缩进量

使用【段落】对话框可以准确地设置缩进尺寸。打开【开始】选项卡，单击【段落】组中的对话框启动器按钮，打开【段落】对话框的【缩进和间距】选项卡，在该选择卡中进行相关设置即可设置段落缩进，如图 2-48 所示。

图 2-48　【缩进和间距】选项卡

在【段落】对话框的【缩进】选项区域的【左侧】文本框中输入左缩进值，则所有行从左边缩进相应值；在【右侧】文本框中输入右缩进值，则所有行从右边缩进相应值。

【例 2-7】 在"酒"文档中设置文本段落的首行缩进 2 个字符。 视频

(1) 启动 Word 2019，打开"酒"文档。

(2) 选中正文第 2 段文本，然后在【开始】选项卡的【段落】组中单击对话框启动器按钮，打开【段落】对话框，打开【缩进和间距】选项卡，在【缩进】选项区域的【特殊】下拉列表中选择【首行】选项，并在【缩进值】微调框中输入"2 字符"，单击【确定】按钮，如图 2-49 所示。

(3) 此时文档中第 2 段文字的效果如图 2-50 所示。

图 2-49　设置首行缩进

图 2-50　显示效果

2.4.4　设置段落间距

段落间距的设置包括对文档行间距与段间距的设置。其中，行间距是指段落中行与行之间的距离；段间距是指前后相邻的段落之间的距离。

1. 设置行间距

行间距决定段落中各行文本之间的垂直距离。Word 2019 默认的行间距值是单倍行距，用户可以根据需要重新对其进行设置。在【段落】对话框中，打开【缩进和间距】选项卡，在【行距】下拉列表中选择相应选项，并在【设置值】微调框中输入数值即可，如图 2-51 所示。

图 2-51　设置行距

提示

用户在排版文档时，为了使段落更加紧凑，经常会把段落的行距设置为【固定值】，这样做可能会导致一些高度大于此固定值的图片或文字只能显示一部分。因此，建议设置行距时慎用固定值。

2. 设置段间距

段间距决定段落前后空白距离的大小。在【段落】对话框中，打开【缩进和间距】选项卡，在【段前】和【段后】微调框中输入数值，即可设置段间距。

【例 2-8】　在"酒"文档中设置段落间距。🎬视频

(1) 启动 Word 2019，打开"酒"文档。

(2) 将插入点定位在副标题段落，打开【开始】选项卡，在【段落】组中单击对话框启动器按钮⬒，打开【段落】对话框。打开【缩进和间距】选项卡，在【间距】选项区域中的【段前】和【段后】微调框中输入"1 行"，单击【确定】按钮，如图 2-52 所示。

(3) 此时完成段落间距的设置，文档中标题"酒"的效果如图 2-53 所示。

图 2-52　设置段间距

图 2-53　标题显示效果

(4) 按住 Ctrl 键选中从第 2 段开始的所有正文，再次打开【段落】对话框的【缩进和间距】选项卡。在【行距】下拉列表中选择【固定值】选项，在其右侧的【设置值】微调框中输入"18磅"，单击【确定】按钮，如图 2-54 所示。

(5) 完成以上设置后，文档中正文的效果如图 2-55 所示。

图 2-54　设置行距

图 2-55　正文显示效果

2.5　设置项目符号和编号

使用项目符号和编号，可以对文档中并列的项目进行组织，或者将内容的顺序进行编号，以使这些项目的层次结构更加清晰、更有条理。Word 2019 提供了多种标准的项目符号和编号，并且允许用户自定义项目符号和编号。

2.5.1　添加项目符号和编号

Word 2019 提供了自动添加项目符号和编号的功能。在以"1.""(1)""a"等字符开始的段落中按Enter 键，下一段的开始将会自动出现"2.""(2)""b"等字符。

此外，选取要添加项目符号和编号的段落，打开【开始】选项卡，在【段落】组中单击【项目符号】按钮 ≣ᐧ，将自动在每一段落前面添加项目符号；单击【编号】按钮 ≣ᐧ，将以"1.""2.""3."的形式编号。

若用户要添加其他样式的项目符号和编号，可以打开【开始】选项卡，在【段落】组中单击【项目符号】下拉按钮，从弹出的如图 2-56 所示的列表框中选择项目符号的样式；单击【编号】下拉按钮，从弹出的如图 2-57 所示的列表框中选择编号的样式。

图 2-56　项目符号样式

图 2-57　编号样式

【例 2-9】　在"酒"文档中添加项目符号和编号。 📹视频

(1) 启动 Word 2019，打开"酒"文档。选中文档中需要设置编号的文本，如图 2-58 所示。

(2) 打开【开始】选项卡，在【段落】组中单击【编号】下拉按钮 ≣ᐧ，从弹出的列表框中选择一种编号样式，即可为所选段落添加编号，如图 2-59 所示。

图 2-58　选中文本

图 2-59　选择编号

(3) 选中文档中需要添加项目符号的文本段落，如图 2-60 所示。

(4) 【段落】组中单击【项目符号】下拉按钮三▾，从弹出的列表框中选择一种项目样式，即可为段落添加项目符号，如图 2-61 所示。

图 2-60　选中文本

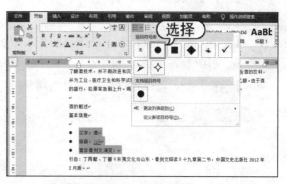

图 2-61　选择项目符号

2.5.2　设置项目符号和编号

在使用项目符号和编号功能时，用户除了可以使用系统自带的项目符号和编号样式外，还可以对项目符号和编号进行自定义设置，以满足不同用户的需求。

1. 自定义项目符号

选取项目符号段落，打开【开始】选项卡，在【段落】组中单击【项目符号】下拉按钮三▾，在弹出的下拉菜单中选择【定义新项目符号】命令，打开【定义新项目符号】对话框，在其中自定义一种项目符号即可，如图 2-62 所示。在该对话框中各选项的功能如下所示。

▽ 【符号】按钮：单击该按钮，打开【符号】对话框，可从中选择合适的符号作为项目符号，如图 2-63 所示。

图 2-62　【定义新项目符号】对话框

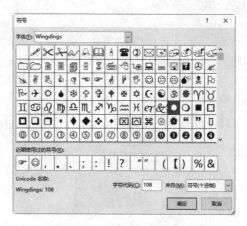

图 2-63　【符号】对话框

计算机基础与实训教材系列

▽ 【图片】按钮：单击该按钮，打开【插入图片】窗口，可联网搜索并选择合适的图片作为项目符号，也可以单击【从文件】区域的【浏览】按钮，导入一个图片作为项目符号，如图 2-64 所示。

▽ 【字体】按钮：单击该按钮，打开【字体】对话框，在该对话框中可设置项目符号的字体格式，如图 2-65 所示。

▽ 【对齐方式】下拉列表：在该下拉列表中列出了 3 种项目符号的对齐方式，分别为左对齐、居中对齐和右对齐。

▽ 【预览】框：可以预览用户设置的项目符号的效果。

图 2-64　【插入图片】窗口

图 2-65　【字体】对话框

2. 自定义编号

选取编号段落，打开【开始】选项卡，在【段落】组中单击【编号】下拉按钮，从弹出的下拉菜单中选择【定义新编号格式】命令，打开【定义新编号格式】对话框，如图 2-66 所示。在【编号样式】下拉列表中选择一种编号的样式；单击【字体】按钮，可以在打开的对话框中设置项目编号的字体；在【对齐方式】下拉列表中选择编号的对齐方式。

另外，在【开始】选项卡的【段落】组中单击【编号】下拉按钮，从弹出的下拉菜单中选择【设置编号值】命令，打开【起始编号】对话框，如图 2-67 所示，在其中可以自定义编号的起始数值。

图 2-66　【定义新编号格式】对话框

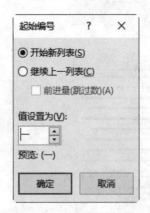

图 2-67　【起始编号】对话框

3. 删除项目符号和编号

要删除项目符号，可以在【开始】选项卡中单击【段落】组的【项目符号】下拉按钮，从弹出的【项目符号库】列表框中选择【无】选项，如图 2-68 所示。

要删除编号，可以在【开始】选项卡中单击【编号】下拉按钮，从弹出的【编号库】列表框中选择【无】选项，如图 2-69 所示。

图 2-68　选择【无】选项

图 2-69　选择【无】选项

计算机基础与实训教材系列

2.6　添加边框和底纹

在使用 Word 2019 进行文字处理时，为使文档更加引人注目，可根据需要为文字和段落添加各种各样的边框和底纹，以增加文档的生动性和实用性。

2.6.1　添加边框

Word 2019 提供了多种边框供用户选择，用来强调或美化文档内容。在 Word 2019 中可以为字符、段落以及整个页面设置边框。

1. 为文字或段落设置边框

选择要添加边框的文本或段落，在【开始】选项卡的【段落】组中单击【下框线】下拉按钮，在弹出的菜单中选择【边框和底纹】命令，打开【边框和底纹】对话框的【边框】选项卡，在其中进行相关设置，如图 2-70 所示。

图 2-70　设置边框

> **提示**
>
> 打开【开始】选项卡，在【字体】组中单击【字符边框】按钮⒜，可以快速为文字添加简单的边框。

在【边框】选项卡中各选项的功能如下所示。

▽ 【设置】选项区域：提供了 5 种边框样式，可从中选择所需的样式。

▽ 【样式】列表框：在该列表框中列出了各种不同的线条样式，可从中选择所需的线型。

▽ 【颜色】下拉列表：可以为边框设置所需的颜色。

▽ 【宽度】下拉列表：可以为边框设置相应的宽度。

▽ 【应用于】下拉列表：可以设置边框应用的对象是文字或段落。

【例 2-10】 在"酒"文档中，为文本和段落设置边框。 视频

(1) 启动 Word 2019，打开"酒"文档，选中全文。

(2) 打开【开始】选项卡，在【段落】组中单击【下框线】下拉按钮，在弹出的菜单中选择【边框和底纹】命令，打开【边框和底纹】对话框，打开【边框】选项卡，在【设置】选项区域中选择【三维】选项；在【样式】列表框中选择一种线型样式；在【颜色】下拉列表中选择【红色】色块，在【宽度】下拉列表中选择【1.5 磅】选项，单击【确定】按钮，如图 2-71 所示。

(3) 此时，即可为文档中的所有段落添加一个边框效果，如图 2-72 所示。

图 2-71 设置边框

图 2-72 边框显示效果

(4) 选取其中一段中的文字，使用同样的方法，打开【边框和底纹】对话框，打开【边框】选项卡，在【设置】选项区域中选择【阴影】选项；在【样式】列表框中选择一种虚线样式；在【颜色】下拉列表中选择【绿色】色块，单击【确定】按钮，如图 2-73 所示。

(5) 此时，即可为这段文字添加一个边框效果，如图 2-74 所示。

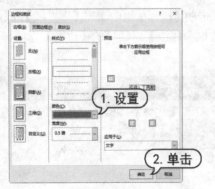

图 2-73 设置虚线边框

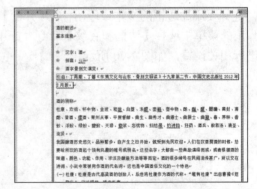

图 2-74 显示文字边框

2. 为页面设置边框

设置页面边框可以使打印出的文档更加美观。特别是要设置一篇精美的文档时，添加页面边框是一个很好的办法。

打开【边框和底纹】对话框的【页面边框】选项卡，在【艺术型】下拉列表或者【样式】列表框中选择一种样式，即可为页面应用该样式边框。

【例 2-11】　在"酒"文档中，为页面设置边框。　视频

(1) 启动 Word 2019，打开"酒"文档。

(2) 打开【开始】选项卡，在【段落】组中单击【下框线】下拉按钮，在弹出的菜单中选择【边框和底纹】命令，打开【边框和底纹】对话框，选择【页面边框】选项卡，在【艺术型】下拉列表中选择一种样式；在【宽度】输入框中输入"15 磅"；在【应用于】下拉列表中选择【整篇文档】选项，然后单击【确定】按钮，如图 2-75 所示。

(3) 此时，即可为文档页面添加一个边框效果，如图 2-76 所示。

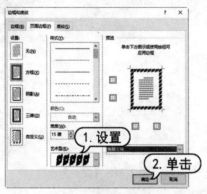

图 2-75　设置页面边框

图 2-76　显示页面边框效果

2.6.2　设置底纹

设置底纹不同于设置边框，底纹只能对文字、段落添加，不能对页面添加。

打开【边框和底纹】对话框的【底纹】选项卡，如图 2-77 所示，在其中可对填充的颜色和图案等进行设置。

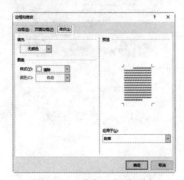

图 2-77　【底纹】选项卡

> **提示**
>
> 在【应用于】下拉列表中可以设置添加底纹的对象，包括文字或段落。

【例 2-12】 在"酒"文档中，为文本和段落设置底纹。 视频

(1) 启动 Word 2019，打开"酒"文档。

(2) 选取第 2 段文本，打开【开始】选项卡，在【字体】组中单击【文本突出显示颜色】按钮 ，即可快速为文本添加黄色底纹，如图 2-78 所示。

(3) 选取所有的文本，打开【开始】选项卡，在【段落】组中单击【下框线】下拉按钮，在弹出的菜单中选择【边框和底纹】命令，打开【边框和底纹】对话框，打开【底纹】选项卡，单击【填充】下拉按钮，从弹出的颜色面板中选择【浅绿】色块，然后单击【确定】按钮，如图 2-79 所示。

图 2-78　添加黄色底纹

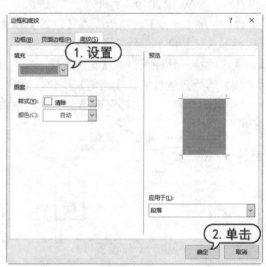

图 2-79　【底纹】选项卡

(4) 此时，即可为文档中所有段落添加一种浅绿色的底纹，如图 2-80 所示。

(5) 使用同样的方法，为最后 3 段文本添加【青绿色】底纹，如图 2-81 所示。

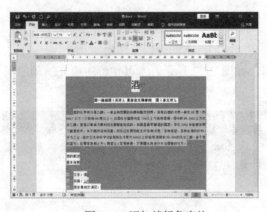

图 2-80　添加浅绿色底纹

图 2-81　添加青绿色底纹

2.7　实例演练

本章的实例演练部分包括制作邀请函和招聘启事两个综合实例，用户通过练习从而巩固本章所学知识。

2.7.1　制作邀请函

【例 2-13】　创建名为"邀请函"的文档，输入文本内容，进行查找和替换操作。　　视频

(1) 启动 Word 2019，新建一个空白文档，单击【文件】按钮，从弹出的菜单中选择【保存】选项，选择【浏览】选项，如图 2-82 所示。

(2) 打开【另存为】对话框，将该文档以"邀请函"为名保存，如图 2-83 所示。

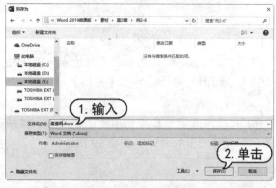

图 2-82　选择【浏览】选项　　　　　　　　　图 2-83　【另存为】对话框

(3) 在文档中按空格键，将插入点移至页面的中间位置，切换至中文输入法，输入标题"邀请函"，如图 2-84 所示。

(4) 按 Enter 键换行，继续输入其他文本，如图 2-85 所示。

图 2-84　输入标题文本　　　　　　　　　　图 2-85　输入其他文本

(5) 将插入点定位到文本"活动时间"开头处,打开【插入】选项卡,在【符号】组中单击【符号】按钮,从弹出的下拉菜单中选择【其他符号】命令,如图 2-86 所示。

(6) 打开【符号】对话框的【符号】选项卡,在【字体】下拉列表中选择【Wingdings】选项,在下边的列表框中选择手指形状符号,然后单击【插入】按钮,如图 2-87 所示。

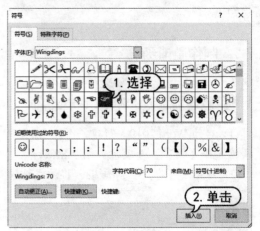

图 2-86　选择【其他符号】命令　　　　　图 2-87　【符号】对话框

(7) 将插入点定位到文本"活动地点"开头处,返回【符号】对话框,单击【插入】按钮,继续插入手指形状符号。单击【关闭】按钮,关闭【符号】对话框,此时在文档中显示所插入的符号,如图 2-88 所示。

(8) 将插入点定位在文档末尾,按 Enter 键换行。打开【插入】选项卡,在【文本】组中单击【日期和时间】按钮,如图 2-89 所示。

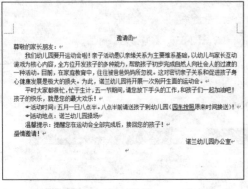

图 2-88　插入符号　　　　　　　　图 2-89　单击【日期和时间】按钮

(9) 打开【日期和时间】对话框,在【语言(国家/地区)】下拉列表中选择【中文(中国)】选项,在【可用格式】列表框中选择第 3 种日期格式,单击【确定】按钮,如图 2-90 所示。

(10) 此时在文档中插入该日期,按空格键将该日期文本移动至结尾处,如图 2-91 所示。

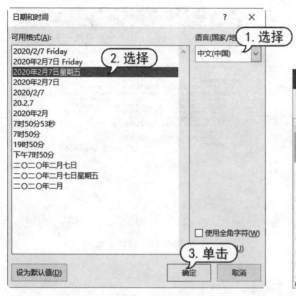

图 2-90　【日期和时间】对话框

图 2-91　插入日期

(11) 在【开始】选项卡的【编辑】组中单击【查找】按钮，打开导航窗格。在【导航】文本框中输入文本"运动会"，此时在文档编辑区中以黄色高亮显示所查找到的文本，如图 2-92 所示。

(12) 在【开始】选项卡的【编辑】组中，单击【替换】按钮，打开【查找和替换】对话框，打开【替换】选项卡，此时【查找内容】文本框中显示文本"运动会"，在【替换为】文本框中输入文本"亲子运动会"，单击【全部替换】按钮，如图 2-93 所示。

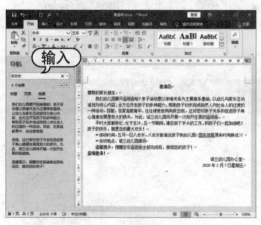

图 2-92　高亮显示查找到的文本

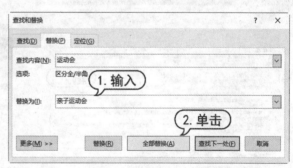

图 2-93　【查找和替换】对话框

(13) 替换完成后，打开完成替换提示框，单击【确定】按钮，如图 2-94 所示。

(14) 返回【查找和替换】对话框，单击【关闭】按钮，返回文档窗口，查看替换后的文本，如图 2-95 所示。

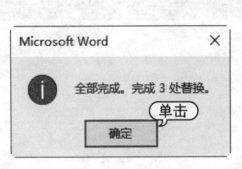

图 2-94 单击【确定】按钮   图 2-95 替换文本

2.7.2 制作招聘启事

【例 2-14】 制作"招聘启事"文档，在其中设置文本和段落格式。 📹 视频

(1) 启动 Word 2019，新建一个名为"招聘启事"的文档，在其中输入文本内容，如图 2-96 所示。

(2) 选中文档第一行文本"招聘启事"，然后选择【开始】选项卡，在【字体】组中设置【字体】为【微软雅黑】，【字号】为【小一】，在【段落】组中单击【居中】按钮，设置文本居中，如图 2-97 所示。

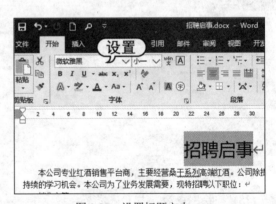

图 2-96 输入文本   图 2-97 设置标题文本

(3) 选中正文第 2 段内容，然后使用同样的方法，设置文本的字体、字号和对齐方式，如图 2-98 所示。

(4) 保持文本的选中状态，然后单击【剪贴板】组中的【格式刷】按钮，在需要套用格式的文本上单击并按住鼠标左键拖动，套用文本格式，如图 2-99 所示。

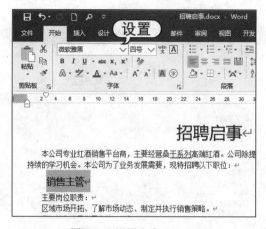

图 2-98 设置文本

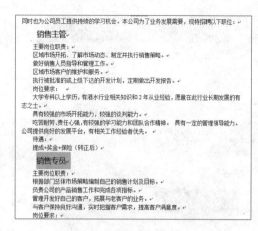

图 2-99 套用格式

(5) 选中文档中的文本"主要岗位职责:",然后在【开始】选项卡的【字体】组中单击【加粗】按钮,在【开始】选项卡的【段落】组中单击对话框启动器按钮 ,打开【段落】对话框,在【段前】和【段后】文本框中输入"0.5 行"后,单击【确定】按钮,如图 2-100 所示。

(6) 使用同样的方法,为文档中其他段落的文字添加"加粗"效果,并设置段落间距,如图 2-101 所示。

图 2-100 设置段落

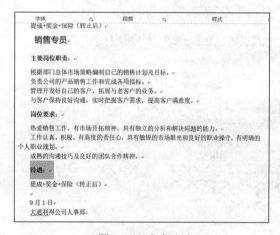

图 2-101 加粗文本

(7) 选中文档中第 4~7 段文本,在【开始】选项卡的【段落】组中单击【编号】按钮,为段落添加编号,如图 2-102 所示。

(8) 选中文档中第 9~11 段文本,在【开始】选项卡中单击【项目符号】下拉按钮,在弹出的下拉列表中,选择一种项目符号样式,如图 2-103 所示。

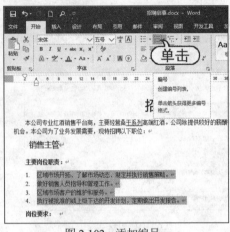

图 2-102　添加编号

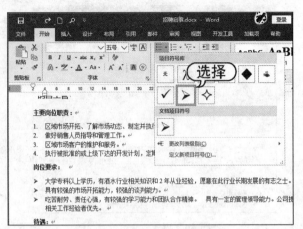

图 2-103　添加项目符号

(9) 使用同样的方法为文档中其他段落设置项目符号与编号，如图 2-104 所示。

(10) 选中文档中最后两段文本，在【开始】选项卡的【段落】组中单击【右对齐】按钮，效果如图 2-105 所示，最后保存文档。

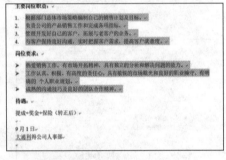

图 2-104　设置项目符号与编号

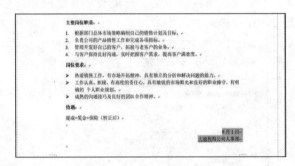

图 2-105　右对齐文本

2.8　习题

1. 简述 Word 2019 的视图模式。

2. 简述在 Word 中查找和替换文本的方法。

3. 新建一个 Word 文档，输入 3 段文本，设置字体为隶书，颜色为蓝色，段前和段后为 1.5 行。

第3章

Word图文混排

在 Word 文档中适当地插入一些图片或其他元素，不仅会使文章显得生动有趣，还能帮助读者更直观地理解文档内容。本章将主要介绍 Word 2019 的绘图和图形处理功能，以及使用图文混排修饰文档的方法与技巧。

➡ 本章重点

- 使用表格
- 使用艺术字
- 使用图片
- 使用文本框

➡ 二维码教学视频

3.1　使用表格

为了更形象地说明问题，常常需要在文档中制作各种各样的表格。Word 2019 提供了强大的表格功能，可以快速地创建与编辑表格。

3.1.1　插入表格

Word 2019 中提供了多种创建表格的方法，不仅可以通过按钮或对话框完成表格的创建，还可以根据内置样式快速插入表格。如果表格比较简单，还可以直接拖动鼠标来绘制表格。

1. 使用【表格】按钮

使用【表格】按钮可以快速打开表格网格框，使用表格网格框可以直接在文档中插入一个最大为 8 行 10 列的表格。这也是最快捷的创建表格的方法。

将光标定位在需要插入表格的位置，然后打开【插入】选项卡，单击【表格】组的【表格】按钮，在弹出的菜单中会出现如图 3-1 所示的网格框，拖动鼠标确定要创建表格的行数和列数，然后单击就可以完成一个规则表格的创建，如图 3-2 所示为 6×5 表格的效果图。

图 3-1　表格网格框

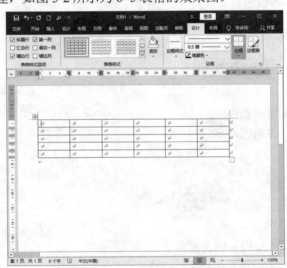

图 3-2　自动创建的规则表格

> **提示**
>
> 网格框顶部出现的"m×n 表格"表示要创建的表格是 m 列 n 行。通过单击【表格】按钮创建表格虽然很方便，但是这种方法一次最多只能插入 8 行 10 列的表格，并且不套用任何样式，列宽是按窗口调整的。这种方法只适用于创建行、列数较少的表格。

2. 使用【插入表格】对话框

使用【插入表格】对话框创建表格时，可以在建立表格的同时精确设置表格的大小。

选择【插入】选项卡，在【表格】组中单击【表格】按钮，在弹出的菜单中选择【插入表格】

命令，打开【插入表格】对话框。在【列数】和【行数】微调框中可以指定表格的列数和行数，单击【确定】按钮，如图 3-3 所示。

图 3-3　【插入表格】对话框

3. 手动绘制表格

通过 Word 2019 的绘制表格功能，可以创建不规则的行列数表格，以及绘制一些带有斜线表头的表格。

打开【插入】选项卡，在【表格】组中单击【表格】按钮，从弹出的菜单中选择【绘制表格】命令，此时鼠标光标变为 ∕ 形状，按住左键不放并拖动鼠标，会出现一个表格的虚框，待达到合适大小后，释放鼠标即可生成表格的边框，如图 3-4 所示。

图 3-4　绘制表格边框

在表格边框的任意位置单击选择一个起点，按住左键不放并向右(或向下)拖动绘制出表格中的横线(或竖线)，如图 3-5 所示。

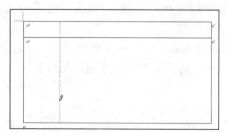

图 3-5　绘制横线和竖线

计算机基础与实训教材系列

在表格的第 1 个单元格中单击选择一个起点，按住左键向右下方拖动即可绘制一个斜线表格，如图 3-6 所示。

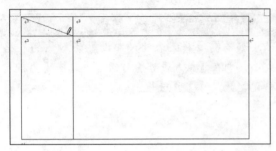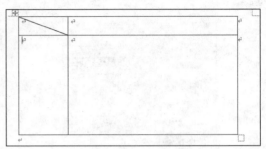

图 3-6　绘制斜线表格

4. 插入内置表格

为了快速制作出美观的表格，Word 2019 提供了许多内置表格。使用内置表格可以快速地创建具有特定样式的表格。

打开【插入】选项卡，在【表格】组中单击【表格】按钮，从弹出的菜单中选择【快速表格】命令，将弹出子菜单列表框，在其中选择表格样式，即可快速创建具有特定样式的表格，如图 3-7 所示。

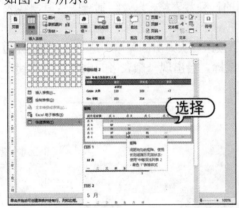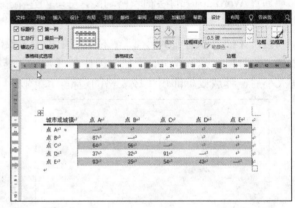

图 3-7　套用表格

【例 3-1】 创建名为"员工考核表"的文档，在其中创建 6 列 9 行的表格。 ▶视频

(1) 启动 Word 2019，新建一个名为"员工考核表"的文档，在插入点处输入标题"员工每月工作业绩考核与分析"，设置其格式为【华文细黑】【小二】【加粗】【深蓝】【居中】，效果如图 3-8 所示。

(2) 将插入点定位到表格标题的下一行，打开【插入】选项卡，在【表格】组中单击【表格】按钮，从弹出的菜单中选择【插入表格】命令，如图 3-9 所示。

计算机基础与实训教材系列

图 3-8　输入文本
图 3-9　选择【插入表格】命令

(3) 打开【插入表格】对话框，在【列数】和【行数】文本框中分别输入 6 和 9，单击【确定】按钮，如图 3-10 所示。

(4) 此时，可在文档中插入一个 6×9 的规则表格，如图 3-11 所示。

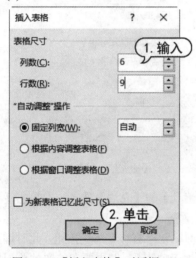

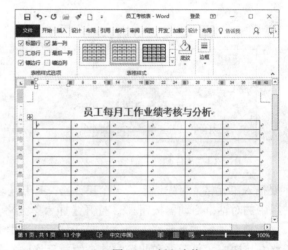

图 3-10　【插入表格】对话框
图 3-11　插入表格

3.1.2　编辑表格

表格创建完成后，还需要对其进行编辑操作，如在表格中选定对象，插入行、列和单元格，删除行、列和单元格，合并和拆分单元格，以满足不同用户的需要。

1. 选定行、列和单元格

对表格进行格式化之前，首先要选定表格编辑对象，然后才能对表格进行操作。选定表格编辑对象的鼠标操作方式有如下几种。

➤ 选定一个单元格：将鼠标移动至该单元格的左侧区域，当光标变为 ↗ 形状时单击。

- 选定整行：将鼠标移动至该行的左侧，当光标变为 ⬚ 形状时单击。
- 选定整列：将鼠标移动至该列的上方，当光标变为↓形状时单击。
- 选定多个连续的单元格：沿被选区域左上角向右下角拖曳鼠标。
- 选定多个不连续的单元格：选取第 1 个单元格后，按住 Ctrl 键不放，再分别选取其他的单元格。
- 选定整个表格：移动鼠标到表格左上角的图标⊞时单击。

2. 插入行、列和单元格

在创建好表格后，经常会因为情况变化或其他原因需要插入一些新的行、列或单元格。

要向表格中添加行，先选定与需要插入行的位置相邻的行，选择的行数和要增加的行数相同，然后打开【表格工具】的【布局】选项卡，在如图 3-12 所示的【行和列】组中单击【在上方插入】或【在下方插入】按钮即可。插入列的操作与插入行基本类似，只需在【行和列】组中单击【在左侧插入】或【在右侧插入】按钮。另外，单击【行和列】组中的对话框启动器按钮☑，打开【插入单元格】对话框，选中【整行插入】或【整列插入】单选按钮，如图 3-13 所示，单击【确定】按钮，同样可以插入行和列。

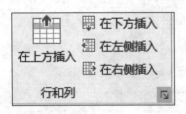

图 3-12　【行和列】组

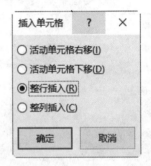

图 3-13　【插入单元格】对话框

要插入单元格，可先选定若干个单元格，打开【表格工具】的【布局】选项卡，单击【行和列】组中的对话框启动器按钮☑，打开【插入单元格】对话框。

如果要在选定的单元格左边添加单元格，可选中【活动单元格右移】单选按钮，此时增加的单元格会将选定的单元格和此行中其余的单元格向右移动相应的列数；如果要在选定的单元格上边添加单元格，可选中【活动单元格下移】单选按钮，此时增加的单元格会将选定的单元格和此列中其余的单元格向下移动相应的行数，而且在表格最下方也增加了相应数目的行。

3. 删除行、列和单元格

选定需要删除的行，或将鼠标放置在该行的任意单元格中。在【行和列】组中，单击【删除】按钮，在打开的菜单中选择【删除行】命令即可，如图 3-14 所示。删除列的操作与删除行基本类似，在弹出的删除菜单中选择【删除列】命令。

要删除单元格，可先选定若干个单元格，然后打开【表格工具】的【布局】选项卡，在【行和列】组中单击【删除】按钮，在弹出的菜单中选择【删除单元格】命令，打开【删除单元格】对话框，如图 3-15 所示，选择移动单元格的方式即可。

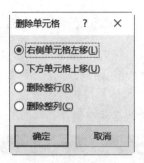

图 3-14　选择【删除行】命令　　　　　图 3-15　【删除单元格】对话框

4. 合并与拆分单元格

在 Word 2019 中，允许将相邻的两个或多个单元格合并成一个单元格，也可以把一个单元格拆分为多个单元格，达到减少或增加行数和列数的目的。

在表格中选取要合并的单元格，打开【表格工具】的【布局】选项卡，在【合并】组中单击【合并单元格】按钮，如图 3-16 所示，或者在选中的单元格中右击，从弹出的快捷菜单中选择【合并单元格】命令，此时 Word 就会删除所选单元格之间的边界，建立起一个新的单元格，并将原来单元格的列宽和行高合并为当前单元格的列宽和行高，如图 3-17 所示。

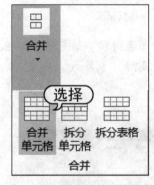

图 3-16　选择【合并单元格】命令　　　　　图 3-17　合并单元格

选取要拆分的单元格，打开【表格工具】的【布局】选项卡，在【合并】组中单击【拆分单元格】按钮，或者右击选中的单元格，在弹出的快捷菜单中选择【拆分单元格】命令，打开【拆分单元格】对话框，在【列数】和【行数】文本框中输入列数和行数，单击【确定】按钮即可，如图 3-18 所示。

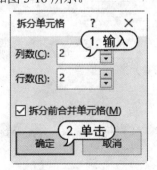

图 3-18　将合并后的单元格进行拆分

【例 3-2】 在"员工考核表"文档中，对单元格进行合并和拆分。 🎬视频

(1) 启动 Word 2019，打开"员工考核表"文档。

(2) 选取表格的第 2 行的后 5 个单元格，打开【表格工具】的【布局】选项卡，在【合并】组中单击【合并单元格】按钮，合并这 5 个单元格，如图 3-19 所示。

(3) 使用同样的方法，合并其他的单元格，如图 3-20 所示。

图 3-19　单击【合并单元格】按钮

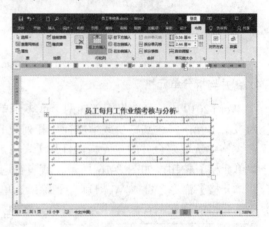

图 3-20　合并单元格

(4) 将插入点定位在第 5 行第 2 列的单元格中，在【合并】组中单击【拆分单元格】按钮，打开【拆分单元格】对话框。在该对话框的【列数】和【行数】文本框中分别输入 1 和 3，单击【确定】按钮，如图 3-21 所示，此时该单元格被拆分成 3 个单元格。

(5) 使用同样的方法，拆分其他的单元格，最终效果如图 3-22 所示。

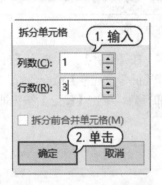

图 3-21　【拆分单元格】对话框

图 3-22　拆分单元格

5. 输入表格文本

将插入点定位在表格的单元格中，然后直接利用键盘输入文本。在表格中输入文本，Word 2019 会根据文本的多少自动调整单元格的大小。

【例 3-3】 在单元格中输入文本。 🎬 视频

(1) 启动 Word 2019，打开"员工考核表"文档。

(2) 将鼠标光标移动到第 1 行第 1 列的单元格处，单击鼠标左键，将插入点定位到该单元格中，输入文本"姓名"，如图 3-23 所示。

(3) 将插入点定位到第 1 行第 2 列的单元格中并输入表格文本，然后按 Tab 键，继续输入表格内容，如图 3-24 所示。

图 3-23　输入文本

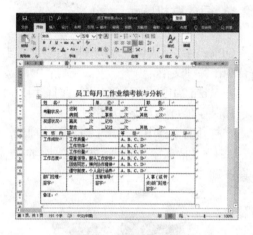

图 3-24　继续输入文本

(4) 在快速访问工具栏中单击【保存】按钮，将"员工考核表"文档进行保存。

用户也可以使用 Word 文本格式的设置方法设置表格中文本的格式。选择单元格区域或整个表格，打开表格工具的【布局】选项卡，在【对齐方式】组中单击相应的按钮即可设置文本对齐方式，如图 3-25 所示。或者右击选中的单元格区域或整个表格，在弹出的快捷菜单中选择【表格属性】命令，打开【表格属性】对话框的【表格】选项卡，选择对齐方式或文字环绕方式，如图 3-26 所示。

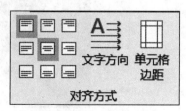

图 3-25　【对齐方式】组

图 3-26　【表格属性】对话框

计算机基础与实训教材系列

3.2 使用图片

为了使文档更加美观、生动，可以在其中插入图片。在 Word 2019 中，不仅可以插入系统提供的联机图片；还可以从其他程序或位置导入图片；甚至可以使用屏幕截图功能直接从屏幕中截取画面。

3.2.1 插入联机图片

Office 网络所提供的联机图片内容非常丰富，设计精美、构思巧妙，能够表达不同的主题，适合制作各种文档。

在 Word 2019 中插入联机图片时，用户可以选择通过"必应"搜索引擎搜索出的图片，也可以选择保存在 OneDrive 中的图片。

在打开的文档中，打开【插入】选项卡，在【插图】组中单击【联机图片】按钮，如图 3-27 所示。打开【插入图片】对话框，在搜索框中输入关键字，比如"酒"，然后单击【搜索】按钮 🔍，如图 3-28 所示。

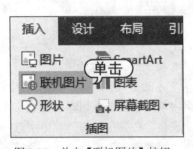

图 3-27 单击【联机图片】按钮

图 3-28 搜索图片

稍后将显示搜索出来的联机图片，选择一张图片，单击【插入】按钮，即可插入文档中，如图 3-29 所示。

图 3-29 选择图片并插入文档中

3.2.2　插入屏幕截图

如果需要在 Word 文档中使用网页中的某个图片或者图片的一部分，则可以使用 Word 提供的【屏幕截图】功能来实现。

打开【插入】选项卡，在【插图】组中单击【屏幕截图】按钮，在弹出的菜单中选择一个需要截图的窗口，即可将该窗口截取，并显示在文档中，如图 3-30 所示。

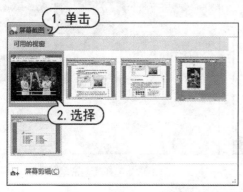

图 3-30　插入屏幕截图

3.2.3　插入计算机中的图片

在磁盘的其他位置可以选择要插入 Word 文档的图片文件。这些图片文件可以是 Windows 的标准 BMP 位图，也可以是其他应用程序所创建的图片，如 CorelDRAW 的 CDR 格式的矢量图片、JPEG 压缩格式的图片、TIFF 格式的图片等。

打开【插入】选项卡，在【插图】组中单击【图片】按钮，打开【插入图片】对话框，如图 3-31 所示，在其中选择要插入的图片，单击【插入】按钮，即可将图片插入文档中。

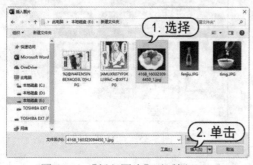

图 3-31　【插入图片】对话框

> **提示**
>
> 在 Word 2019 中可以一次插入多个图片，在打开的【插入图片】对话框中，使用 Shift 或 Ctrl 键配合选择多张图片，再单击【插入】按钮即可。

在文档中插入图片后，经常还需要进行设置才能达到用户的需求。插入图片后，自动打开【图片工具】的【格式】选项卡，使用相应的功能工具，可以设置图片的颜色、大小、版式和样式等。

【例 3-4】　打开"元宵灯会"文档，插入并设置图片格式。 🎬 视频

(1) 启动 Word 2019，打开"元宵灯会"文档，将插入点定位在文档中合适的位置上，然后

计算机基础与实训教材系列

打开【插入】选项卡，在【插图】组中单击【图片】按钮，在打开的【插入图片】对话框中选择图片，单击【插入】按钮，如图 3-32 所示。

(2) 选中文档中插入的图片，然后单击图片右侧显示的【布局选项】按钮，在弹出的选项区域中选择【紧密型环绕】选项，如图 3-33 所示。

图 3-32　【插入图片】对话框　　　　　图 3-33　选择【紧密型环绕】选项

(3) 使用鼠标拖动图片调整其位置，选中图片，然后拖动边框的调节框，调节其大小，使其效果如图 3-34 所示。

(4) 在【格式】选项卡中单击【艺术效果】按钮，在弹出的下拉菜单中选择一个效果选项，如图 3-35 所示。

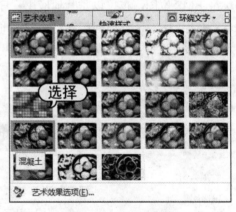

图 3-34　调整图片的位置和大小　　　　图 3-35　选择艺术效果

(5) 在【格式】选项卡的【图片样式】组中，单击【其他】按钮，从弹出的列表框中选择【居中矩形阴影】样式，为图片应用该样式，如图 3-36 所示。

(6) 最后图片在文档中的效果如图 3-37 所示。

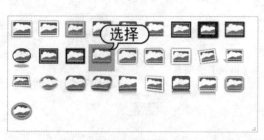

图 3-36 选择图片样式

图 3-37 图片效果

3.3 使用艺术字

Word 软件提供了艺术字功能，可以把文档的标题以及需要特别突出的文本用艺术字显示出来。使用 Word 2019 可以创建出各种文字的艺术效果，使文档内容更加生动醒目。

3.3.1 插入艺术字

打开【插入】选项卡，在【文本】组中单击【插入艺术字】按钮，打开艺术字列表框，在其中选择艺术字的样式，即可在 Word 文档中插入艺术字，如图 3-38 所示。插入艺术字的方法有两种：一种是先输入文本，再将输入的文本应用为艺术字样式；另一种是先选择艺术字样式，再输入需要的艺术字文本。

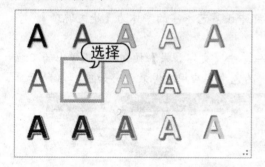

图 3-38 插入艺术字

3.3.2 设置艺术字

选中艺术字，系统会自动打开【绘图工具】的【格式】选项卡，如图 3-39 所示。单击该选项卡内相应功能组中的工具按钮，可以设置艺术字的样式、填充效果等属性，还可以对艺术字进行大小调整、旋转或添加阴影、三维效果等操作。

图 3-39 【绘图工具】的【格式】选项卡

👉【例 3-5】 在"元宵灯会"文档中，插入并设置艺术字。 📹视频

(1) 启动 Word 2019，打开"元宵灯会"文档。

(2) 选取"元宵灯会简介"文本，在【插入】选项卡的【文本】组中单击【插入艺术字】按钮，在打开的艺术字列表框中选择艺术字选项，如图 3-40 所示。

(3) 此时该文本显示艺术字效果，如图 3-41 所示。

图 3-40 选择艺术字选项

图 3-41 艺术字效果

(4) 选中艺术字，在【开始】选项卡的【字体】组中设置艺术字的字体为【华文琥珀】，字号为【小三】，如图 3-42 所示。

(5) 打开【格式】选项卡，在【艺术字样式】组中单击【文字效果】按钮Ⓐ，从弹出的下拉菜单中选择【映像】|【全映像：4 磅 偏移量】选项，为艺术字应用映像效果，如图 3-43 所示。

图 3-42 设置艺术字

图 3-43 选择映像效果

3.4　使用 SmartArt 图形

Word 2019 提供了 SmartArt 图形功能，用来说明各种概念性的内容。使用该功能，可以轻松制作各种流程图，如层次结构图、矩阵图、关系图等，从而使文档更加形象生动。

3.4.1　插入 SmartArt 图形

要插入 SmartArt 图形，打开【插入】选项卡，在【插图】组中单击 SmartArt 按钮，打开【选择 SmartArt 图形】对话框，根据需要选择合适的类型，单击【确定】按钮即可，如图 3-44 所示。

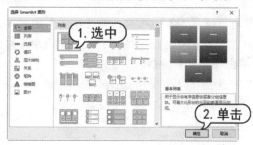

图 3-44　创建 SmartArt 图形

在【选择 SmartArt 图形】对话框中，主要列出了如下几种 SmartArt 图形类型。

▽　列表：显示无序信息。

▽　流程：在流程或时间线中显示步骤。

▽　循环：显示连续的流程。

▽　层次结构：创建组织结构图，显示决策树。

▽　关系：对连接进行图解。

▽　矩阵：显示各部分如何与整体关联。

▽　棱锥图：显示与顶部或底部最大一部分之间的比例关系。

▽　图片：显示嵌入图片和文字的结构图。

3.4.2　设置 SmartArt 图形

在文档中插入 SmartArt 图形后，如果对预设的效果不满意，则可以在【SmartArt 工具】的【设计】和【格式】选项卡中对其进行编辑操作，分别如图 3-45 所示和图 3-46 所示。

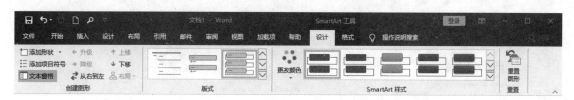

图 3-45【SmartArt 工具】的【设计】选项卡

计算机基础与实训教材系列

图 3-46 【SmartArt 工具】的【格式】选项卡

【例 3-6】 在"元宵灯会"文档中,插入并设置 SmartArt 图形。 视频

(1) 启动 Word 2019,打开"元宵灯会"文档。将鼠标指针插入文档中需要插入 SmartArt 图形的位置。

(2) 打开【插入】选项卡,在【插图】组中单击 SmartArt 按钮,打开【选择 SmartArt 图形】对话框,然后在该对话框左侧的列表框中选中【关系】选项,在右侧的列表框中选中【循环关系】选项,单击【确定】按钮,如图 3-47 所示。

(3) 将鼠标指针插入 SmartArt 图形中的占位符,然后在其中输入文本,并设置文本的字号大小,如图 3-48 所示。

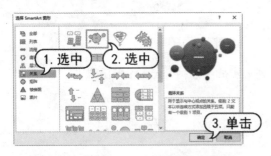

图 3-47 【选择 SmartArt 图形】对话框

图 3-48 输入文本

(4) 选择【设计】选项卡,然后在【SmartArt 样式】组中单击【更改颜色】下拉按钮,在弹出的下拉列表中选择一个选项,如图 3-49 所示。

(5) 选择【格式】选项卡,然后在【艺术字样式】组中单击【其他】按钮,在弹出的列表框中选择 SmartArt 图形中艺术字的样式,如图 3-50 所示。

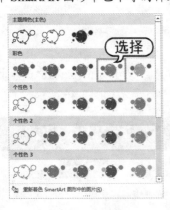

图 3-49 更改颜色

图 3-50 选择艺术字样式

3.5　使用形状

Word 2019 包含一套可以手工绘制的现成形状，包括直线、箭头、流程图、星与旗帜、标注等，这些图形称为自选图形。

3.5.1　绘制形状

使用 Word 2019 所提供的功能强大的绘图工具，就可以在文档中绘制各种形状图形。在文档中，用户可以使用这些图形添加一个形状，或合并多个形状生成一个绘图或一个更为复杂的形状。

打开【插入】选项卡，在【插图】组中单击【形状】按钮，从弹出的列表中选择形状按钮，如图 3-51 所示，在文档中拖动鼠标绘制对应的图形，效果如图 3-52 所示。

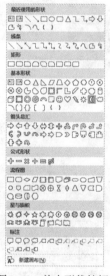

图 3-51　单击形状按钮

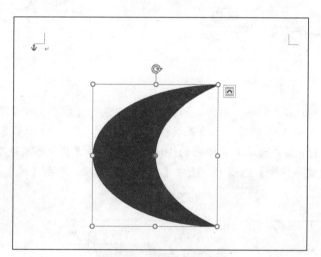

图 3-52　拖动鼠标绘制图形

3.5.2　设置形状

绘制完形状图形后，系统自动打开【绘图工具】的【格式】选项卡，单击该功能区中相应的命令按钮可以设置形状图形的格式，如图 3-53 所示。例如，设置形状图形的大小、形状样式和位置等。

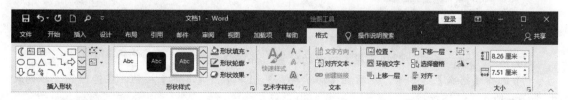

图 3-53　【格式】选项卡

计算机基础与实训教材系列

【例 3-7】 在"元宵灯会"文档中，绘制形状并设置其格式。 视频

(1) 启动 Word 2019，打开"元宵灯会"文档。

(2) 打开【插入】选项卡，在【插图】组中单击【形状】下拉按钮，在弹出的列表框的【基本形状】区域中选择【矩形：折角】选项，如图 3-54 所示。

(3) 将鼠标指针移至文档中，按住左键并拖动鼠标绘制形状，效果如图 3-55 所示。

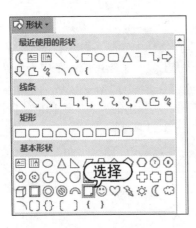

图 3-54　选择形状

图 3-55　绘制形状

(4) 右击形状，从弹出的快捷菜单中选择【添加文字】命令，此时即可在自选图形中输入文字，如图 3-56 所示，单击并按住形状边框的控制点可调整其大小。

(5) 右击形状，在弹出的快捷菜单中选择【其他布局选项】命令，打开【布局】对话框，选中【文字环绕】选项卡，选中【四周型】选项，单击【确定】按钮，如图 3-57 所示。

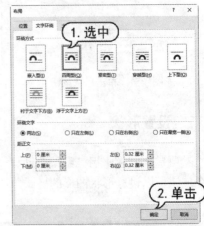

图 3-56　输入文字

图 3-57　【布局】对话框

(6) 选中形状，并拖动调整其在文档中的位置，如图 3-58 所示。

(7) 选择【格式】选项卡，然后在【形状样式】组中单击【其他】按钮，在弹出的下拉列表中选择一种样式，修改形状的样式，如图 3-59 所示。

图 3-58　调整位置

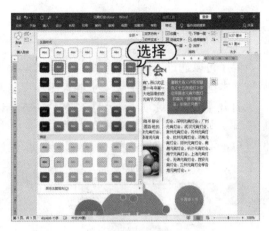

图 3-59　修改样式

3.6　使用文本框

文本框是一种图形对象，它作为存放文本或图形的容器，可置于页面中的任何位置，并可随意地调整其大小。在 Word 2019 中，文本框用来建立特殊的文本，并且可以对其进行一些特殊格式的处理，如设置边框、颜色等。

3.6.1　插入内置文本框

Word 2019 提供了多种内置文本框，例如简单文本框、边线型提要栏和大括号型引述等。通过插入这些内置文本框，可快速制作出优秀的文档。

打开【插入】选项卡，在【文本】组中单击【文本框】下拉按钮，从弹出的列表框中选择一种内置的文本框样式，即可快速地将其插入文档的指定位置，如图 3-60 所示。

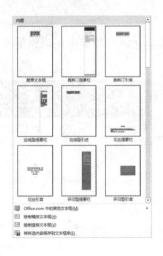
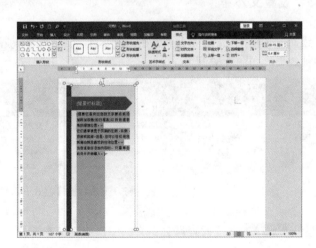

图 3-60　插入内置文本框

3.6.2 绘制文本框

除了可以通过内置的文本框插入文本框外，在 Word 2019 中还可以根据需要手动绘制横排或竖排文本框。该文本框主要用于插入图片和文本等。

打开【插入】选项卡，在【文本】组中单击【文本框】按钮，从弹出的下拉菜单中选择【绘制横排文本框】或【绘制竖排文本框】命令。此时，当鼠标指针变为十字形状时，在文档的适当位置单击并拖动到目标位置，释放鼠标，即可绘制出以拖动的起始位置和终止位置为对角顶点的文本框，如图 3-61 所示。

 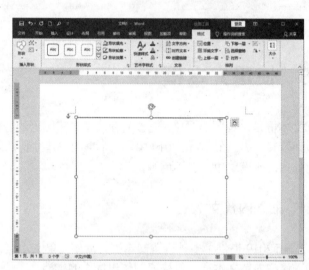

图 3-61　绘制竖排文本框

3.6.3　设置文本框

绘制文本框后，【绘图工具】的【格式】选项卡自动被激活，在该选项卡中可以设置文本框的各种效果，如图 3-62 所示。

图 3-62　文本框的【格式】选项卡

【例 3-8】 在"元宵灯会"文档中，绘制文本框并设置其格式。 🎬 视频

(1) 启动 Word 2019，打开"元宵灯会"文档。

(2) 选择【插入】选项卡，在【文本】组中单击【文本框】按钮，从弹出的下拉菜单中选择【绘制横排文本框】命令，如图 3-63 所示。

(3) 将鼠标移动到合适的位置，当鼠标指针变成"十"字形时，拖动鼠标绘制横排文本框，释放鼠标，完成绘制操作，此时在文本框中将出现闪烁的插入点，如图 3-64 所示。

图 3-63 选择【绘制横排文本框】命令

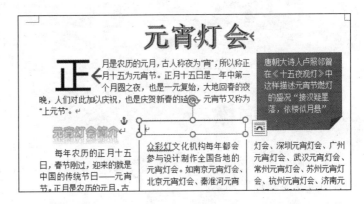

图 3-64 绘制文本框

(4) 在文本框的插入点处输入文本，如图 3-65 所示。

(5) 选中绘制的文本框，打开【绘图工具】的【格式】选项卡，在【形状样式】组中单击【形状轮廓】按钮，从弹出的菜单中选择【无轮廓】命令，为文本框设置无轮廓效果，如图 3-66 所示。

图 3-65 输入文本

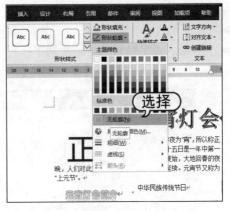

图 3-66 选择【无轮廓】命令

(6) 在【形状样式】组中单击【形状效果】按钮，从弹出的菜单中选择【发光】|【发光：8 磅；蓝色，主题色 1】选项，如图 3-67 所示。

(7) 此时文本框的效果如图 3-68 所示。

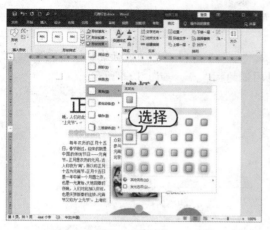

图 3-67　选择形状效果

图 3-68　文本框效果

3.7　实例演练

　　本章的实例演练部分为"制作工资表"和"练习图文混排"两个综合实例,用户通过练习从而巩固本章所学知识。

3.7.1　制作工资表

【例 3-9】　创建"员工工资表"文档,对表格进行编辑并设置样式。　📹视频

　　(1) 启动 Word 2019,新建一个"员工工资表"文档,输入表格标题"5 月份员工工资表",设置字体为"微软雅黑",字号为"二号",字体颜色为"蓝色",对齐方式为"居中",如图 3-69 所示。

　　(2) 将插入点定位到表格标题的下一行,打开【插入】选项卡,在【表格】组中单击【表格】按钮,从弹出的菜单中选择【插入表格】命令,如图 3-70 所示。

图 3-69　输入标题

图 3-70　选择【插入表格】命令

(3) 打开【插入表格】对话框，在【列数】和【行数】文本框中分别输入 8 和 11，单击【确定】按钮，如图 3-71 所示。

(4) 此时即可在文档中插入一个 11×8 的规则表格，如图 3-72 所示。

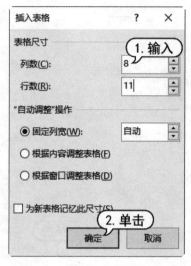

图 3-71　【插入表格】对话框

图 3-72　插入表格

(5) 将插入点定位到第 1 行第 1 个单元格中，输入文本"姓名"，如图 3-73 所示。

(6) 按下 Tab 键，定位到下一个单元格，使用同样的方法，依次在单元格中输入文本内容，如图 3-74 所示。

图 3-73　输入文本

图 3-74　继续输入文本

(7) 选定表格的第 1 行，打开【布局】选项卡，然后在【单元格大小】组中单击对话框启动器按钮 ，在打开的【表格属性】对话框中选择【行】选项卡，然后选中【指定高度】复选框，在其后的微调框中输入"1.2 厘米"，在【行高值是】下拉列表中选择【固定值】选项，单击【确定】按钮，如图 3-75 所示。

(8) 选定表格的第 2 列，打开【表格属性】对话框的【列】选项卡，选中【指定宽度】复选框，在其后的微调框中输入"1.2 厘米"，单击【确定】按钮，如图 3-76 所示。

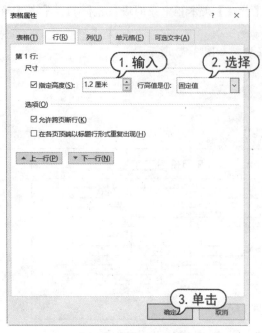

图 3-75 【行】选项卡

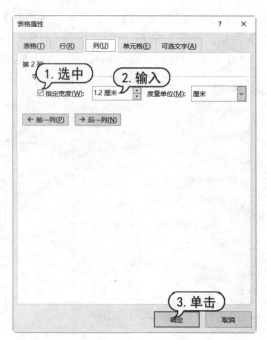

图 3-76 【列】选项卡

(9) 使用同样的方法，将表格的第 1、7、8 列的列宽设置为 2.2 厘米，效果如图 3-77 所示。

(10) 单击表格左上方的田按钮，选定整个表格，选择【表格工具】的【布局】选项卡，在【对齐方式】组中单击【水平居中】按钮，设置表格文本水平居中对齐，如图 3-78 所示。

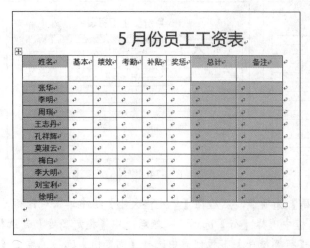

图 3-77 设置列宽

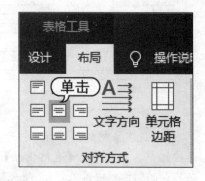

图 3-78 单击【水平居中】按钮

(11) 选中整个表格，选择【表格工具】的【设计】选项卡，然后在【表格样式】组中单击【其他】按钮，在弹出的列表框中选择【网格表 1，浅色，着色 1】选项，为表格快速应用该底纹样式，如图 3-79 所示。

(12) 选中整个表格，在【设计】选项卡的【表格样式】组中单击【边框】按钮，在弹出的菜单中选择【边框和底纹】命令，如图 3-80 所示。

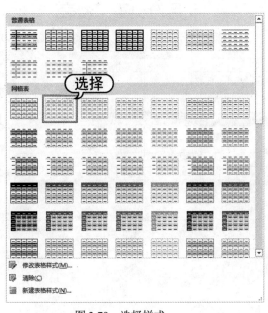

图 3-79 选择样式

图 3-80 选择【边框和底纹】命令

(13) 在打开的【边框和底纹】对话框中选中【边框】选项卡，在【样式】选项区域中选择一种线型，在【颜色】下拉列表中选择【蓝色】，在【预览】选项区域中分别单击【上框线】【下框线】【内部横框线】和【内部竖框线】等按钮，然后单击【确定】按钮，如图 3-81 所示。

(14) 此时即可完成边框的设置，效果如图 3-82 所示。

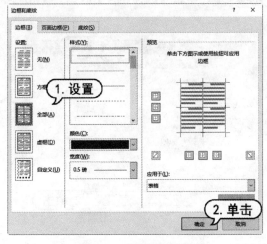

图 3-81 【边框】选项卡

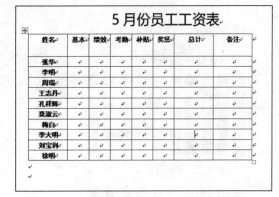

图 3-82 显示边框效果

(15) 选中表格的第 1、6、11 行，在【表格样式】组中单击【底纹】按钮，从弹出的颜色面板中选择【浅绿】色块，如图 3-83 所示。

(16) 此时即可完成底纹的设置，效果如图 3-84 所示。

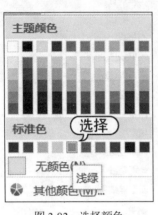

图 3-83 选择颜色

姓名	基本	绩效	考勤	补贴	奖惩	总计	备注
张华	↵	↵	↵	↵	↵	↵	↵
李明	↵	↵	↵	↵	↵	↵	↵
周瑞	↵	↵	↵	↵	↵	↵	↵
王志丹	↵	↵	↵	↵	↵	↵	↵
孔祥辉	↵	↵	↵	↵	↵	↵	↵
莫淑云	↵	↵	↵	↵	↵	↵	↵
梅白	↵	↵	↵	↵	↵	↵	↵
李大明	↵	↵	↵	↵	↵	↵	↵
刘宝利	↵	↵	↵	↵	↵	↵	↵
徐明	↵	↵	↵	↵	↵	↵	↵

5月份员工工资表

图 3-84 显示底纹效果

3.7.2 练习图文混排

☞【例 3-10】 制作一个图文混排文档。 📹 视频

(1) 启动 Word 2019，新建一个名为"图文混排"的文档。

(2) 选择【设计】选项卡，在【页面背景】组中单击【页面颜色】下拉按钮，在弹出的菜单中选择【填充效果】选项，如图 3-85 所示。

(3) 打开【填充效果】对话框，选择【图片】选项卡，单击【选择图片】按钮，如图 3-86 所示。

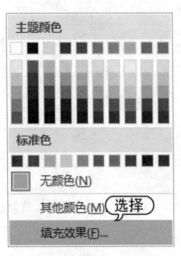

图 3-85 选择【填充效果】选项

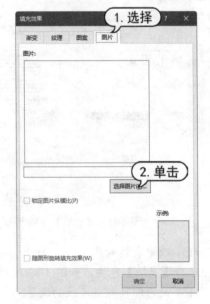

图 3-86 单击【选择图片】按钮

计算机基础与实训教材系列

(4) 打开【选择图片】对话框，选择一个图片文件，单击【插入】按钮，如图 3-87 所示。

(5) 返回【填充效果】对话框，单击【确定】按钮，如图 3-88 所示。

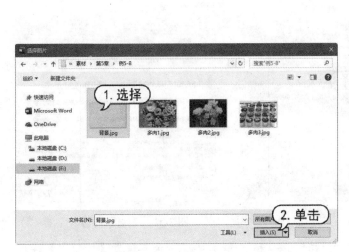

图 3-87　【选择图片】对话框　　　　　　图 3-88　单击【确定】按钮

(6) 设置完文档填充效果后，在文档中输入文本，如图 3-89 所示。

(7) 选中文档中的标题文本"多肉植物 (植物种类)"，在【开始】选项卡的【样式】组中单击【标题】样式，如图 3-90 所示。

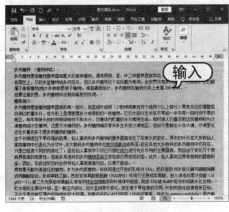

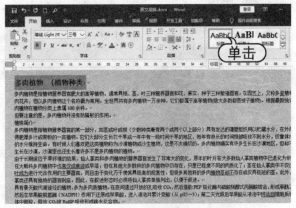

图 3-89　输入文本　　　　　　　　　图 3-90　单击【标题】样式

(8) 在【样式】组中右击【标题 1】样式，在弹出的快捷菜单中选择【修改】命令，如图 3-91 所示。

(9) 打开【修改样式】对话框，设置样式字号为【小三】，然后单击【确定】按钮，如图 3-92 所示。

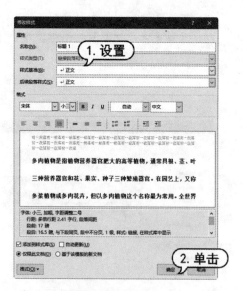

图 3-91　选择【修改】命令　　　　　　　　　图 3-92　【修改样式】对话框

(10) 选中文档中的标题文本"植株简介"和"植物特点"，为其设置【标题 1】样式，如图 3-93 所示。

(11) 选中文档中的第一段文本，右击鼠标，在弹出的快捷菜单中选择【段落】命令，如图 3-94 所示。

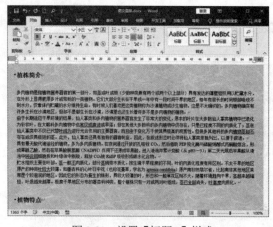

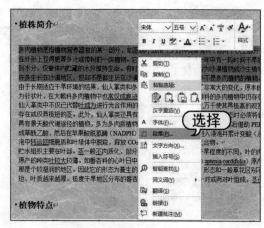

图 3-93　设置【标题1】样式　　　　　　　　　图 3-94　选择【段落】命令

(12) 打开【段落】对话框，将【特殊】设置为【首行】，将【缩进值】设置为【2字符】，然后单击【确定】按钮，如图 3-95 所示。

(13) 将鼠标指针插入第一段文本中，在【开始】选项卡的【剪贴板】组中单击【格式刷】按钮，分别单击文档中的其他段落，复制段落格式。

(14) 选择【设计】选项卡，在【文档格式】组中单击【其他】按钮，在展开的库中选择【阴影】选项，给其中的【标题 1】文本添加阴影，如图 3-96 所示。

图 3-95　设置缩进

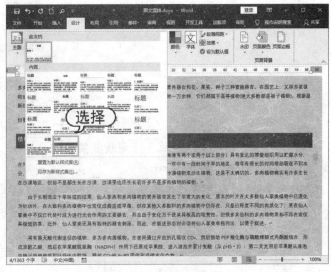

图 3-96　选择【阴影】选项

(15) 选择【插入】选项卡，在【插图】组中单击【形状】下拉按钮，在展开的库中选择【椭圆】选项，在文档中绘制椭圆，如图 3-97 所示。

(16) 选择【格式】选项卡，在【形状样式】组中单击【形状填充】下拉按钮，在弹出的菜单中选择【图片】选项，如图 3-98 所示。

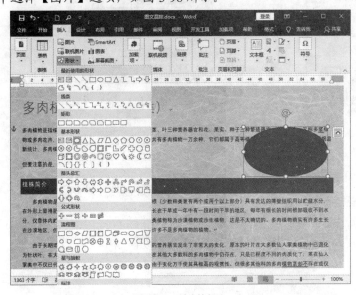

图 3-97　绘制椭圆

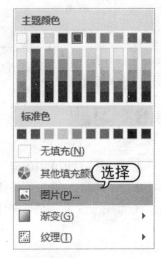

图 3-98　选择【图片】选项

(17) 打开【插入图片】窗格，单击【从文件】选项后的【浏览】按钮，如图 3-99 所示。

(18) 打开【插入图片】对话框，选中一个图片文件后单击【插入】按钮，如图 3-100 所示。

图 3-99　单击【浏览】按钮

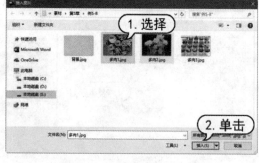

图 3-100　【插入图片】对话框

(19) 在【形状样式】组中单击【形状效果】下拉按钮，在弹出的菜单中选择【阴影】|【右下斜偏移】选项，如图 3-101 所示。

(20) 在【排列】组中单击【环绕文字】下拉按钮，在弹出的菜单中选择【紧密型环绕】选项。使用同样的方法，继续绘制形状并填充图片，然后对文字环绕的方式进行设置。最后的文档效果如图 3-102 所示。

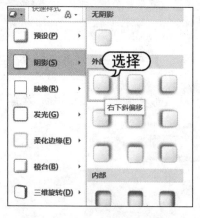

图 3-101　选择形状效果

图 3-102　文档效果

3.8　习题

1. 在 Word 2019 中如何插入表格？
2. 在 Word 2019 中如何插入图片？
3. 创建一个新文档，制作插入 SmartArt 图形和屏幕截图的图文混排文档。

第4章

Word高级排版设计

为了提高文档的编辑效率，创建具有特殊版式的文档，Word 2019 提供了许多便捷的操作方式及管理工具来优化文档的格式编排，本章将主要介绍 Word 2019 的页面设置、编辑长文档、特殊排版等内容。

本章重点

- 设置页面格式
- 设置特殊格式

- 使用样式
- 插入页眉、页脚和页码

二维码教学视频

【例 4-1】设置页边距
【例 4-2】设置纸张大小
【例 4-3】设置文档网格
【例 4-4】竖排文本
【例 4-5】首字下沉
【例 4-6】分栏设置

【例 4-7】修改样式
【例 4-8】新建样式
【例 4-9】使用【大纲视图】
【例 4-10】制作目录
【例 4-11】设置目录
本章其他视频参见视频二维码列表

4.1 设置页面格式

在处理 Word 文档的过程中，为了使文档页面更加美观，用户可以根据需求规范文档的页面，如设置页边距、纸张大小、文档网格等，从而制作出一个要求较为严格的文档版面。

4.1.1 设置页边距

页边距就是页面上打印区域之外的空白空间。设置页边距，包括调整上、下、左、右边距，调整装订线的距离和纸张的方向。

打开【布局】选项卡，在【页面设置】组中单击【页边距】按钮，从弹出的下拉列表中选择页边距样式，即可快速为页面应用该页边距样式。选择【自定义页边距】命令，打开【页面设置】对话框的【页边距】选项卡，如图 4-1 所示，在其中可以精确设置页面边距。此外 Word 2019 还提供了添加装订线功能，使用该功能可以为页面设置装订线，以便日后装订长文档。

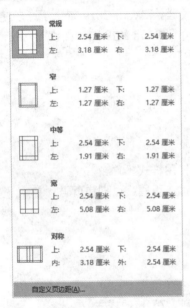

图 4-1 打开【页边距】选项卡

【例 4-1】 设置"拉面"文档的页边距和装订线。 视频

(1) 启动 Word 2019，打开"拉面"文档。

(2) 打开【布局】选项卡，在【页面设置】组中单击【页边距】按钮，从弹出的下拉列表中选择【自定义页边距】命令，如图 4-2 所示。

(3) 打开【页面设置】对话框，打开【页边距】选项卡，在【页边距】选项区域中的【上】【下】【左】【右】微调框中依次输入"4 厘米""4 厘米""3 厘米""3 厘米"。在【页边距】选项卡的【页边距】选项区域中的【装订线】微调框中输入"1.5 厘米"；在【装订线位置】下拉列表中选择【靠上】选项，在【页面设置】对话框中单击【确定】按钮完成设置，如图 4-3 所示。

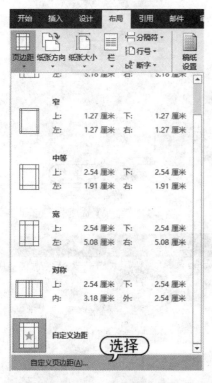

图 4-2　选择【自定义页边距】命令

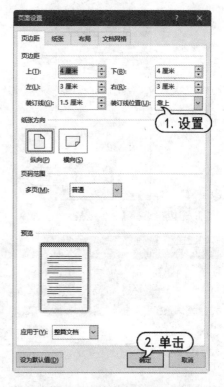

图 4-3　设置页边距和装订线

> **提示**
>
> 在默认情况下，Word 2019 将此次页边距的数值记忆为【上次的自定义设置】，在【页面设置】组中单击【页边距】按钮，从弹出的菜单中选择【上次的自定义设置】选项，即可为当前文档应用上次的自定义页边距设置值。

4.1.2　设置纸张大小

在 Word 2019 中，默认的页面方向为纵向，其大小为 A4。在制作某些特殊文档(如名片、贺卡)时，为了满足文档的需要可对其纸张大小和方向进行更改。

在【页面设置】组中单击【纸张大小】按钮，在弹出的下拉列表中选择设定的规格选项即可快速设置纸张大小。

【例 4-2】 设置"拉面"文档的纸张大小。 视频

(1) 启动 Word 2019，打开"拉面"文档。

(2) 打开【布局】选项卡，在【页面设置】组中单击【纸张大小】按钮，从弹出的下拉菜单中选择【其他纸张大小】命令，如图 4-4 所示。

(3) 在打开的【页面设置】对话框中选择【纸张】选项卡，在【纸张大小】下拉列表中选择【自定义大小】选项，在【宽度】和【高度】微调框中分别输入"20 厘米"和"30 厘米"，单击【确定】按钮完成设置，如图 4-5 所示。

计算机基础与实训教材系列

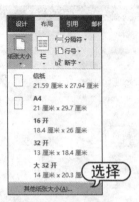

图4-4 选择【其他纸张大小】命令　　　图4-5 【纸张】选项卡

提示

日常使用的纸张大小一般有 A4、16 开、32 开和 B5 等几种类型，不同的文档，其页面大小也不同，此时就需要对页面大小进行设置，即选择要使用的纸型，每一种纸型的高度与宽度都有标准的规定，也可以根据需要进行修改。

4.1.3 设置文档网格

文档网格用于设置文档中文字排列的方向、每页的行数、每行的字数等内容。

【例 4-3】 设置"拉面"文档的文档网格。 视频

(1) 启动 Word 2019，打开"拉面"文档。

(2) 打开【布局】选项卡，单击【页面设置】组中的对话框启动器按钮，打开【页面设置】对话框，打开【文档网格】选项卡，在【文字排列】选项区域的【方向】中选中【水平】单选按钮；在【网格】选项区域中选中【指定行和字符网格】单选按钮；在【字符数】选项区域的【每行】微调框中输入40；在【行】选项区域的【每页】微调框中输入30，单击【绘图网格】按钮，如图4-6所示。

(3) 打开【网格线和参考线】对话框，选中【在屏幕上显示网格线】复选框，在【水平间隔】文本框中输入2，单击【确定】按钮，如图4-7所示。

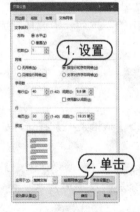

图4-6 【文档网格】选项卡　　　图4-7 【网格线和参考线】对话框

计算机基础与实训教材系列

(4) 返回【页面设置】对话框，单击【确定】按钮，此时即可为文档应用所设置的文档网格，效果如图 4-8 所示。

图 4-8　显示文档网格

> **提示**
>
> 打开【视图】选项卡，在【显示】组中取消选中【网格线】复选框，即可隐藏页面中的网格线。

4.2　设置特殊格式

一般报刊都需要创建带有特殊效果的文档，需要配合使用一些特殊的排版方式。Word 2019 提供了多种特殊的排版方式，如竖排文本、首字下沉、分栏等。

4.2.1　竖排文本

古人写字都是以从右至左、从上至下的方式进行竖排书写，但现代人都是以从左至右的方式书写文字。使用 Word 2019 的文字竖排功能，可以轻松输入竖排文本)。

【例 4-4】 对"日本拉面"文档中的文字进行竖直排列。 视频

(1) 启动 Word 2019，打开"日本拉面"文档，按 Ctrl+A 组合键，选中所有文本，设置文本的字体为【华文楷体】，字号为【四号】，如图 4-9 所示。

(2) 选中所有文字，然后选择【布局】选项卡，在【页面设置】组中单击【文字方向】按钮，在弹出的菜单中选择【垂直】命令，如图 4-10 所示。

图 4-9　设置文本格式

图 4-10　选择【垂直】命令

计算机基础与实训教材系列

(3) 此时，将以从上至下，从右到左的方式排列文本内容，效果如图 4-11 所示。

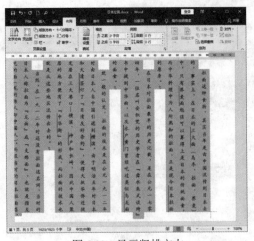

图 4-11 显示竖排文本

提示

　　用户还可以选择【文字方向选项】命令，打开【文字方向】对话框，设置不同类型的竖排文字选项。

4.2.2 首字下沉

　　首字下沉是报刊中较为常用的一种文本修饰方式，使用该方式可以很好地改善文档的外观，使文档更引人注目。设置首字下沉，就是使第一段开头的第一个字放大。放大的程度用户可以自行设定，占据两行或者三行的位置，其他字符围绕在其右下方。

　　在 Word 2019 中，首字下沉共有两种不同的方式，一种是普通的下沉，另外一种是悬挂下沉。两种方式区别之处在于：【下沉】方式设置的下沉字符紧靠其他的文字；【悬挂】方式设置的字符则可以随意地移动其位置。

　　打开【插入】选项卡，在【文本】组中单击【首字下沉】按钮，在弹出的菜单中选择首字下沉样式，如图 4-12 所示。选择【首字下沉选项】命令，将打开【首字下沉】对话框，如图 4-13 所示，在其中可进行相关的首字下沉设置。

图 4-12 选择【首字下沉】样式

图 4-13 【首字下沉】对话框

【例 4-5】 在"日本拉面"文档中，设置首字下沉。 📹视频

(1) 启动 Word 2019，打开"日本拉面"文档，并将鼠标指针插入正文第 1 段前，如图 4-14 所示。

(2) 选择【插入】选项卡，在【文本】组中单击【首字下沉】按钮，在弹出的菜单中选择【首字下沉选项】命令，如图 4-15 所示。

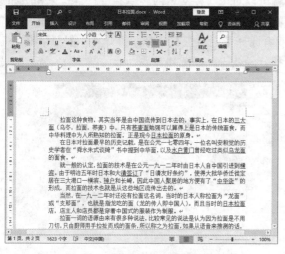

图 4-14　设置插入点

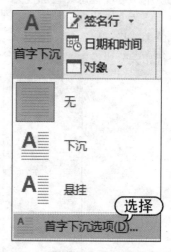

图 4-15　选择【首字下沉选项】命令

(3) 在打开的【首字下沉】对话框的【位置】选项区域中选择【下沉】选项，在【字体】下拉列表中选择【华文新魏】选项，在【下沉行数】微调框中输入 3，在【距正文】微调框中输入 "0.5 厘米"，然后单击【确定】按钮，如图 4-16 所示。

(4) 此时，正文第 1 段中的首字将以"华文新魏"字体下沉 3 行的形式显示在文档中，效果如图 4-17 所示。

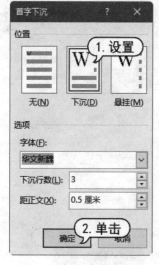

图 4-16　【首字下沉】对话框

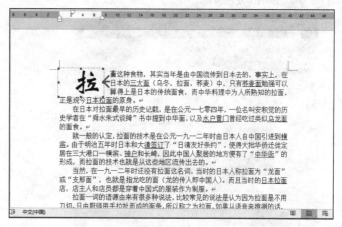

图 4-17　显示首字下沉效果

4.2.3 分栏设置

在阅读报刊时，常常会发现许多页面被分成多个栏目。这些栏目有的是等宽的，有的是不等宽的，使得整个页面布局显得错落有致，美观且易于读者阅读。

分栏是指按实际排版需求将文本分成若干个条块，使版面更为美观。Word 2019 具有分栏功能，用户可以把每一栏都视为一节，这样就可以对每一栏文本内容单独进行格式化和版面设计。

要为文档设置分栏，打开【布局】选项卡，在【页面设置】组中单击【栏】按钮，在弹出的菜单中选择分栏选项，如图 4-18 所示，或者选择【更多栏】命令，打开【栏】对话框，在其中进行相关分栏设置，如栏数、宽度、间距和分隔线等，如图 4-19 所示。

图 4-18　选择分栏选项

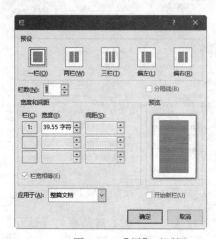

图 4-19　【栏】对话框

【例 4-6】 在"日本拉面"文档中，设置分两栏显示文本。 📹 视频

(1) 启动 Word 2019，打开"日本拉面"文档，选中文档中的第 3 段文本，如图 4-20 所示。

(2) 选择【布局】选项卡，在【页面设置】组中单击【栏】按钮，在弹出的菜单中选择【更多栏】命令，如图 4-21 所示。

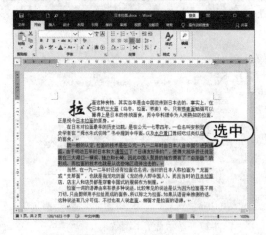

图 4-20　选中文本

图 4-21　选择【更多栏】命令

计算机基础与实训教材系列

(3) 在打开的【栏】对话框中选择【两栏】选项，选中【栏宽相等】复选框和【分隔线】复选框，然后单击【确定】按钮，如图 4-22 所示。

(4) 此时选中的文本段落将以两栏的形式显示，如图 4-23 所示。

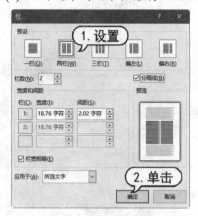

图 4-22　【栏】对话框

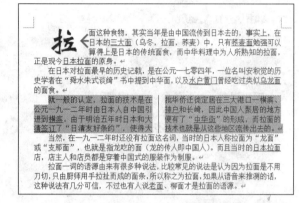

图 4-23　显示分栏效果

4.3　使用样式

样式就是字体格式和段落格式等特性的组合，在 Word 排版中使用样式可以快速提高工作效率，从而迅速改变和美化文档的外观。

4.3.1　选择样式

样式是应用于文档中的文本、表格和列表的一套格式特征。它是 Word 针对文档中一组格式进行的定义，这些格式包括字体、字号、字形、段落间距、行间距以及缩进量等内容，其作用是方便用户对重复的格式进行设置。

> **提示**
>
> 每个文档都基于一个特定的模板，每个模板中都会自带一些样式，又称为内置样式。如果需要应用的格式组合和某内置样式的定义相符，就可以直接应用该样式而不用新建文档的样式。如果内置样式中有部分样式定义和需要应用的样式不相符，还可以自定义该样式。

Word 2019 自带的样式库中，内置了多种样式，可以为文档中的文本设置标题、字体和背景等样式。使用这些样式可以快速地美化文档。

在 Word 2019 中，选择要应用某种内置样式的文本，打开【开始】选项卡，在【样式】组中单击【其他】按钮，可以在弹出的菜单中选择样式选项，如图 4-24 所示。在【样式】组中单击对话框启动器按钮，将会打开【样式】任务窗格，在【样式】列表框中同样可以选择样式，如图 4-25 所示。

图 4-24　选择样式　　　　　　　　　图 4-25　【样式】任务窗格

4.3.2　修改样式

如果某些内置样式无法完全满足某组格式设置的要求，则可以在内置样式的基础上进行修改。在【样式】任务窗格中，单击样式选项的下拉按钮，在弹出的快捷菜单中选择【修改】命令，如图 4-26 所示，打开【修改样式】对话框，在其中可以更改相应的设置，如图 4-27 所示。

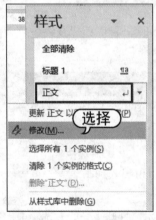

图 4-26　选择【修改】命令　　　　　图 4-27　【修改样式】对话框

👉【例 4-7】 在"兴趣班培训"文档中修改样式。🎬视频

(1) 启动 Word 2019，打开"兴趣班培训"文档，将插入点定位在任意一处带有【标题 2】样式的文本中，在【开始】选项卡的【样式】组中，单击对话框启动器按钮⬑，打开【样式】

任务窗格，单击【标题2】样式右侧的箭头按钮，从弹出的快捷菜单中选择【修改】命令，如图4-28 所示。

(2) 打开【修改样式】对话框，在【属性】选项区域的【样式基准】下拉列表中选择【无样式】选项；在【格式】选项区域的【字体】下拉列表中选择【华文楷体】选项，在【字号】下拉列表中选择【三号】选项，在【字体】颜色下拉面板中选择【白色，背景1】色块，单击【格式】按钮，从弹出的快捷菜单中选择【段落】选项，如图4-29 所示。

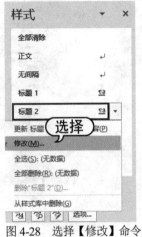

图 4-28　选择【修改】命令

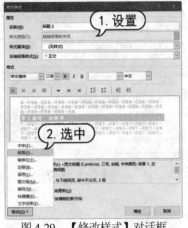

图 4-29　【修改样式】对话框

(3) 打开【段落】对话框，在【间距】选项区域中，将段前、段后的距离均设置为"0.5 磅"，并且将行距设置为【最小值】，【设置值】为"16 磅"，单击【确定】按钮，完成段落设置，如图4-30 所示。

(4) 返回【修改样式】对话框，单击【格式】按钮，从弹出的快捷菜单中选择【边框】命令，打开【边框和底纹】对话框的【底纹】选项卡，在【填充】颜色面板中选择【水绿色，个性色5，淡色60%】色块，单击【确定】按钮，如图4-31 所示。

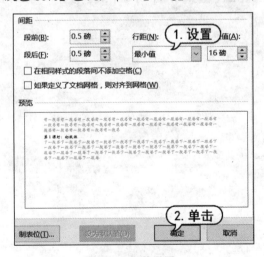

图 4-30　段落设置

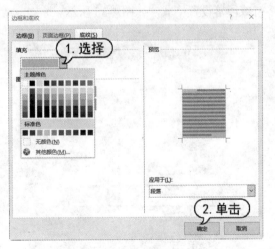

图 4-31　选择底纹填充颜色

(5) 返回【修改样式】对话框，单击【确定】按钮。此时【标题 2】样式修改成功，并将自动应用到文档中，如图4-32 所示。

(6) 将插入点定位在正文文本中，使用同样的方法，修改【正文】样式，设置字体颜色为【深

计算机基础与实训教材系列

蓝】，字体格式为【华文新魏】，段落格式的行距为【固定值】【12 磅】，此时修改后的【正文】样式自动应用到文档中，如图 4-33 所示。

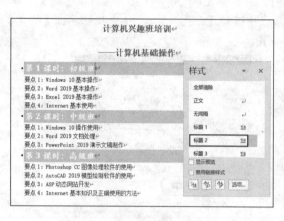

图 4-32   修改【标题 2】样式

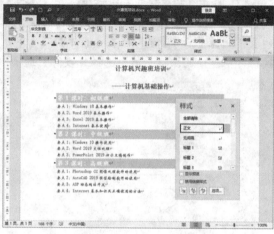

图 4-33   修改【正文】样式

4.3.3   新建样式

如果现有文档的内置样式与所需格式设置相去甚远时，创建一个新样式将会更为便捷。

在【样式】任务窗格中，单击【新建样式】按钮，如图 4-34 所示，打开【根据格式设置创建新样式】对话框。在【名称】文本框中输入要新建的样式的名称；在【样式类型】下拉列表中选择【字符】或【段落】选项；在【样式基准】下拉列表中选择该样式的基准样式(所谓基准样式就是最基本或原始的样式，文档中的其他样式都以此为基础)；单击【格式】按钮，可以为字符或段落设置格式，如图 4-35 所示。

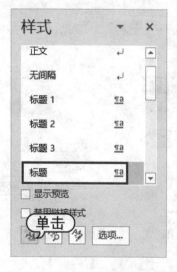

图 4-34   单击【新建样式】按钮

图 4-35   【根据格式设置创建新样式】对话框

【例 4-8】 在"兴趣班培训"文档中添加备注文本，并创建【备注】样式。 📹视频

(1) 启动 Word 2019，打开"兴趣班培训"文档。将插入点定位至文档末尾，按 Enter 键换行，输入备注文本，如图 4-36 所示。

(2) 在【开始】选项卡的【样式】组中，单击对话框启动器按钮 🔲，打开【样式】任务窗格，单击【新建样式】按钮 🔖，打开【根据格式设置创建新样式】对话框，在【名称】文本框中输入"备注"；在【样式基准】下拉列表中选择【无样式】选项；在【格式】选项区域的【字体】下拉列表中选择【方正舒体】选项；在【字体颜色】下拉列表中选择【深红】色块，单击【格式】按钮，在弹出的菜单中选择【段落】命令，如图 4-37 所示。

图 4-36 输入备注文本

图 4-37 设置备注样式

(3) 打开【段落】对话框的【缩进和间距】选项卡，设置【对齐方式】为【右对齐】，【段前】间距设为 0.5 行，单击【确定】按钮，如图 4-38 所示。

(4) 返回【修改样式】对话框，单击【确定】按钮。此时备注文本将自动应用"备注"样式，并在【样式】任务窗格中显示新样式，如图 4-39 所示。

图 4-38 设置段落

图 4-39 显示新样式

4.3.4 删除样式

在 Word 2019 中，可以在【样式】任务窗格中删除样式，但无法删除模板的内置样式。

删除样式时，在【样式】任务窗格中，单击需要删除的样式旁的箭头按钮，在弹出的菜单中选择【删除】命令，将打开确认删除对话框。单击【是】按钮，即可删除该样式，如图4-40 所示。

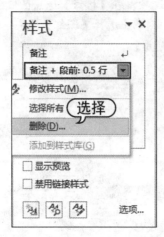
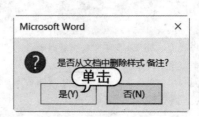

图 4-40 在【样式】任务窗格中删除样式

在【样式】任务窗格中单击【管理样式】按钮，打开【管理样式】对话框，在【选择要编辑的样式】列表框中选择要删除的样式，单击【删除】按钮，同样可以删除选中的样式，如图 4-41 所示。

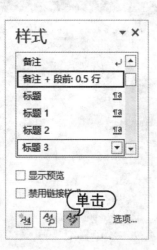
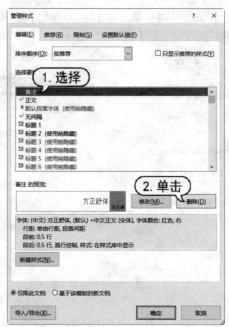

图 4-41 在【管理样式】对话框中删除样式

4.4　编辑长文档

Word 2019 提供一些处理长文档的功能和编辑工具，例如，使用大纲视图方式查看和组织文档，使用书签定位文档，使用目录提示长文档的纲要等功能。

4.4.1　使用大纲视图

Word 2019 中的大纲视图功能就是专门用于制作提纲的，它以缩进文档标题的形式代表在文档结构中的级别。

打开【视图】选项卡，在【文档视图】组中单击【大纲】按钮，就可以切换到大纲视图模式。此时，【大纲显示】选项卡出现在窗口中，如图 4-42 所示，在【大纲工具】组的【显示级别】下拉列表中选择显示级别；将鼠标指针定位在要展开或折叠的标题中，单击【展开】按钮╋或【折叠】按钮━，可以展开或折叠大纲标题。

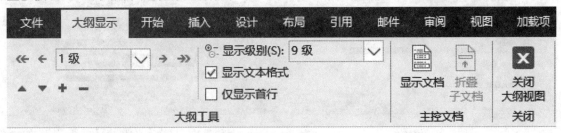

图 4-42　【大纲显示】选项卡

【例 4-9】　将"城市交通乘车规则"文档切换到大纲视图查看结构和内容。　视频

(1) 启动 Word 2019，打开"城市交通乘车规则"文档。打开【视图】选项卡，在【文档视图】组中单击【大纲】按钮，如图 4-43 所示。

(2) 在【大纲显示】选项卡的【大纲工具】组中，单击【显示级别】下拉按钮，在弹出的下拉列表中选择【2 级】选项，此时标题 2 以后的标题或正文文本都将被折叠，如图 4-44 所示。

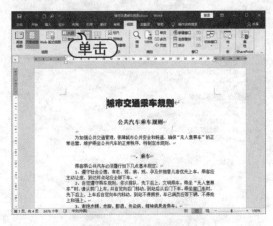

图 4-43　单击【大纲】按钮

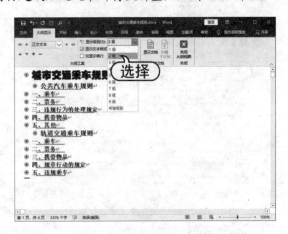

图 4-44　选择【2 级】选项

> **提示**
>
> 在大纲视图中，文本前有符号 ⊕，表示在该文本后有正文或级别更低的标题；文本前有符号 ⊖，表示该文本后没有正文或级别较低的标题。

　　(3) 将鼠标指针移至标题"三、违规行为的处理规定"前的符号 ⊕ 处双击，即可展开其后的下属文本内容，如图 4-45 所示。

　　(4) 在【大纲工具】组的【显示级别】下拉列表中选择【所有级别】选项，此时将显示所有的文档内容，如图 4-46 所示。

图 4-45　双击符号　　　　　　　　　　图 4-46　选择【所有级别】选项

　　(5) 将鼠标指针移动到文本"公共汽车乘车规则"前的符号 ⊕ 处，双击鼠标，该标题下的文本被折叠，效果如图 4-47 所示。

　　(6) 使用同样的方法，折叠其他段文本，选中"公共汽车乘车规则"和"轨道交通乘车规则"文本，在【大纲工具】组中单击【升级】按钮 ← 将其提升至 1 级标题，如图 4-48 所示。

　　(7) 在【大纲】选项卡的【关闭】组中，单击【关闭大纲视图】按钮，即可退出大纲视图。

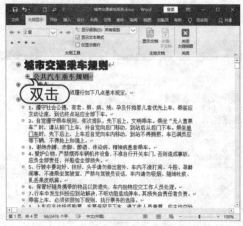
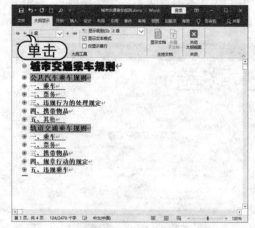

图 4-47　折叠文本　　　　　　　　　　图 4-48　单击升级按钮

在创建的大纲视图中，可以对文档内容进行修改与调整。

1．选择大纲内容

在大纲视图模式下的选择操作是进行其他操作的前提和基础。选择的对象主要是标题和正文。

▽　选择标题：如果仅仅选择一个标题，并不包括它的子标题和正文，可以将鼠标光标移至此标题的左端空白处，当鼠标光标变成一个斜向上的箭头形状时，单击鼠标左键，即可选中该标题。

▽　选择一个正文段落：如果要仅仅选择一个正文段落，可以将鼠标光标移至此段落的左端空白处，当鼠标光标变成一个斜向上箭头的形状时，单击鼠标左键，或者单击此段落前的符号●，即可选择该正文段落。

▽　同时选择标题和正文：如果要选择一个标题及其所有的子标题和正文，就双击此标题前的符号⊕；如果要选择多个连续的标题和段落，按住鼠标左键拖动选择即可。

2．更改文本在文档中的级别

文本的大纲级别并不是一成不变的，可以按需要对其实行升级或降级操作。

▽　每按一次 Tab 键，标题就会降低一个级别；每按一次 Shift+Tab 组合键，标题就会提升一个级别。

▽　在【大纲显示】选项卡的【大纲工具】组中单击【升级】按钮 或【降级】按钮 ，可对该标题实现层次级别的升或降；如果想要将标题降级为正文，可单击【降级为正文】按钮 ；如果要将正文提升至标题 1，可单击【提升至标题 1】按钮 。

▽　按下 Alt+Shift+←组合键，可将该标题的层次级别提高一级；按下 Alt+Shift+→组合键，可将该标题的层次级别降低一级。按下 Alt+Ctrl+1 或 Alt+Ctrl+2 或 Alt+Ctrl+3 键，可使该标题的级别达到 1 级或 2 级或 3 级。

▽　用鼠标左键拖动符号⊕或○向左移或向右移来提高或降低标题的级别。首先将鼠标光标移到该标题前面的符号⊕或○处，待鼠标光标变成四箭头形状 后，按下鼠标左键拖动，在拖动的过程中，每当经过一个标题级别时，都有一条竖线和横线出现。如果想把该标题置于这样的标题级别，可在此时释放鼠标左键，如图 4-49 所示。

3．移动大纲标题

在 Word 2019 中既可以移动特定的标题到另一位置，也可以连同该标题下的所有内容一起移动。可以一次只移动一个标题，也可以一次移动多个连续的标题.

要移动一个或多个标题，首先选择要移动的标题内容，然后在标题上按下并拖动鼠标右键，可以看到在拖动过程中，有一条虚竖线跟着移动。移到目标位置后释放鼠标，这时将弹出快捷菜单，选择菜单上的【移动到此位置】命令即可，如图 4-50 所示。

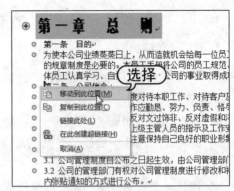

图 4-49　拖动符号　　　　　　　　图 4-50　选择【移动到此位置】命令

4.4.2　制作目录

目录与一篇文章的纲要类似，通过其可以了解全文的结构和整个文档所要讨论的内容。在 Word 2019 中，可以为一个编辑和排版完成的稿件制作出美观的目录。

1. 插入目录

Word 2019 具有自动提取目录的功能，用户可以很方便地为文档创建目录。

【例 4-10】　在"城市交通乘车规则"文档中插入目录。🎬视频

(1) 启动 Word 2019，打开"城市交通乘车规则"文档，，将插入点定位在文档的开始处，按 Enter 键换行，在其中输入文本"目录"，如图 4-51 所示。

(2) 按 Enter 键换行，使用格式刷将该行格式转换为正文部分格式，打开【引用】选项卡，在【目录】组中单击【目录】按钮，从弹出的菜单中选择【自定义目录】命令，如图 4-52 所示。

图 4-51　输入文本　　　　　　　　图 4-52　选择【自定义目录】命令

(3) 打开【目录】对话框的【目录】选项卡，在【显示级别】微调框中输入 2，单击【确定】按钮，如图 4-53 所示。

(4) 此时即可在文档中插入一级和二级标题的目录，如图 4-54 所示。

图 4-53 【目录】选项卡

图 4-54 插入目录

2. 设置目录

创建完目录后，用户还可像编辑普通文本一样对其进行样式的设置，如更改目录的字体、字号和对齐方式等，使目录更为美观。

【例 4-11】 在"城市交通乘车规则"文档中，设置目录格式。 📹视频

(1) 启动 Word 2019，打开"城市交通乘车规则"文档并选取整个目录，打开【开始】选项卡，在【字体】组中的【字体】下拉列表中选择【黑体】选项，然后选择两个副标题，在【字号】下拉列表中选择【四号】选项，如图 4-55 所示。

(2) 选取整个目录，单击【段落】组中的对话框启动器按钮🔽，打开【段落】对话框的【缩进和间距】选项卡，在【间距】选项区域的【行距】下拉列表中选择【1.5 倍行距】选项，单击【确定】按钮，如图 4-56 所示。

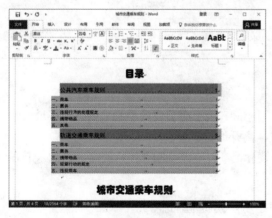

图 4-55 设置目录的字号

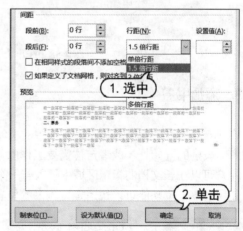

图 4-56 设置行距

(3) 此时目录将以 1.5 倍行距显示，效果如图 4-57 所示。

计算机基础与实训教材系列

图 4-57　目录显示效果

提示

插入目录后，只需按 Ctrl 键，再单击目录中的某个页码，就可以将插入点快速跳转到该页的标题处。

当创建了一个目录后，如果对正文文档中的内容进行了编辑修改，那么标题和页码都有可能发生变化，与原始目录中的页码不一致，此时就需要更新目录，以保证目录中页码的正确性。

要更新目录，可以先选择整个目录，然后在目录任意处右击，从弹出的快捷菜单中选择【更新域】命令，打开【更新目录】对话框，在其中进行设置，最后单击【确定】按钮，如图4-58所示。

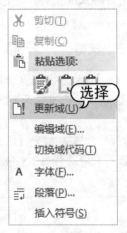
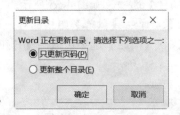

图 4-58　打开【更新目录】对话框

4.4.3　添加书签

在 Word 2019 中，书签与实际生活中的书签作用相同，用于命名文档中指定的点或区域，以识别章、表格的开始处，或者定位需要工作的位置、离开的位置等。

用户可以在长文档的指定区域中插入若干个书签标记，以方便查阅文档相关内容。插入书签后，使用书签定位功能可以快速定位到书签位置。

【例 4-12】在"城市交通乘车规则"文档中，插入并定位书签。视频

(1) 启动 Word 2019，打开"城市交通乘车规则"文档，将插入点定位到第 1 页的"公共汽车乘车规则"之前，打开【插入】选项卡，在【链接】组中单击【书签】按钮，如图4-59所示。
(2) 打开【书签】对话框，在【书签名】文本框中输入书签的名称"公交"，单击【添加】

按钮，将该书签添加到书签列表框中，如图 4-60 所示。

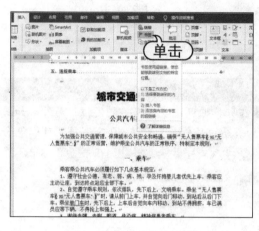

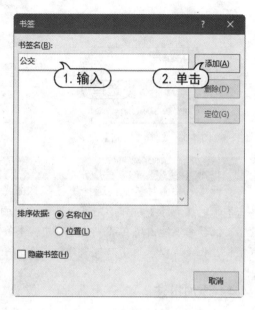

图 4-59　单击【书签】按钮　　　　　　　　图 4-60　【书签】对话框

(3) 单击【文件】按钮，在弹出的菜单中选择【选项】命令，打开【Word 选项】对话框，在左侧的列表框中选择【高级】选项，在打开的对话框的右侧列表的【显示文档内容】选项区域中选中【显示书签】复选框，然后单击【确定】按钮，如图 4-61 所示。

(4) 此时书签标记 I 将显示在标题"公共汽车乘车规则"之前，如图 4-62 所示。

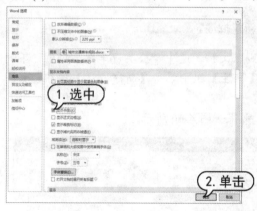

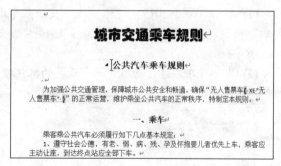

图 4-61　选中【显示书签】复选框　　　　　　图 4-62　显示书签

(5) 打开【开始】选项卡，在【编辑】组中单击【查找】下拉按钮，在弹出的菜单中选择【转到】命令，如图 4-63 所示。

(6) 打开【查找与替换】对话框，打开【定位】选项卡，如图 4-64 所示，在【定位目标】列表框中选择【书签】选项，在【请输入书签名称】下拉列表中选择书签名称【公交】，单击【定位】按钮，此时自动定位到书签位置。

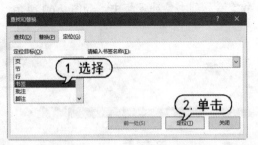

图 4-63　选择【转到】命令　　　　　图 4-64　【定位】选项卡

> **提示**
>
> 打开【书签】对话框，选择书签，单击【定位】按钮，也可以实现书签的定位。另外，如果单击右侧的【删除】按钮，则可以删除选中的书签。书签的名称最长可达 40 个字符，可以包含数字，但数字不能出现在第一个字符中，书签只能以字母或文字开头。另外，在书签名称中不能有空格，但是可以采用下画线来分隔文字。

4.4.4　添加批注

批注是指审阅者给文档内容加上的注解或说明，或者是阐述批注者的观点。在上级审批文件、老师批改作业时非常有用。

将插入点定位在要添加批注的位置或选中要添加批注的文本，打开【审阅】选项卡，在【批注】组中单击【新建批注】按钮，此时 Word 2019 会自动显示一个彩色的批注框，用户在其中输入内容即可。

【例 4-13】在"城市交通乘车规则"文档中新建批注。 🎬 视频

(1) 启动 Word 2019，打开"城市交通乘车规则"文档，选中"公共汽车乘车规则"下的文本"特制定本规则"，打开【审阅】选项卡，在【批注】组中单击【新建批注】按钮，如图 4-65 所示。

(2) 此时将在右边自动添加一个蓝色的批注框，效果如图 4-66 所示。

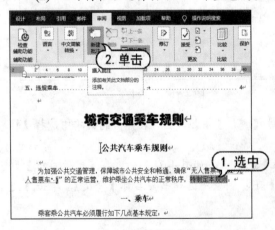

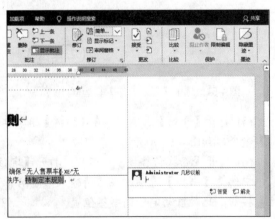

图 4-65　单击【新建批注】按钮　　　　　图 4-66　添加批注框

(3) 在该批注框中输入批注文本，如图 4-67 所示。

(4) 使用相同的方法，在其他段落的文本中添加批注，效果如图 4-68 所示。

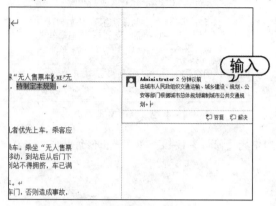

图 4-67　输入批注文本

图 4-68　添加批注

4.4.5　添加修订

在审阅文档时，发现某些多余或遗漏的内容时，如果直接在文档中删除或修改，将不能看到原文档和修改后文档的对比情况。使用 Word 2019 的修订功能，可以将用户修改的每项操作以不同的颜色标识出来，方便用户进行对比和查看。

【例 4-14】 在"城市交通乘车规则"文档中添加修订。 🎬 视频

(1) 启动 Word 2019，打开"城市交通乘车规则"文档，打开【审阅】选项卡，在【修订】组中单击【修订】按钮，如图 4-69 所示，进入修订状态。

(2) 将文本插入点定位到开始处的文本"特制定本规则"的冒号标点后，按 Backspace 键，该标点上将添加删除线，文本仍以红色删除线形式显示在文档中；然后按句号键，输入句号标点，添加的句号下方将显示红色下画线，此时添加的句号也以红色显示，如图 4-70 所示。

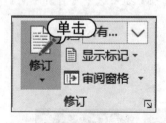

图 4-69　单击【修订】按钮

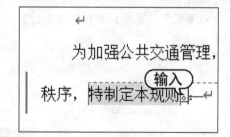

图 4-70　显示删除线和下画线

(3) 将文本插入点定位到"乘客乘公共汽车"文本后，输入文本"时"，再输入逗号标点，此时添加的文本以红色字体显示，并且文本下方将显示红色下画线，如图 4-71 所示。

(4) 在"轨道交通乘车规则"下的 "三、携带物品"中，选中文本"加购"，然后输入文本"重新购买"，此时错误的文本上将添加有红色删除线，修改后的文本下将显示红色下画线，如图 4-72 所示。

计算机基础与实训教材系列

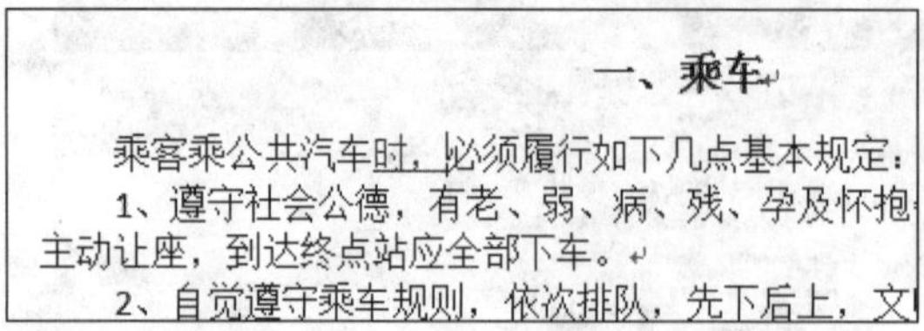
一、乘车
乘客乘公共汽车时，必须履行如下几点基本规定：
1、遵守社会公德，有老、弱、病、残、孕及怀抱
主动让座，到达终点站应全部下车。
2、自觉遵守乘车规则，依次排队，先下后上，文
图 4-71　输入文本

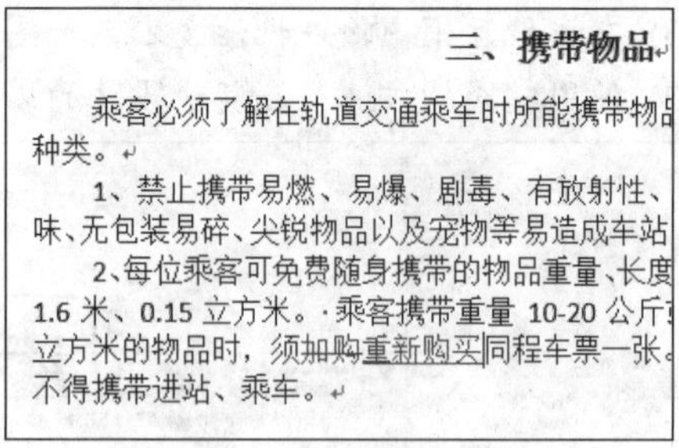
三、携带物品
乘客必须了解在轨道交通乘车时所能携带物品
种类。
1、禁止携带易燃、易爆、剧毒、有放射性、
味、无包装易碎、尖锐物品以及宠物等易造成车站
2、每位乘客可免费随身携带的物品重量、长度
1.6 米、0.15 立方米。乘客携带重量 10-20 公斤
立方米的物品时，须加购重新购买同程车票一张
不得携带进站、乘车。
图 4-72　修改文本

(5) 当所有的修订工作完成后，单击【修订】组中的【修订】按钮，即可退出修订状态。

4.5　插入页眉、页脚和页码

页眉和页脚通常用于显示文档的附加信息，如页码、时间和日期、单位名称、徽标和章节名称等内容。页码是书籍每一页面上标明次序的号码或其他数字，用于统计书籍的面数，以便于读者阅读和检索。许多文稿，特别是比较正式的文稿都需要设置页眉、页脚和页码。

4.5.1　插入页眉和页脚

书籍中奇偶页的页眉和页脚通常是不同的。在 Word 2019 中，可以为文档中的奇偶页设计不同的页眉和页脚。

【例 4-15】 在“拉面”文档中，为奇偶页创建不同的页眉。 视频

(1) 启动 Word 2019，打开“拉面”文档，打开【插入】选项卡，在【页眉和页脚】组中单击【页眉】下拉按钮，在弹出的下拉菜单中选择【编辑页眉】命令，进入页眉和页脚编辑状态，如图 4-73 所示。

(2) 打开【页眉和页脚】工具的【设计】选项卡，在【选项】组中选中【首页不同】和【奇偶页不同】复选框，如图 4-74 所示。

选择
图 4-73　选择【编辑页眉】命令

页眉和页脚工具
登录
选中
设计
操作说明搜索
首页不同
奇偶页不同
显示文档文字
1.5 厘米
1.75 厘米
关闭
页眉和页脚
选项
位置
关闭
图 4-74　选中复选框

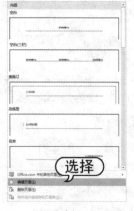

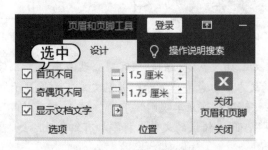

（3）在奇数页页眉区域中选中段落标记符，打开【开始】选项卡，在【段落】组中单击【边框】按钮，在弹出的菜单中选择【无框线】命令，如图 4-75 所示，隐藏奇数页页眉的边框线。

（4）将光标定位在段落标记符上，输入文本，然后设置字体为【华文行楷】，字号为【小三】，字体颜色为【浅蓝】，文本右对齐显示，如图 4-76 所示。

图 4-75 选择【无框线】命令

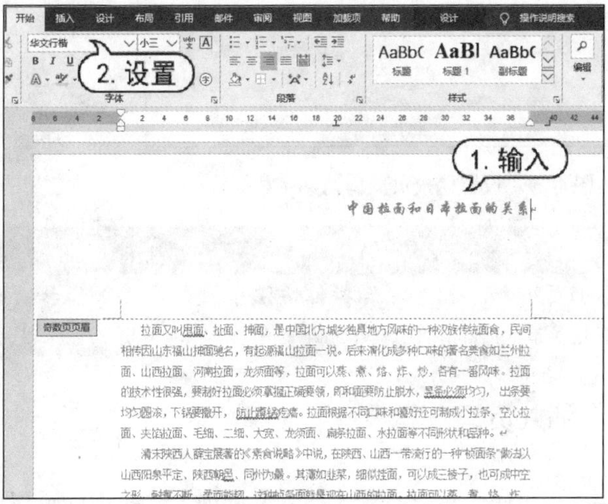

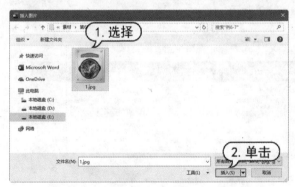

图 4-76 输入并设置文字

（5）将插入点定位在页眉文本右侧，打开【插入】选项卡，在【插图】组中单击【图片】按钮，打开【插入图片】对话框，选择一张图片，单击【插入】按钮，如图 4-77 所示。

（6）将该图片插入奇数页的页眉处，打开【图片工具】的【格式】选项卡，在【排列】组中单击【环绕文字】按钮，从弹出的菜单中选择【浮于文字上方】命令，为页眉图片设置环绕方式，拖动鼠标调节图片的大小和位置，效果如图 4-78 所示。

图 4-77 【插入图片】对话框

图 4-78 设置奇数页页眉中的图片

（7）使用同样的方法，设置偶数页的页眉文本和图片，如图 4-79 所示。

（8）打开【页眉和页脚】工具的【设计】选项卡，在【关闭】组中单击【关闭页眉和页脚】按钮，完成奇偶页页眉的设置，如图 4-80 所示。

图 4-79　设置偶数页页眉的文字和图片　　　　　图 4-80　单击【关闭页眉和页脚】按钮

> **提示**
>
> 添加页脚和添加页眉的操作方法一致，在【页眉和页脚】组中单击【页脚】下拉按钮，在弹出的下拉菜单中选择【编辑页脚】命令，进入页脚编辑状态进行添加。

4.5.2　插入页码

要插入页码，可以打开【插入】选项卡，在【页眉和页脚】组中单击【页码】按钮，从弹出的菜单中选择页码的位置和样式。

【例 4-16】 在"拉面"文档中创建页码，并设置页码格式。 🎬视频

(1) 启动 Word 2019，打开"拉面"文档，将插入点定位在第 2 页中，打开【插入】选项卡，在【页眉和页脚】组中单击【页码】按钮，在弹出的菜单中选择【页面底端】命令，在【带有多种形状】类别框中选择【滚动】选项，如图 4-81 所示。

(2) 此时在第 2 页插入该样式的页码，如图 4-82 所示。

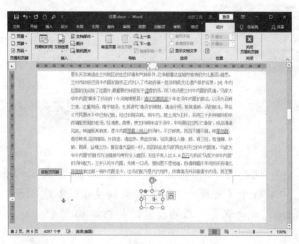

图 4-81　选择【滚动】选项　　　　　　　图 4-82　显示页码

(3) 将插入点定位在第 3 页，使用同样的方法，在页面底端中插入【圆角矩形 2】样式的页码，如图 4-83 所示。

(4) 打开【页眉和页脚工具】的【设计】选项卡，在【页眉和页脚】组中单击【页码】按钮，从弹出的菜单中选择【设置页码格式】命令，打开【页码格式】对话框，在【编号格式】下拉列表中选择【-1-,-2-,-3-,…】选项，单击【确定】按钮，如图 4-84 所示。

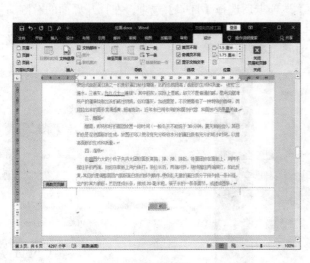

图 4-83　插入页码

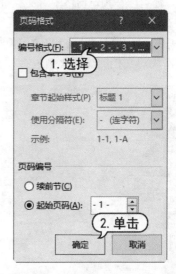

图 4-84　【页码格式】对话框

(5) 依次选中奇偶页页码中的数字，设置其字体颜色为【红色】，如图 4-85 所示。

(6) 打开【页眉和页脚】工具的【设计】选项卡，在【关闭】组中单击【关闭页眉和页脚】按钮，退出页码编辑状态，如图 4-86 所示。

图 4-85　设置页码文字

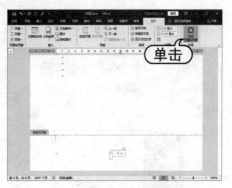

图 4-86　单击【关闭页眉和页脚】按钮

4.6　打印 Word 文档

完成文档的制作后，可以先对其进行打印预览，按照用户的不同需求进行修改和调整，然后对打印文档的页面范围、打印份数和纸张大小等参数进行设置，最后将文档打印出来。

4.6.1 预览文档

在打印文档之前,如果希望预览打印效果,可以使用打印预览功能,利用该功能查看文档效果。打印预览的效果与实际上打印的真实效果非常相近,使用该功能可以避免打印失误或不必要的损失。另外,还可以在预览窗格中对文档进行编辑,以得到满意的效果。

在 Word 2019 窗口中,打开【文件】选项卡后选择【打印】选项,在打开界面的右侧的预览窗格中可以预览打印文档的效果,如图 4-87 所示。如果看不清楚预览的文档,可以拖动窗格下方的滑块对文档的显示比例进行调整,如图 4-88 所示。

图 4-87 选择【打印】选项

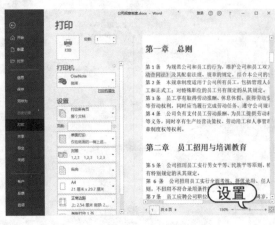
图 4-88 拖动滑块

4.6.2 打印文档

如果一台打印机与计算机已正常连接,并且安装了所需的驱动程序,就可以在 Word 2019 中直接输出所需的文档。

在文档中打开【文件】选项卡后,选择【打印】选项,可以在打开的界面中设置打印份数、打印机属性、打印页数和双页打印等。设置完成后,直接单击【打印】按钮,即可开始打印文档,如图 4-89 所示。

图 4-89 单击【打印】按钮

> **提示**
>
> 在【打印所有页】下拉列表中可以设置仅打印奇数页或仅打印偶数页,甚至可以设置打印所选定的内容或者打印当前页,在输入打印页面的页码时,每个页码之间用"逗号(,)分隔,还可以使用-符号表示某个范围的页面。

【例 4-17】　打印"公司规章制度"文档指定的页面，份数为 5 份。 视频

(1) 启动 Word 2016，打开"公司管理制度"文档。

(2) 在【打印】窗格的【份数】微调框中输入 5；在【打印机】列表框中自动显示默认的打印机，如图 4-90 所示。

(3) 在【设置】选项区域的【打印所有页】下拉列表中选择【自定义打印范围】选项，在其下的文本框中输入"3-6"，表示打印范围为第 3~6 页文档内容，单击【单面打印】下拉按钮，从弹出的下拉列表中选择【手动双面打印】选项，如图 4-91 所示。

图 4-90　设置打印份数和打印机　　　　图 4-91　设置打印范围和手动双面打印

提示

手动双面打印时，打印机会先打印奇数页，将所有奇数页打印完成后，弹出提示对话框，提示用户手动换纸，将打印的文稿重新放入打印机纸盒中，单击对话框中的【确定】按钮，打印偶数页。

(4) 在【对照】下拉列表中可以设置逐份打印，如果选择【非对照】选项，则表示多份一起打印。这里保持默认设置，即选择【对照】选项，如图 4-92 所示。

(5) 设置完打印参数后，单击【打印】按钮，即可开始打印文档，如图 4-93 所示。

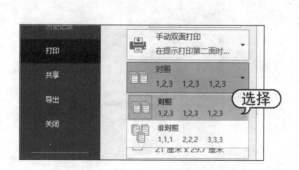

图 4-92　选择【对照】选项　　　　　　图 4-93　单击【打印】按钮

4.7 实例演练

本章的实例演练部分为添加封面、页眉这个综合实例操作，用户通过练习从而巩固本章所学知识。

【例 4-18】 为"公司管理制度"文档添加封面、页眉等。 🎬 视频

(1) 启动 Word 2019，打开"公司管理制度"文档。

(2) 打开【布局】选项卡，单击【页面设置】组中的对话框启动器按钮🔽，打开【页面设置】对话框，打开【页边距】选项卡，在【上】微调框中输入"2厘米"，在【下】微调框中输入"2厘米"，在【左】【右】微调框中分别输入"3厘米"；在【装订线】微调框中输入"1厘米"，在【装订线位置】列表框中选择【靠上】选项，如图 4-94 所示。

(3) 打开【纸张】选项卡，在【纸张大小】下拉列表中选择【A4】选项，如图 4-95 所示。

图 4-94 【页边距】选项卡

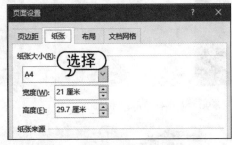

图 4-95 【纸张】选项卡

(4) 打开【布局】选项卡，在【页眉】和【页脚】微调框中输入 2 厘米，单击【确定】按钮，如图 4-96 所示。

(5) 打开【插入】选项卡，在【页面】组中单击【封面】按钮，在弹出的列表中选择【怀旧】选项，即可插入基于该样式的封面，如图 4-97 所示。

图 4-96 【布局】选项卡

图 4-97 选择【怀旧】选项

(6) 在封面页的占位符中根据提示修改或添加文字，如图 4-98 所示。

(7) 打开【插入】选项卡，在【页眉和页脚】组中单击【页眉】按钮，在弹出的列表中选择【边线型】选项，插入该样式的页眉，如图 4-99 所示。

图 4-98　输入文字

图 4-99　选择【边线型】选项

(8) 在页眉处输入页眉文本，效果如图 4-100 所示。

(9) 打开【插入】选项卡，在【页眉和页脚】组中单击【页脚】按钮，在弹出的列表中选择【奥斯汀】选项，插入该样式的页脚，如图 4-101 所示。

图 4-100　输入页眉文本

图 4-101　选择【奥斯汀】选项

(10) 打开【页眉和页脚】工具的【设计】选项卡，在【选项】组中选中【首页不同】和【奇偶页不同】复选框，如图 4-102 所示。

(11) 在奇数页页眉区域中选中段落标记符，打开【开始】选项卡，在【段落】组中单击【边框】按钮，在弹出的菜单中选择【无框线】命令，如图 4-103 所示，隐藏奇数页页眉的边框线。

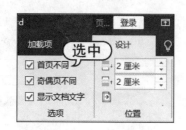

图 4-102　选中复选框

图 4-103　选择【无框线】命令

(12) 将光标定位在段落标记符上，输入文字"公司管理制度——员工手册"，设置文字字体为【华文行楷】，字号为【小三】，字体颜色为橙色，文本右对齐显示，效果如图 4-104 所示。

(13) 将插入点定位在页眉文本右侧，打开【插入】选项卡，在【插图】组中单击【图片】按钮，打开【插入图片】对话框，选择一张图片，单击【插入】按钮，如图 4-105 所示。

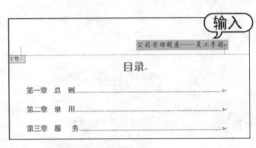

图 4-104　输入文字　　　　　　　　　图 4-105　【插入图片】对话框

(14) 将该图片插入奇数页的页眉处，打开【图片工具】的【格式】选项卡，在【排列】组中单击【环绕文字】按钮，从弹出的菜单中选择【浮于文字上方】命令，为页眉图片设置环绕方式，拖动鼠标调整图片的大小和位置，效果如图 4-106 所示。

(15) 使用同样的方法，设置偶数页的页眉文本和图片，如图 4-107 所示。最后打开【页眉和页脚】工具的【设计】选项卡，在【关闭】组中单击【关闭页眉和页脚】按钮，完成奇偶页页眉的设置。

图 4-106　设置图片　　　　　　　　　图 4-107　设置偶数页页眉

计算机基础与实训教材系列

4.8　习题

1. 如何插入页眉、页脚以及页码?

2. 如何新建样式?

3. 打开一篇多页的长 Word 文档，在文档中插入书签，创建目录，插入批注。

第5章

使用宏、域和公式

在 Word 中使用宏可以快速执行日常编辑和格式设置任务，也可以合并需要按顺序执行的多个命令。使用域可以随时更新文档中的某些特定内容，方便对文档进行操作。使用公式可以方便地在文档中制作包含数据和运算符的数据方程式。本章将主要介绍在 Word 文档中使用宏、域和公式的方法及技巧。

 本章重点

- ● 录制宏
- ● 管理宏
- ● 插入域
- ● 使用公式

二维码教学视频

【例 5-1】录制宏
【例 5-2】插入域

【例 5-3】创建方程式
【例 5-4】创建带域的请柬

5.1 使用宏

宏是一个批量处理程序命令，正确地运用它可以提高工作效率，本节介绍宏的使用方法。

5.1.1 认识宏

宏是由一系列 Word 命令组合在一起作为单个执行的命令，通过宏可以达到简化编辑操作的目的。可以将一个宏指定到工具栏、菜单或者快捷键上，并通过单击一个按钮，选取一个命令或按一个组合键来运行宏。

在文档的编辑过程中，经常有某项工作需要重复多次，这时可以利用 Word 宏功能来使其自动执行，以提高效率。Word 中的宏能帮助用户在进行一系列费时且单调的重复性 Word 操作时，自动完成所需任务。所谓宏，是将一系列 Word 命令和指令组合起来，形成一条自定义的命令，以实现任务执行的自动化。如果需要反复执行某项任务，可以使用宏自动执行该任务。Word 中的宏就像是 DOS 的批处理文件一样，在可视化操作环境下，这一工具的功能更加强大。

使用宏可以完成很多的功能，例如，加速日常编辑和格式的设置；快速插入具有指定尺寸和边框、指定行数和列数的表格；使某个对话框中的选项更易于访问等。

5.1.2 【开发工具】选项卡

在 Word 2019 中，要使用宏，首先需要打开如图 5-1 所示的【开发工具】选项卡。

图 5-1　【开发工具】选项卡

【开发工具】选项卡主要用于 Word 的二次开发，默认情况下该选项卡不显示在【主选项卡】功能区，可以通过自定义【主选项卡】功能区使之可见。单击【文件】按钮，在弹出的菜单中选择【选项】命令，打开【Word 选项】对话框，切换至【自定义功能区】选项卡，在右侧的【主选项卡】选项区域中选中【开发工具】复选框，然后单击【确定】按钮，如图 5-2 所示，即可在 Word 界面中显示【开发工具】选项卡。

图 5-2　设置显示【开发工具】选项卡

> **提示**
> 在功能区中右击任意选项卡，从弹出的快捷菜单中选择【自定义功能区】命令，即可直接打开【Word 选项】对话框的【自定义功能区】选项卡。

5.1.3 录制宏

宏可以保存在文档模板或单个 Word 文档中。将宏存储到模板中有两种方式：一种是全面宏，存储在普通模板中，可以在任何文档中使用；另一种是模板宏，存储在一些特殊模板上。通常，创建宏的最好的方法就是使用键盘和鼠标录制许多操作，然后在宏编辑窗口中编辑它并添加一些 Visual Basic 命令。

打开【开发工具】选项卡，在【代码】组中单击【录制宏】按钮，开始录制宏，同时，还可以设置宏的快捷方式，以及在快速访问工具栏上显示宏按钮。

【例 5-1】 在文档中录制一个宏，并且在快速访问工具栏中显示宏按钮。 视频

(1) 启动 Word 2019，打开"酒"文档，使用鼠标拖动法选择正文第 2 段文字，如图 5-3 所示。

(2) 打开【开发工具】选项卡，在【代码】组中单击【录制宏】按钮，打开【录制宏】对话框。

(3) 在【宏名】文本框中输入宏的名称"设置文本格式"，在【将宏保存在】下拉列表中选择【所有文档(Normal.dotm)】选项，然后单击【按钮】按钮，如图 5-4 所示。

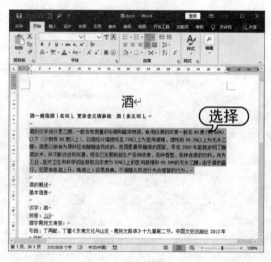

图 5-3 选择文字

图 5-4 【录制宏】对话框

提示

在默认情况下，Word 将宏存储在 Normal 模板内，这样每一个 Word 文档都可以使用它。如果只是需要在某个文档中使用宏，则可将宏存储在该文档中。

(4) 打开【Word 选项】对话框的【快速访问工具栏】选项卡，在【自定义快速访问工具栏】列表框中将显示输入的宏的名称。选择该宏命令，然后单击【添加】按钮，如图 5-5 所示，将该名称添加到快速访问工具栏上。

(5) 如要指定宏的键盘快捷键，打开【Word 选项】对话框的【自定义功能区】选项卡，在【从下列位置选择命令】下拉列表中选择【宏】选项，在其下的列表框中选择宏名称，单击【键

盘快捷方式】右侧的【自定义】按钮，如图 5-6 所示。

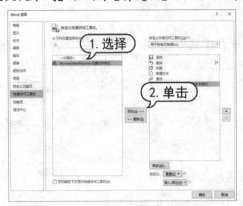
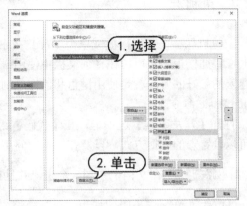

图 5-5　【快速访问工具栏】选项卡　　　　　图 5-6　【自定义功能区】选项卡

　　(6) 打开【自定义键盘】对话框，在【类别】列表框中选择【宏】选项，在【宏】列表框中选择【设置文本格式】选项，在【请按新快捷键】文本框中输入快捷键 Ctrl+1，然后单击【指定】按钮，如图 5-7 所示。

　　(7) 单击【关闭】按钮，返回【Word 选项】对话框，单击【确定】按钮，执行宏的录制，如图 5-8 所示。

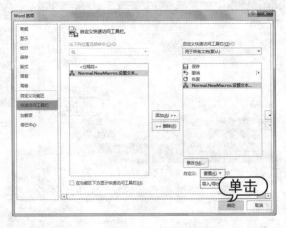

图 5-7　【自定义键盘】对话框　　　　　图 5-8　单击【确定】按钮

　　(8) 打开【开始】选项卡，在【字体】组中将字体设置为【华文行楷】，字形为【倾斜】，字号为【四号】。

　　(9) 所有录制操作执行完毕后，切换至【开发工具】选项卡，在【代码】组中单击【停止录制】按钮█，如图 5-9 所示。

　　(10) 在文档中任选一段文字，单击快速访问工具栏上的【宏】按钮，如图 5-10 所示，或按下快捷键 Ctrl+1，都可将该段文字自动格式化为华文行楷、四号、倾斜。

提示

　　如果在录制宏的过程中进行了错误的操作，同时也做了更正操作，则更正错误的操作也将会被录制，可以在录制结束后，在 Visual Basic 编辑器中将不必要的操作代码删除。

图 5-9 单击【停止录制】按钮

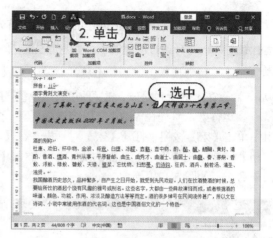

图 5-10 单击【宏】按钮

在使用宏录制器创建宏时，要注意以下两点：

▽ 宏的名称不要与 Word 中已有的标准宏重名，否则 Word 就会用新的宏记录的操作替换原有宏记录的操作。因此，在给宏命名之前，最好打开【视图】选项卡，在【宏】组中单击【宏】按钮，在弹出的菜单中选择【查看宏】命令，打开【宏】对话框，并在【宏的位置】下拉列表中选择【Word 命令】选项，此时，列表框中将列出 Word 所有标准宏，如图 5-11 所示。便于用户确保自己命名的宏没有同标准宏重名。

▽ 宏录制器不记录执行的操作，只录制命令操作的结果。宏录制器不能记录鼠标在文档中的移动，要录制如移动光标或选择、移动、复制等操作，只能用键盘进行。

图 5-11 【宏】对话框

> **提示**
>
> 在录制宏的过程中，如果需要暂停录制，可打开【开发工具】选项卡，在【代码】组中单击【暂停录制】按钮。

5.1.4 运行宏

运行宏取决于创建宏所针对的对象，如果创建的宏是被指定到了快速访问工具栏上，可通过单击相应的命令按钮来执行；如果创建的宏被指定到菜单或快捷键上，也可通过相应的操作来执行。如果要运行在特殊模板上创建的宏，则应首先打开该模板或基于该模板创建的文档；如果要运行针对某一选择条目创建的宏，则应首先选择该条目，然后再运行它。

　　无论是特殊模板上的宏，还是针对某一条目的宏，都可以通过【宏】对话框来运行。实际上，Word 命令在本质上也是宏，也可以直接在【宏】对话框中运行 Word 命令。

　　要运行宏，首先在 Word 文档中选择任意一段文字，打开【开发工具】选项卡，在【代码】组中单击【宏】按钮，打开【宏】对话框，在【宏的位置】下拉列表中选择【所有的活动模板和文档】选项，在【宏名】下面的文本框中输入【设置文本格式】，单击【运行】按钮，即可执行该宏命令，如图 5-12 所示。

图 5-12　运行宏

> **提示**
>
> 　　按录制宏时指定的 Ctrl+1 快捷键或单击快速访问工具栏中的宏按钮，同样可以快速地运行宏。

　　Word 允许创建自动运行宏，要创建自动运行宏，对宏命令可以采取下列方式之一。

▽ AutoExec：全局宏，打开或退出 Word 时将立即运行。

▽ AutoNew：全局宏或模板宏，当用户创建文档时，其模板若含有 AutoNew 宏命令，就可自动执行。

▽ AutoOpen：全局宏或模板宏，当打开存在的文档时，立即执行。

▽ AutoClose：全局宏或模板宏，当关闭当前文档时，自动执行。

　　上面所讲述的宏的运行方法是直接运行，除此之外，Word 2019 还有另外一种宏的运行方法是单步运行宏。它同直接运行宏的区别在于：直接运行宏是从宏的第一步执行到最后一步操作，而单步运行宏则是每次只执行一步操作，这样，就可以清楚地看到每一步操作及其效果。因为宏是一系列操作的集合，本质是 Visual Basic 代码，因此，可以用 Visual Basic 编辑器打开宏并单步执行宏。

　　要单步执行宏，可打开【开发工具】选项卡，在【代码】组中单击【宏】按钮，打开【宏】对话框，在对话框中选择要运行的宏命令，然后单击【单步运行】按钮即可。

5.1.5　编辑宏

录制宏生成的代码通常都不够简洁、高效，并且功能和范围非常有限。如果要删除宏中的某些错误操作，或者是要添加诸如"添加分支""变量指定""循环结构""自定义用户窗体""出错处理"等功能的代码。这时，就需要对宏进行编辑操作。

打开【开发工具】选项卡，在【代码】组中单击 Visual Basic 按钮，打开 Visual Basic 编辑窗口(也可以按 Alt+F11 组合键)，如图 5-13 所示。

> **提示**
>
> 在【宏】对话框中，选择要编辑的宏后，单击【编辑】按钮，同样可以打开 Visual Basic 编辑窗口。

图 5-13　使用 Visual Basic 编辑宏

在 Visual Basic 编辑窗口中，可以对宏的源代码进行修改，添加或删除宏的源代码。编辑完毕后，可以在 Visual Basic 编辑窗口中选择【文件】|【关闭并返回到 Microsoft Word】命令，返回 Word，Visual Basic 将自动保存所做的修改。

5.1.6　复制宏

Normal 模板中的宏可应用到每一个 Word 文档中，利用【管理器】对话框，也可以将其保存在其他模板或单个模板中；如果创建的宏能和其他文件共享，利用【管理器】对话框可以将其移到 Normal 模板中。

在 Word 2019 中，很容易从一个模板(或文档)中复制一组宏到另一个模板(或文档)中。宏被保存在模板或组中，不能传递单个宏，只能传递一组宏。

要在模板或文档中复制宏，可以在【宏】对话框中单击【管理器】按钮，在打开的【管理器】对话框中进行相关的设置。

首先打开一篇 Word 文档，打开【开发工具】选项卡，在【代码】组中单击【宏】按钮，打开【宏】对话框，单击【管理器】按钮，打开【管理器】对话框的【宏方案项】选项卡，在左边列表框中显示的是当前活动文档中使用的宏组，在右边列表框中显示的是 Normal 模板中的宏，在右侧列表框中选择要复制的宏组 NewMacros，单击【复制】按钮，如图 5-14 所示。

将选定的宏组复制到左边的当前活动文档中，单击【关闭】按钮，如图 5-15 所示，完成宏的复制。此时在新文档中可以使用该宏命令。

图 5-14 【宏方案项】选项卡

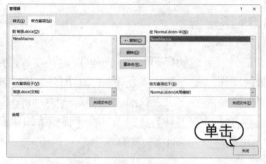

图 5-15 复制宏

> 💡 **提示**
>
> 如果要复制别的模板中的宏，可以单击下面的【关闭文件】按钮，关闭 Normal 模板。此时【关闭文件】按钮变成【打开文件】按钮，再次单击该按钮，即可在打开的对话框中选择要复制宏的模板或文件。

5.1.7 重命名宏与宏组

Word 2019 可以为已经创建好的宏或宏组重命名，但两者的重命名的过程不同，一般宏组能在宏管理器中直接重命名，而单个宏则必须在 Visual Basic 编辑器中重命名。

要重命名宏组，可以先打开包含需要重命名宏组的文档或模板。打开【开发工具】选项卡，在【代码】组中单击【宏】按钮，在打开的【宏】对话框中单击【管理器】按钮，打开【管理器】对话框的【宏方案项】选项卡。选中需要重命名的宏组，单击【重命名】按钮，在打开的如图 5-16 所示的【重命名】对话框中输入新名称即可。

要重命名单步宏，可以打开【开发工具】选项卡，在【代码】组中单击【宏】按钮，打开【宏】对话框，在列表框中找到要重命名的宏。单击右侧的【编辑】按钮，将打开 Visual Basic 编辑窗口，同时打开用户的宏组，以便进行编辑。找到想要重命名的宏，修改宏的名称即可。

如果想要将名为 NewMacros 的宏重命名为 MyMacro，可以在 Visual Basic 编辑器中打开其源代码，并修改第 1 行内容即可。例如，将 Sub NewMacros()改为 Sub MyMacro()，如图 5-17 所示。

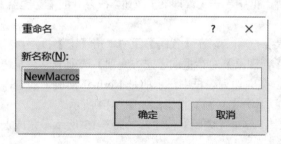

图 5-16 【重命名】对话框

图 5-17 重命名宏

5.1.8　删除宏

要删除在文档或模板中不需要的宏命令，可以先打开包含需要删除宏的文档或模板。打开【开发工具】选项卡，在【代码】组中单击【宏】按钮，打开【宏】对话框，在【宏名】列表框中选择要删除的宏，然后单击【删除】按钮，如图 5-18 所示。此时系统将打开如图 5-19 所示的提示对话框，在该对话框中单击【是】按钮，即可删除该宏命令。

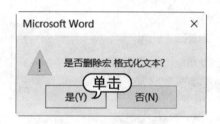

图 5-18　删除宏　　　　　　　图 5-19　单击【是】按钮

5.2　使用域

域是一种特殊的代码，用于指示 Word 在文档中插入某些特定的内容或自动完成某些复杂的功能。在 Word 中，可以使用域插入许多有用的内容，包括页码、时间和某些特定的文字内容或图形等。使用域，还可以完成一些复杂而非常实用的操作，如自动编写索引、目录。

5.2.1　插入域

在一些文档中，某些文档内容可能需要随时更新。例如，在一些每日报道型的文档中，报道日期需要每天更新。如果手工更新这些日期，不仅烦琐而且容易遗忘，此时，可以通过在文档中插入 Data 域代码来实现日期的自动更新。

域是文档中可能发生变化的数据或邮件合并文档中套用信函、标签的占位符。最常用的域有 Page 域(插入页码)和 Date 域(插入日期和时间)。域包括域代码和域结果两部分，域代码是代表域的符号；域结果是利用域代码进行一定的替换计算得到的结果。域类似于 Microsoft Excel 中的公式，具体来说，域代码类似于公式，域结果类似于公式产生的值。

域的最大优点是可以根据文档的改动或其他有关因素的变化而自动更新。例如，生成目录后，目录中的页码会随着页面的增减而产生变化，这时可通过更新域来自动修改页码。因而使用域不仅可以方便快捷地完成许多工作，而且能够保证结果的准确性。

在 Word 2019 中，可以使用【域】对话框，将不同类别的域插入文档中，并可设置域的相关格式。

【例 5-2】 插入【日期和时间】类型的域，并设置该日期在文档中可以自动更新。 📀视频

(1) 启动 Word 2019，打开"酒"文档，将光标放置在需要插入域的位置，打开【插入】选项卡，在【文本】组中单击【浏览文档部件】按钮 ，在弹出的菜单中选择【域】命令，如图 5-20 所示。

(2) 打开【域】对话框，在【类别】下拉列表中选择【日期和时间】选项，在【域名】列表框中选择 CreateDate 选项，在【日期格式】列表框中选择一种日期格式，在【域选项】选项区域中保持选中【更新时保留原格式】复选框，单击【确定】按钮，如图 5-21 所示。

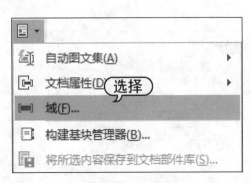

图 5-20　选择【域】命令

图 5-21　【域】对话框

(3) 此时即可在文档中插入一个 Date 域。当用鼠标单击该部分文档内容时，域内容将显示为灰色，如图 5-22 所示。

图 5-22　插入 Date 域

> 📀 提示
>
> 　　按 Ctrl+F9 组合键，可以在文档中输入一个空域{ | }。

5.2.2　更新域和设置域格式

对域有了一个直观的认识后，可以进一步了解域的组成部分和操作原理。实际上，域类似于 Microsoft Excel 中的公式，其中有"域代码"这样一个"公式"，可以算出"域结果"并将结果

显示出来，用于保持信息的最新状态。

以如图 5-22 所示的 CreateDate 域为例，该图显示的就是该域的域结果，当单击该域后按 Shift+F9 组合键，Word 将显示出该域的域代码，如图 5-23 所示。

$$\{ \text{ CREATEDATE } \backslash@ \text{ "yyyy-MM-dd" } \backslash* \text{ MERGEFORMAT } \}$$

图 5-23　显示域代码

域代码显示在一个大括号{}中，其中：

▽ CreateDate 是域名称。

▽ yyyy-MM-dd 是一个日期域开关，指定日期的显示方式。

▽ MERGEFORMAT 是一个字符格式开关，该开关的含义是将以前域结果所使用的格式作用于当前的新结果。

提示

所谓域"开关"是指导致产生特定操作的特殊说明，例如用于指定域结果的显示方式、字符格式等，向域中添加开关后可以更改域结果。

通过查阅域代码可以了解域的具体内容，查阅完毕后再按 Shift+F9 组合键则可以切换回域结果。如果想显示文档中所有的域的域代码，则可以按 Alt+F9 组合键。

更新域实际上就是更新域代码所引用的数据，而计算出来的域结果也将被相应更新。更新域的方法很简单，如果要更新单个域，则只需单击该域，按 F9 键即可；如果要更新文档中所有的域，则按 Ctrl+A 组合键选定整篇文档后再按 F9 键。

如果域信息未更新，则可能此域已被锁定，要解除锁定，可以选中此域，然后按 Ctrl+Shift+F11 组合键，最后按下 F9 键即可更新；要锁定某个域以防止更新结果，可以按 Ctrl+ F11 组合键。另外，在域上右击，从弹出的快捷菜单中选择【更新域】【编辑域】【切换域代码】等命令来完成对域的相关操作。

5.3　使用公式

Word 2019 集成了公式编辑器，内置了多种公式，使用它们可以方便地在文档中插入复杂的数据公式。

5.3.1　使用公式编辑器

使用公式编辑器可以方便地在文档中插入公式。打开【插入】选项卡，在【文本】组中单击【对象】按钮，打开【对象】对话框的【新建】选项卡，在【对象类型】列表框中选择【Microsoft 公式 3.0】选项，单击【确定】按钮，如图 5-24 所示。随后即可打开【公式编辑器】窗口和【公式】工具栏，如图 5-25 所示。

计算机基础与实训教材系列

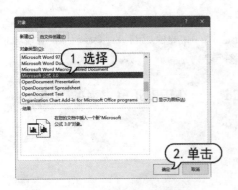

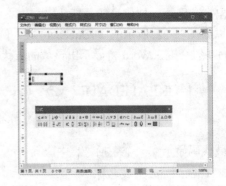

图 5-24　【对象】对话框　　　　　　　　　图 5-25　【公式编辑器】窗口和【公式】工具栏

在【公式编辑器】窗口的文本框中，用户可以进行公式编辑，在【公式】工具栏上单击【下标和上标模板】按钮 ，选择所需的上标样式，插入一个上标符号并在文本框中输入符号内容。使用同样的方法输入其他符号，编辑完后在文本框外任意处单击，即可返回原来的文档编辑状态,，如图 5-26 所示。在文档中双击创建的公式，可打开【公式编辑器】窗口和【公式】工具栏。此时，即可重新编辑公式。

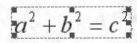

图 5-26　使用公式编辑器编辑公式

5.3.2　使用内置公式

在 Word 2019 的公式库中，系统提供了多款内置公式，利用这几款内置公式，用户可以方便地在文档中创建新公式。

打开【插入】选项卡，单击【符号】组中的【公式】下拉按钮，在弹出的下拉列表中预设了多个内置公式，这里选择【泰勒展开式】公式样式，此时即可在文档中插入该内置公式，如图 5-27 所示。

插入内置公式后，系统自动打开【公式工具】的【设计】选项卡。在【工具】组中，单击【公式】下拉按钮，弹出内置公式下拉列表，在该下拉列表中选择一种公式样式，同样可以插入内置公式。

图 5-27　使用内置公式创建公式

5.3.3　使用命令创建公式

打开【插入】选项卡，在【符号】组中单击【公式】下拉按钮，在弹出的下拉菜单中选择【插入新公式】命令，打开【公式工具】窗口的【设计】选项卡。在该窗口的【在此处键入公式】提示框中可以进行公式编辑，如图 5-28 所示。

在【符号】组中，内置了多种符号，供用户输入公式。单击【其他】按钮，在弹出的列表框中单击【基础数学】下拉按钮，从弹出的菜单中可选择其他类别的符号，如图 5-29 所示。

图 5-28　插入新公式　　　　　　　图 5-29　选择其他类别的符号

【例 5-3】　使用【公式工具】窗口中的命令制作方程式。🎬视频

(1) 启动 Word 2019，新建一个空白文档，将其以"制作方程式"为名保存。

(2) 将鼠标指针定位在文档中，打开【插入】选项卡，在【符号】组中单击【公式】下拉按钮，在弹出的下拉菜单中选择【插入新公式】命令，如图 5-30 所示。

(3) 打开【公式工具】的【设计】选项卡，此时在文档中出现【在此处键入公式】提示框，在【结构】组中单击【上下标】按钮，在打开的列表框中选择【上标】样式，如图 5-31 所示。

图 5-30　选择【插入新公式】命令

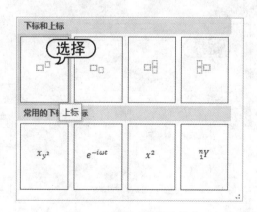

图 5-31　选择【上标】样式

(4) 在文本框中插入上标符号，并在文本框中输入公式字符，如图 5-32 所示。

(5) 将光标定位在 X^2 末尾处，若光标比正常的短，需按一下方向键→，使接下来输入的内容向字母看齐，单击【设计】选项卡的【符号】组中的【其他】按钮，选择+号，如图 5-33 所示。

图 5-32　输入上标字符

图 5-33　选择+号

(6) 此时 X^2 后面添加了+号，然后使用前面的方法，输入 $Y^2=$，如图 5-34 所示。

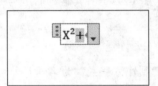

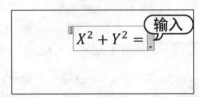

图 5-34　继续输入字符

(7) 单击【设计】选项卡的【结构】组中的【分式】按钮，选择【分数(竖式)】选项，如图 5-35 所示。

(8) 选中分数上面的方框，单击【设计】选项卡的【符号】组中的【其他】按钮，选择√号，如图 5-36 所示。

图 5-35　选择【分数(竖式)】选项

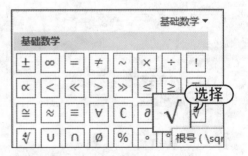

图 5-36　选择根号

(9) 此时方程式显示为如图 5-37 所示。

(10) 继续输入字符，然后选中制作好的方程式，在【工具】组中单击【abc 文本】按钮，显示为普通文本的方程式，最终效果如图 5-38 所示。

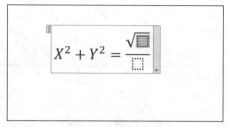

图 5-37　显示方程式

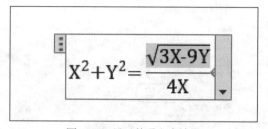

图 5-38　显示普通文本效果

5.4　实例演练

本章的实例演练部分为创建带提示域的请柬这个综合实例操作，用户通过练习从而巩固本章所学知识。

【例 5-4】 创建带提示域的请柬文档。 视频

(1) 启动 Word 2019，创建一篇空白文档。在插入点处输入 "请柬"，设置字体为【隶书】，字号为【二号】，并且居中对齐。

(2) 将插入点定位在第 2 行，打开【插入】选项卡，在【文本】组中单击【文档部件】按钮，在弹出的菜单中选择【域】命令，打开【域】对话框，在【域名】列表框中选择【MacroButton】选项，在【显示文字】文本框中输入 "请输入被邀请者称呼"，在【宏名】列表框中选择【DoFiledClick】选项，单击【确定】按钮，如图 5-39 所示。

(3) 返回 Word 文档中，在插入点处显示文本 "请输入被邀请者称呼"，如图 5-40 所示。

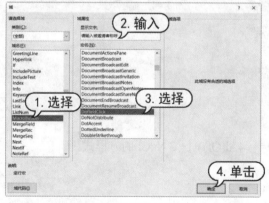

图 5-39　【域】对话框

图 5-40　显示文本

(4) 单击【文件】按钮，在弹出的菜单中选择【选项】命令，打开【Word 选项】对话框，打开【高级】选项卡，在右侧的【显示文档内容】选项区域的【域底纹】下拉列表中选择【始终显示】选项，单击【确定】按钮，如图 5-41 所示。

(5) 返回 Word 文档，此时，文本以带灰色的底纹显示，如图 5-42 所示。

图 5-41　【Word 选项】对话框　　　　　　　图 5-42　显示底纹

(6) 使用同样的方法，创建其他提示域及文本，如图 5-43 所示。

(7) 设置请柬正文的字号为四号，首行缩进 2 个字符，最后两个段落为左对齐，效果如图 5-44 所示。

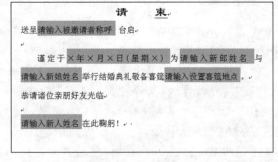

图 5-43　创建其他提示域及文本　　　　　　图 5-44　显示效果

5.5　习题

1. 如何录制、运行和复制宏？
2. 如何插入和更新域？
3. 在 Word 文档中创建 $3NaAlO_2+AlCl_3+6H_2O \xlongequal{} 4Al(OH)_3\downarrow + 3\,NaCl$ 的方程式。

第6章

Excel基础操作

Excel 2019 是目前最强大的电子表格制作软件之一，它具有强大的数据组织、计算、分析和统计功能，其中工作簿、工作表和单元格是构成 Excel 的支架。本章将介绍 Excel 构成部分的基本操作以及表格输入等内容。

本章重点

- 工作簿
- 工作表
- 单元格
- 输入表格数据

二维码教学视频

6.1 工作簿的基础操作

Excel 2019 的基本对象包括工作簿、工作表与单元格。其中工作簿除了可以进行基本的创建、保存、退出等操作，还可以进行显示和隐藏工作簿、保护工作簿等操作。

6.1.1 认识工作簿、工作表和单元格

一个完整的 Excel 电子表格文档主要由 3 部分组成，分别是工作簿、工作表和单元格。

1. 工作簿

工作簿是 Excel 用来处理和存储数据的文件。新建的 Excel 文件就是一个工作簿，它可以由一个或多个工作表组成。在 Excel 2019 中创建空白工作簿后，系统会打开一个名为【工作簿 1】的工作簿，如图 6-1 所示。

2. 工作表

工作表是在 Excel 中用于存储和处理数据的主要文档，也是工作簿中的重要组成部分，又称为电子表格。在 Excel 2019 中，用户可以通过单击 ⊕ 按钮，创建工作表，如图 6-2 所示。

图 6-1 工作簿

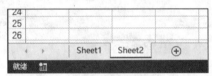

图 6-2 工作表

3. 单元格

单元格是工作表中的小方格，是 Excel 独立操作的最小单位。单元格的定位是通过它所在的行号和列标来确定的。如图 6-3 表示选择了 A2 单元格。

单元格区域是一组被选中的相邻或分离的单元格。单元格区域被选中后，所选范围内的单元格都会高亮显示，取消选中状态后又恢复原样。如图 6-4 所示为 B2:D6 单元格区域。

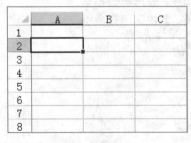

图 6-3 单元格

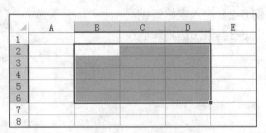

图 6-4 单元格区域

6.1.2　新建工作簿

Excel 2019 可以直接创建空白的工作簿，也可以根据模板来创建带有样式的新工作簿。

1. 创建空白工作簿

启动 Excel 2019 后，单击【文件】按钮，在打开的界面中选择【新建】选项，然后选择界面中的【空白工作簿】选项，如图 6-5 所示，即可创建一个空白工作簿.

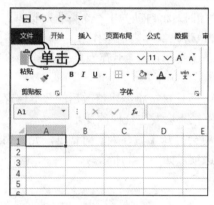
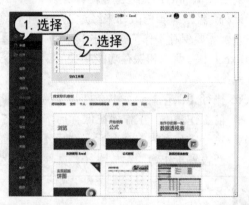

图 6-5　创建空白工作簿

2. 使用模板新建工作簿

在 Excel 2019 中，除了可以新建空白工作簿以外，用户还可以通过软件自带的模板创建有"内容"的工作簿，从而大幅度地提高工作效率。

首先单击【文件】按钮，然后在打开的界面中选择【新建】选项，在文本框中输入文本"预算"并按下 Enter 键，通过网络自动搜索与文本"预算"相关的模板，将搜索结果显示在【新建】选项区域中。此时可以在模板搜索结果列表中选择一个模板选项，如图 6-6 所示。然后在打开的对话框中单击【创建】按钮，开始联网下载该模板，下载模板完毕后，将创建相应的工作簿。

图 6-6　选择模板　　　　　　　　　图 6-7　单击【创建】按钮

计算机基础与实训教材系列

6.1.3 保存工作簿

当用户需要将工作簿保存在计算机硬盘中时，可以参考以下几种方法：

▽ 选择【文件】选项卡，在打开的菜单中选择【保存】或【另存为】选项。

▽ 单击快速访问工具栏中的【保存】按钮圖。

▽ 按下 Ctrl+S 组合键。

▽ 按下 Shift+F12 组合键。

此外，经过编辑修改却未经过保存的工作簿在被关闭时，将自动弹出一个警告对话框，询问用户是否需要保存工作簿，单击其中的【保存】按钮，也可以保存当前工作簿。

Excel 中有两个和保存功能相关的菜单命令，分别是【保存】和【另存为】，这两个命令有以下区别：

▽ 执行【保存】命令不会打开【另存为】对话框，而是直接将编辑修改后的数据保存到当前工作簿中。工作簿在保存后，文件名、存放路径不会发生任何改变。

▽ 执行【另存为】命令后，选择【浏览】选项，将会打开【另存为】对话框，允许用户重新设置工作簿的存放路径、文件名并设置保存选项，如图 6-8 所示。

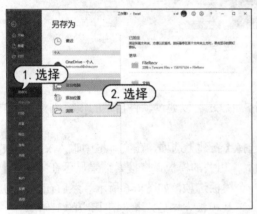
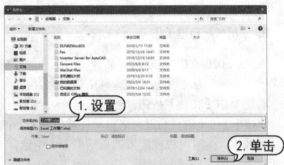

图 6-8 打开【另存为】对话框

6.1.4 打开和关闭工作簿

当用户需要对保存的工作簿进行编辑，就需要将该工作簿打开，编辑完毕后可将其关闭。

1. 打开工作簿

在 Excel 2019 中打开工作簿的方法有以下几种。

▽ 直接双击 Excel 文件打开工作簿：找到工作簿的保存位置，直接双击其文件图标，Excel 软件将自动识别并打开该工作簿。

▽ 使用【最近】列表打开工作簿：单击【文件】按钮，在打开的【开始】界面中选择【最近】选项，即可显示 Excel 软件最近打开的工作簿列表，单击列表中的工作簿名称，可以打开相应的工作簿文件，如图 6-9 所示。

▽ 通过【打开】对话框打开工作簿：在 Excel 2019 中单击【文件】按钮，选择【打开】选项，在打开的【打开】选项区域中选择【浏览】选项，即可打开【打开】对话框，在该对话框中选择一个 Excel 文件后，单击【打开】按钮，如图 6-10 所示，即可将该文件在 Excel 2019 中打开。

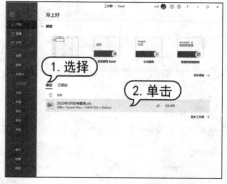

图 6-9　【最近】列表

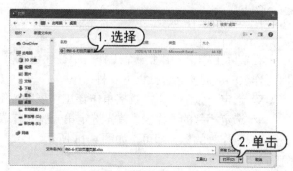

图 6-10　【打开】对话框

2. 关闭工作簿

在 Excel 2019 中关闭工作簿的方法有以下几种。

▽ 单击标题栏右侧的 ⊠ 按钮，将直接退出 Excel 软件。

▽ 单击【文件】按钮，选择【关闭】选项，将关闭当前工作簿。

▽ 按下 Alt+F4 组合键将强制关闭所有工作簿并退出 Excel 软件。

6.1.5　隐藏工作簿

在 Excel 中同时打开多个工作簿时，Windows 系统的任务栏上就会显示所有的工作簿标签。此时，用户若在 Excel 功能区中选择【视图】选项卡，单击【窗口】组中的【切换窗口】下拉按钮，在弹出的下拉列表中可以查看所有被打开的工作簿列表，如图 6-11 所示。

如果用户需要隐藏某个已经打开的工作簿，可在选中该工作簿后，选择【视图】选项卡，在【窗口】组中单击【隐藏】按钮。隐藏后的工作簿并没有退出或关闭，而是继续驻留在 Excel 中，但无法通过正常的窗口切换方法来显示。

如果用户需要取消工作簿的隐藏，可以在【视图】选项卡的【窗口】组中单击【取消隐藏】按钮，打开【取消隐藏】对话框，选择需要取消隐藏的工作簿名称后，单击【确定】按钮，如图 6-12 所示。

图 6-11　单击【切换窗口】

图 6-12　【取消隐藏】对话框

6.2 工作表的基础操作

工作表在实际工作中比较常用的操作有选定、插入、移动和复制等。

6.2.1 选定工作表

在实际工作中，由于一个工作簿中往往包含多个工作表，因此操作前需要先选取工作表。选取工作表的常用操作包括以下 4 种：

▽ 选定一张工作表：直接单击该工作表的标签即可，如图 6-13 所示。

▽ 选定相邻的工作表：首先选定第一张工作表标签，然后按住 Shift 键不松并单击其他相邻工作表的标签即可，如图 6-14 所示。

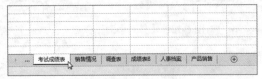

图 6-13 选中一张工作表

图 6-14 选中相邻的工作表

▽ 选定不相邻的工作表：首先选定第一张工作表，然后按住 Ctrl 键不放并单击其他任意一张工作表标签即可，如图 6-15 所示。

▽ 选定工作簿中的所有工作表：右击任意一个工作表标签，在弹出的快捷菜单中选择【选定全部工作表】命令即可，如图 6-16 所示。

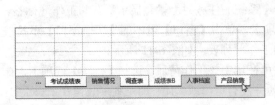

图 6-15 选定不相邻的工作表

图 6-16 选定全部工作表

6.2.2 插入工作表

若工作簿中的工作表数量不够，用户可以在工作簿中创建新的工作表，不仅可以创建空白的工作表，还可以根据模板插入带有样式的新工作表。Excel 2019 中常用工作表的方法有 4 种，分别如下。

▽ 在工作表标签栏中单击【新工作表】按钮⊕。

▽ 右击工作表标签，在弹出的快捷菜单中选择【插入】命令，然后在打开的【插入】对话框中选择【工作表】选项，并单击【确定】按钮即可，如图 6-17 所示。此外，在【插入】对话框的【电子表格方案】选项卡中，还可以设置要插入的工作表的样式。

图 6-17　在工作簿中插入工作表

▽ 按下 Shift+F11 组合键，则会在当前工作表前插入一个新工作表。
▽ 在【开始】选项卡的【单元格】组中单击【插入】下拉按钮，在弹出的下拉列表中选择
【插入工作表】命令。

6.2.3　移动和复制工作表

通过复制操作，可以在同一个工作簿或者不同的工作簿间创建工作表的副本，还可以通过移动操作，在同一个工作簿中改变工作表的排列顺序，也可以在不同的工作簿之间转移工作表。

1. 通过菜单实现工作表的复制与移动

在 Excel 中有以下两种方法可以显示【移动或复制工作表】对话框。
▽ 右击工作表标签，在弹出的快捷菜单中选择【移动或复制】命令，打开【移动或复制工作表】对话框，如图 6-18 所示。

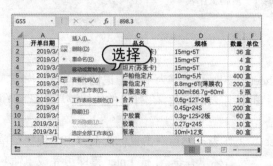

图 6-18　打开【移动或复制工作表】对话框

▽ 选中需要进行移动或复制的工作表，在 Excel 功能区选择【开始】选项卡，在【单元格】组中单击【格式】按钮，在弹出的菜单中选择【移动或复制工作表】命令。

在【移动或复制工作表】对话框中，在【工作簿】下拉列表中可以选择【复制】或【移动】的目标工作簿。用户可以选择当前 Excel 软件中所有打开的工作簿或新建工作簿，默认为当前工作簿。【下列选定工作表之前】下面的列表框中显示了指定工作簿中所包含的全部工作表，可以选择【复制】或【移动】工作表的目标排列位置。

在【移动或复制工作表】对话框中，选中【建立副本】复选框，为【复制】方式，取消该复选框的选中状态，则为【移动】方式。

另外，在复制和移动工作表的过程中，如果当前工作表与目标工作簿中的工作表名称相同，则会被自动重命名，例如 Sheet1 将会被命名为 Sheet1(2)。

2. 通过拖动实现工作表的复制与移动

拖动工作表标签来实现移动或者复制工作表的操作步骤非常简单，具体如下。

(1) 将鼠标光标移动至需要移动的工作表标签上，单击鼠标，鼠标指针显示出文档的图标，此时可以拖动鼠标将当前工作表移动至其他位置，如图 6-19 所示。

(2) 拖动一个工作表标签至另一个工作表标签的上方时，被拖动的工作表标签前将出现黑色三角箭头图标，以此标识了工作表的移动插入位置，此时如果释放鼠标即可移动工作表，如图 2-18 所示。

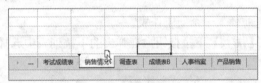

图 6-19　移动工作表

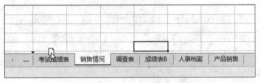

图 6-20　显示黑色三角箭头

(3) 如果按住鼠标左键的同时按住 Ctrl 键，则执行复制操作，此时鼠标指针显示的文档图标上还会出现一个+号，以此来表示当前操作方式为复制，如图 6-21 所示。

图 6-21　复制工作表

6.2.4　重命名工作表

在 Excel 中，工作表的默认名称为 Sheet1、Sheet2…，为了便于记忆与使用工作表，可以重命名工作表。在 Excel 2019 中右击要重命名的工作表的标签，在弹出的快捷菜单中选择【重命名】命令，即可为该工作表自定义名称。

例如，在工作表标签中单击选定 Sheet1 工作表，然后右击鼠标，在弹出的快捷菜单中选择【重命名】命令，如图 6-22 所示。输入工作表名称"春季"，按 Enter 键即可完成重命名工作表的操作，如图 6-23 所示。

图 6-22　选择【重命名】命令

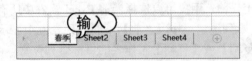

图 6-23　输入名称

6.2.5　改变工作表标签的颜色

为了方便用户对工作表进行辨识，将工作表标签设置不同的颜色是一种便捷的方法，具体操作步骤如下。

(1) 右击工作表标签，在弹出的快捷菜单中选择【工作表标签颜色】命令。

(2) 在弹出的子菜单中选择一种颜色，即可为工作表标签设置该颜色，如图 6-24 所示。

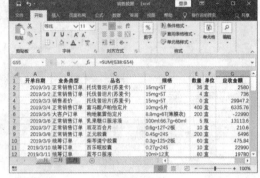

图 6-24　设置工作表标签的颜色

6.2.6　删除工作表

对工作表进行编辑操作时，可以删除一些多余的工作表。这样不仅可以方便用户对工作表进行管理，也可以节省系统资源。在 Excel 2019 中删除工作表的常用方法如下所示。

▽ 在工作簿中选定要删除的工作表，在【开始】选项卡的【单元格】组中单击【删除】下拉按钮，在弹出的下拉列表中选择【删除工作表】命令即可，如图 6-25 所示。

▽ 右击要删除的工作表的标签，在弹出的快捷菜单中选择【删除】命令，即可删除该工作表，如图 6-26 所示。

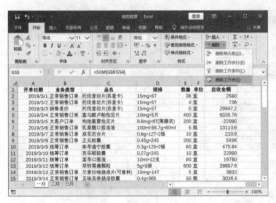

图 6-25　选择【删除工作表】命令　　　　图 6-26　通过右击菜单删除工作表

6.2.7　显示和隐藏工作表

在工作中，用户可以使用工作表隐藏功能，将一些工作表隐藏显示，具体方法如下。

▽ 选择【开始】选项卡，在【单元格】组中单击【格式】按钮，在弹出的菜单中选择【隐藏和取消隐藏】|【隐藏工作表】命令，如图6-27所示。

▽ 右击工作表标签，在弹出的快捷菜单中选择【隐藏】命令。

在Excel中无法隐藏工作簿中的所有工作表，当隐藏到最后一张工作表时，则会弹出如图6-28所示的对话框，提示工作簿中至少应含有一张可视工作表。

图6-27　隐藏工作表　　　　　　　　　图6-28　工作簿中至少应有一张可视的工作表

如果用户需要取消工作表的隐藏状态，可以参考以下两种方法。

▽ 选择【开始】选项卡，在【单元格】组中单击【格式】按钮，在弹出的菜单中选择【隐藏和取消隐藏】|【取消隐藏工作表】命令，在打开的【取消隐藏】对话框中选择需要取消隐藏的工作表后，单击【确定】按钮，如图6-29所示。

▽ 在工作表标签上右击鼠标，在弹出的快捷菜单中选择【取消隐藏】命令，如图6-30所示，然后在打开的【取消隐藏】对话框中选择需要取消隐藏的工作表，并单击【确定】按钮。

在取消隐藏工作表操作时，应注意如下几点。

▽ Excel无法一次性对多张工作表取消隐藏。

▽ 如果没有隐藏的工作表，则右击工作表标签后，【取消隐藏】命令为灰色不可用状态。

▽ 工作表的隐藏操作不会改变工作表的排列顺序。

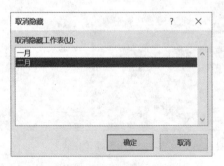

图6-29　【取消隐藏】对话框

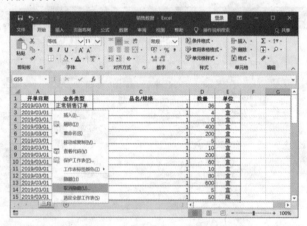

图6-30　通过右键菜单取消工作表的隐藏状态

6.3　单元格的基础操作

单元格是工作表的基本单位，在 Excel 中，绝大多数的操作都是针对单元格来完成的。对单元格的操作主要包括单元格的选定、合并与拆分等。

6.3.1　选定单元格

Excel 的表格状态是由横线和竖线相交而成的格子。由横线间隔出来的区域称为"行"，由竖线间隔出来的区域称为"列"，行列互相交叉而形成的格子称为"单元格"。

▽ 要选定单个单元格，只需用鼠标单击该单元格即可；按住鼠标左键拖动鼠标可选定一个连续的单元格区域，如图 6-31 所示。

▽ 按住 Ctrl 键配合鼠标操作，可选定不连续的单元格或单元格区域，如图 6-32 所示。

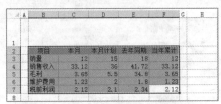

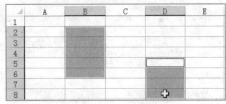

图 6-31　选定连续的单元格区域　　　　　图 6-32　选定不连续的单元格区域

6.3.2　合并和拆分单元格

在编辑表格的过程中，有时需要对单元格进行合并或者拆分操作，以方便用户对单元格的编辑。

1. 合并单元格

要合并单元格，需要先将要合并的单元格选定，然后打开【开始】选项卡，在【对齐方式】组中单击【合并单元格】按钮圖即可。

【例 6-1】合并表格中的单元格。 🎬视频

(1) 启动 Excel 2019，打开"考勤表"文档，然后选中表格中的 A1：H2 单元格区域，如图 6-33 所示。

(2) 选择【开始】选项卡，在【对齐方式】组中单击【合并后居中】按钮圖，此时，选中的单元格区域将合并为一个单元格，其中的内容将自动居中，如图 6-34 所示。

(3) 选定 B3:H3 单元格区域，在【开始】选项卡的【对齐方式】组中单击【合并后居中】下拉按钮，从弹出的下拉菜单中选择【合并单元格】命令，如图 6-35 所示。

(4) 此时，即可将 B3:H3 单元格区域合并为一个单元格，如图 6-36 所示。

图 6-33　单击【合并后居中】按钮

图 6-34　合并后的效果

图 6-35　选择【合并单元格】命令

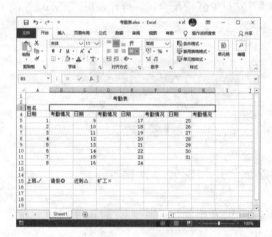

图 6-36　合并后的效果

2. 拆分单元格

拆分单元格是合并单元格的逆操作，只有合并后的单元格才能够进行拆分。

要拆分单元格，用户只需选定要拆分的单元格，然后在【开始】选项卡的【对齐方式】组中再次单击【合并后居中】按钮，即可将已经合并的单元格拆分为合并前的状态，或者单击【合并后居中】下拉按钮，从弹出的下拉菜单中选择【取消单元格合并】命令。

6.3.3　插入与删除单元格

在编辑工作表的过程中，经常需要进行单元格、行和列的插入或删除等编辑操作。

1. 插入行、列和单元格

在工作表中选定要插入行、列或单元格的位置，在【开始】选项卡的【单元格】组中单击【插入】下拉按钮，从弹出的下拉菜单选择相应命令即可插入行、列和单元格，如图 6-37 所示。

用户还可以右击表格，在弹出的快捷菜单中选择【插入】命令，如果当前选定的是单元格，会打开【插入】对话框，选中【整行】或【整列】单选按钮，单击【确定】按钮即可插入一行或一列，如图 6-38 所示。

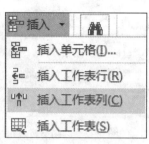

图 6-37　选择插入命令

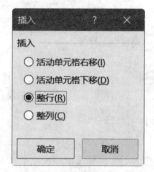

图 6-38　【插入】对话框

2. 删除行、列和单元格

如果工作表中的某些数据及其位置不再需要时，则可以使用【开始】选项卡【单元格】组的【删除】命令按钮执行删除操作。单击【删除】下拉按钮，从弹出的菜单中选择【删除单元格】命令，如图 6-39 所示，会打开【删除】对话框。在其中可以设置删除单元格，或设置其他位置的单元格的移动，如图 6-40 所示。

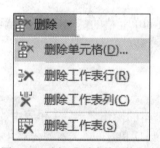

图 6-39　选择【删除单元格】命令

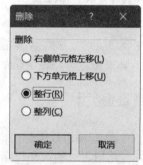

图 6-40　【删除】对话框

6.3.4　冻结和拆分窗格

Excel 2019 还提供了冻结和拆分窗格的功能，以便用户可以更好地调整单元格窗口的显示效果。

如果要在工作表滚动时保持行列标志或其他数据可见，可以通过冻结窗格功能来固定显示窗口的顶部和左侧区域。

例如，在工作表中选中 B2 单元格作为活动单元格，选择【视图】选项卡，在【窗口】组中单击【冻结窗格】下拉按钮，在弹出的下拉列表中选择【冻结窗格】命令，如图 6-41 所示。此时，Excel 将沿着当前激活单元格的左边框和上边框的方向出现水平和垂直方向的两条黑线冻结线条，如图 6-42 所示，黑色冻结线左侧的【开单日期】列以及冻结线上方的标题行都被冻结。在沿着水平和垂直方向滚动浏览表格内容时，被冻结的区域始终保持可见。

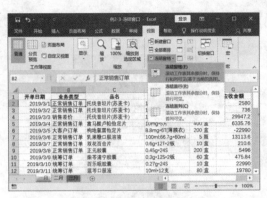

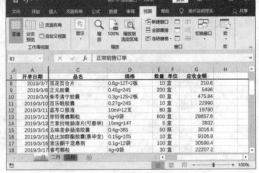

图 6-41　选择【冻结窗格】命令　　　　　　　图 6-42　冻结窗格效果

除了上面介绍的方法以外，用户还可以在【冻结窗格】下拉列表中选择【冻结首行】或【冻结首列】命令，快速冻结表格的首行或者首列。

如果用户需要取消工作表的冻结窗格状态，可以在 Excel 功能区上再次单击【视图】选项卡上的【冻结窗格】下拉按钮，在弹出的下拉列表中选择【取消冻结窗格】命令。

6.4　输入表格数据

Excel 的主要功能是处理数据，熟悉了工作簿、工作表和单元格的基本操作后，就可以在 Excel 中输入数据了，本节就来介绍在 Excel 中输入和编辑数据的方法。

6.5.1　Excel 数据类型

在工作表中输入和编辑数据是用户使用 Excel 时最基本的操作之一。工作表中的数据都保存在单元格内，单元格内可以输入和保存的数据包括数值、日期和时间、文本和公式 4 种基本类型。此外，还有逻辑值、错误值等一些特殊的数值类型。

1．数值

数值指的是所代表数量的数字形式，例如企业的销售额、利润等。数值可以是正数，也可以是负数，但是都可以用于进行数值计算，例如加、减、求和、求平均值等。除了普通的数字以外，还有一些使用特殊符号的数字也被 Excel 理解为数值，例如百分号%、货币符号￥，千分间隔符以及科学计数符号 E 等。

2．日期和时间

在 Excel 中，日期和时间是以一种特殊的数值形式存储的，这种数值形式被称为"序列值"，在早期的版本中也被称为"系列值"。序列值是介于一个大于等于 0，小于 2 958 466 的数值区间的数值，因此，日期型数据实际上是一个包括在数值数据范畴中的数值区间。日期系统的序列值是一个整数数值，一天的数值单位就是 1，那么 1 小时就可以表示为 1/24 天，1 分钟就可以表示为 1/(24×60)天等，一天中的每一个时刻都可以由小数形式的序列值来表示。例如中午 12:00:00 的序列值为 0.5(一天的一半)。

3. 文本

文本通常指的是一些非数值型文字、符号等，例如，企业的部门名称、员工的考核科目、产品的名称等。此外，许多不代表数量的、不需要进行数值计算的数字也可以保存为文本形式，例如电话号码、身份证号码、股票代码等。所以，文本并没有严格意义上的概念。事实上，Excel 将许多不能理解为数值(包括日期和时间)和公式的数据都视为文本。文本不能用于数值计算，但可以比较大小。

4. 逻辑值

逻辑值是一种特殊的参数，它只有 TRUE(真)和 FALSE(假)两种类型。例如在公式 =IF(A3=0,"0",A2/A3)中，"A3=0"就是一个可以返回 TRUE(真)或 FLASE(假)两种结果的参数。当"A3=0"为 TRUE 时，则公式返回结果为"0"，否则返回"A2/A3"的计算结果。在逻辑值之间进行四则运算时，可以认为 TRUE=1，FALSE=0。

5. 错误值

经常使用 Excel 的用户可能都会遇到一些错误信息，例如"#N/A!""#VALUE!"等，出现这些错误的原因有很多种，如果公式不能计算正确结果，Excel 将显示一个错误值。例如，在需要数字的公式中使用文本、删除了被公式引用的单元格等。

6. 公式

公式是 Excel 中一种非常重要的数据，Excel 作为一种电子数据表格，其许多强大的计算功能都是通过公式来实现的。公式通常都以"="号开头，它的内容可以是简单的数学公式，例如：=16*62*2600/60-12。

6.4.2　输入数据

要在单元格内输入数值和文本类型的数据，用户可以在选中目标单元格后，直接向单元格内输入数据。数据输入结束后按下 Enter 键或者使用鼠标单击其他单元格都可以确认完成输入。要在输入过程中取消本次输入的内容，则可以按下 Esc 键退出输入状态。

当用户输入数据时，Excel 工作窗口底部状态栏的左侧显示"输入"字样，如图 6-43 所示。原有编辑栏的左边出现两个新的按钮，分别是 ✕ 和 ✔。如果用户单击 ✔ 按钮，可以对当前输入的内容进行确认，如果单击 ✕ 按钮，则表示取消输入，如图 6-44 所示。

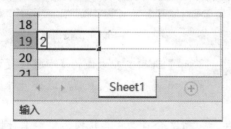

图 6-43　显示"输入"字样

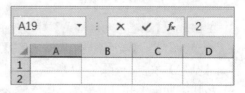

图 6-44　编辑栏中的按钮

虽然单击 ✔ 按钮和按下 Enter 键同样都可以对输入内容进行确认，但两者的效果并不完全相同。当用户按下 Enter 键确认输入后，Excel 会自动将下一个单元格激活为活动单元格，这为需要连续输入数据的用户提供了便利。而当用户单击 ✔ 按钮确认输入后，Excel 不会改变当前选中的活动单元格。

1. 输入文本、符号和数字

在 Excel 2019 中，文本型数据通常是指字符或者任何数字和字符的组合。输入到单元格内的任何字符集，只要不被系统解释成数字、公式、日期、时间或者逻辑值，则 Excel 一律将其视为文本。

在表格中输入文本型数据的方法主要有以下 3 种。

▽ 在数据编辑栏中输入：选定要输入文本型数据的单元格，将鼠标光标移动到数据编辑栏处单击，将插入点定位到编辑栏中，然后输入内容。

▽ 在单元格中输入：双击要输入文本型数据的单元格，将插入点定位到该单元格内，然后输入内容。

▽ 选定单元格输入：选定要输入文本型数据的单元格，直接输入内容即可。

此外，用户可以在表格中输入特殊符号，一般在【符号】对话框中进行操作。

【例 6-2】 制作一个"工资表"工作簿，在表格中输入每个员工的工资。 🎬视频

(1) 启动 Word 2019，新建一个名为"工资表"的工作簿，并输入文本数据，如图 6-45 所示。

(2) 选中 C4:G14 单元格区域，在【开始】选项卡的【数字】组中，单击其右下角的按钮▫，如图 6-46 所示。

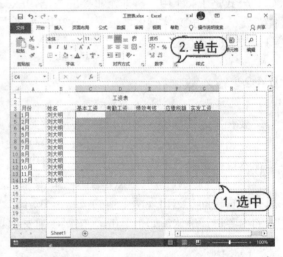

图 6-45　输入文本数据　　　　　　　　图 6-46　单击按钮

(3) 在打开的【设置单元格格式】对话框中选中【货币】选项，在右侧的【小数位数】微调框中设置数值为"2"，【货币符号(国家/地区)】选择"¥"，在【负数】列表框中选择一种负数格式，单击【确定】按钮，如图 6-47 所示。

(4) 此时，当在 C4:G14 单元格区域输入数字后，系统会自动将其转换为货币型数据，如图 6-48 所示。

图 6-47　【设置单元格格式】对话框

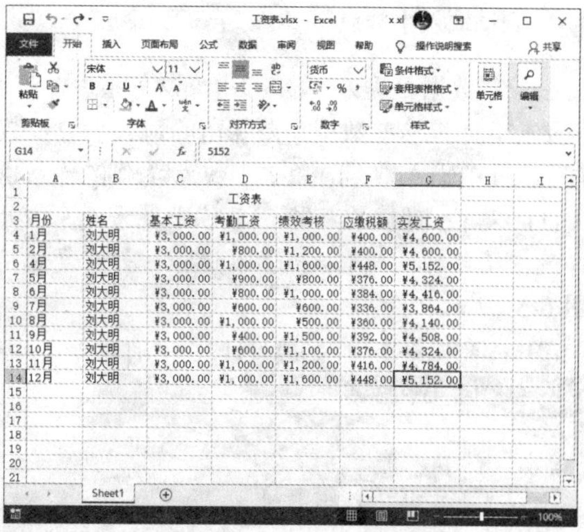

图 6-48　输入货币型数据

2. 在多个单元格同时输入数据

当用户需要在多个单元格中同时输入相同的数据时,许多用户想到的办法就是输入其中一个单元格,然后复制到其他所有单元格中。对于这样的方法,如果用户能够熟练操作并且合理使用快捷键,也是一种高效的选择。但还有一种操作方法,可以比复制/粘贴操作更加方便快捷。

同时选中需要输入相同数据的多个单元格,输入所需要的数据,在输入结束时,按下 Ctrl+Enter 键确认输入。此时将会在选定的所有单元格中显示相同的输入内容。

3. 输入指数上标

在工程和数学等方面的应用上,经常需要输入一些带有指数上标的数字或者符号单位,如 10^2、M^2 等。在 Word 软件中,用户可以使用上标工具来实现操作,但在 Excel 中没有这样的功能。用户需要通过设置单元格格式的方法来实现指数在单元格中的显示,具体方法如下。

(1) 若用户需要在单元格中输入 M^{10},可先在单元格中输入 "M-10",然后激活单元格编辑模式,用鼠标选中文本中的 "-10" 部分,如图 6-49 所示。

(2) 按下 Ctrl+1 组合键,打开【设置单元格格式】对话框,选中【上标】复选框后,单击【确定】按钮即可,如图 6-50 所示。此时,在单元格中将数据显示为 "M^{10}",但在编辑栏中数据仍旧显示为 "M-10"。

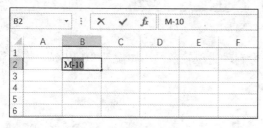

图 6-49　选中文本

图 6-50　设置上标

计算机基础与实训教材系列

4. 自动输入小数点

有一些数据处理方面的应用(如财务报表、工程计算等)经常需要用户在单元格中输入大量的数值数据，如果这些数据需要保留的最大小数位数是相同的，用户可以参考下面介绍的方法，设置在 Excel 中输入数据时免去小数点"."的输入操作，从而提高输入效率。

(1) 以输入数据最大保留 3 位小数为例，打开【Excel 选项】对话框后，选择【高级】选项卡，选中【自动插入小数点】复选框，并在复选框下方的微调框中输入 3，单击【确定】按钮，如图 6-51 所示。

(2) 在单元格中输入"11111"，将自动添加小数点，如图 6-52 所示。

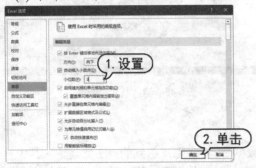

图 6-51　设置小数点　　　　　　　　图 6-52　自动添加小数点

5. 输入分数

要在单元格内输入分数，正确的输入方式是：整数部分+空格+分子+斜杠+分母，整数部分为零时也要输入"0"进行占位。比如要输入分数 1/4，则可以在单元格内输入"0 1/4"。输入完毕后，按 Enter 键或单击其他单元格，Excel 自动显示为"1/4"，如图 6-72 所示。

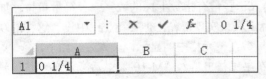
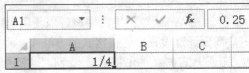

图 6-53　输入"0 1/4"

Excel 会自动对分数进行分子分母的约分，比如输入"2 5/10"，将会自动转换为"2 1/2"，如图 6-73 所示。

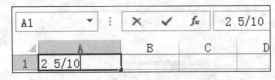
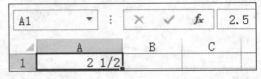

图 6-54　输入"2 5/10"

如果用户输入分数的分子大于分母，Excel 会自动进位转换。比如输入"0 17/4"，将会显示为"4 1/4"，如图 6-55 所示。

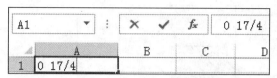

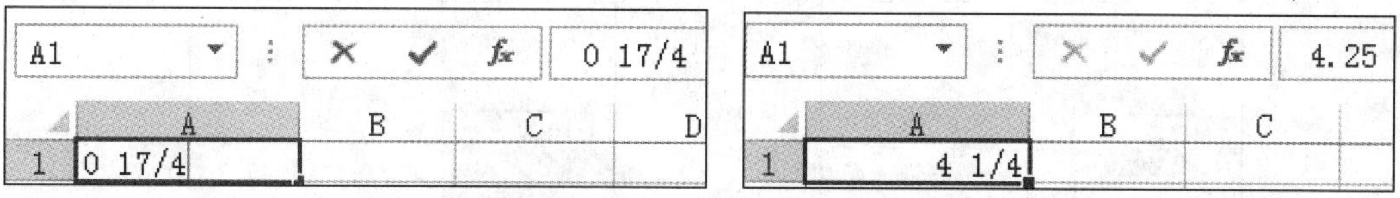

图 6-55　输入 "0 17/4"

6.5　填充数据

当需要在连续的单元格中输入相同或者有规律的数据(等差或等比)时，可以使用 Excel 提供的填充数据的功能来实现。

6.5.1　自动填充数据

在制作表格时，有时需要输入一些相同或有规律的数据。如果手动依次输入这些数据，会占用很多时间。Excel 2019 针对这类数据提供了自动填充功能，可以大大提高输入效率。

1. 使用控制柄填充相同的数据

选定单元格或单元格区域时会出现一个黑色边框的选区，此时选区右下角会出现一个控制柄，将鼠标光标移动至它的上方时会变成➕形状，通过拖动该控制柄可实现数据的快速填充，如图 6-56 所示。

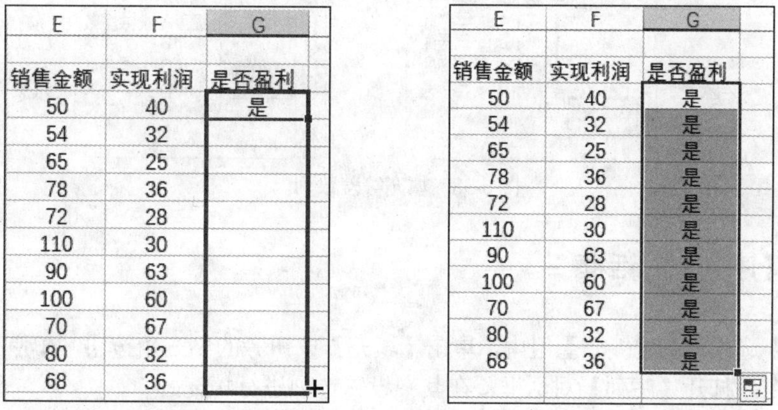

图 6-56　填充相同的数据

2. 使用控制柄填充有规律的数据

填充有规律的数据的方法为：在起始单元格中输入起始数据，在第二个单元格中输入第二个数据，然后选择这两个单元格，将鼠标光标移动到选区右下角的控制柄上，拖动鼠标左键至所需位置，最后释放鼠标即可根据第一个单元格和第二个单元格中数据间的关系自动填充数据，如图 6-57 所示。

计算机基础与实训教材系列

图 6-57　填充有规律的数据

3. 填充等差数列

如果一个数列从第二项起，每一项与它的前一项的差等于同一个常数，这个数列就叫称为差数列，这个常数称为等差数列的公差。

在 Excel 中也经常会遇到填充等差数列的情况，例如员工编号"1、2、3、…"等，此时就可以使用 Excel 的自动累加功能来进行填充，如图 6-58 所示。

图 6-58　填充等差数列

6.5.2　使用【序列】对话框

在【开始】选项卡的【编辑】组中，单击【填充】按钮旁的倒三角按钮，在弹出的菜单中选择【序列】命令，打开【序列】对话框，在其中设置选项进行填充。

【序列】对话框中各选项的功能如下。

▽ 【序列产生在】选项区域：该选项区域可以确定序列是按选定行还是按选定列来填充。选定区域的每行或每列中第一个单元格或单元格区域的内容将作为序列的初始值。

▽ 【类型】选项区域：该选项区域可以选择需要填充的序列类型。

● 【等差序列】：创建等差序列或最佳线性趋势。如果取消选中【预测趋势】复选框，线性序列将通过逐步递加【步长值】文本框中的数值来产生；如果选中【预测趋势】复选框，将忽略【步长值】文本框中的值，线性趋势将在所选数值的基础上计算产生。所选初始值将被符合趋势的数值所代替。

● 【等比序列】：创建等比序列或几何增长趋势。

- ●【日期】：用日期填充序列。日期序列的增长取决于用户在【日期单位】选项区域中所选择的选项。如果在【日期单位】选项区域中选中【日】单选按钮，那么日期序列将按天增长。
- ●【自动填充】：根据包含在所选区域中的数值，用数据序列填充区域中的空白单元格，该选项与通过拖动填充柄来填充序列的效果一样。【步长值】文本框中的值与用户在【日期单位】选项区域中选择的选项都将被忽略。
- ▽【日期单位】选项区域：在该选项区域中，可以指定日期序列是按天、按工作日、按月还是按年增长。只有在创建日期序列时此选项区域才有效。
- ▽【预测趋势】复选框：对于等差序列，计算最佳直线；对于等比序列，计算最佳几何曲线。趋势的步长值取决于选定区域左侧或顶部的原有数值。如果选中此复选框，则【步长值】文本框中的任何值都将被忽略。
- ▽【步长值】文本框：输入一个正值或负值来指定序列每次增加或减少的值。
- ▽【终止值】文本框：在该文本框中输入一个正值或负值来指定序列的终止值。

例如，在【序列产生在】选项区域中选中【列】单选按钮；在【类型】选项区域中选中【等差序列】单选按钮；在【步长值】文本框中输入 1，此时表格内自动填充步长为 1 的数据，如图 6-59 所示。

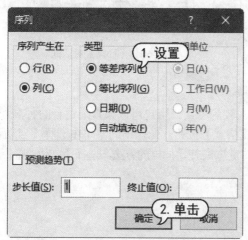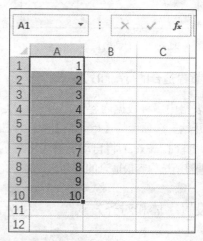

图 6-59　使用【序列】对话框

6.6　设置表格格式

在 Excel 2019 中，为了使工作表中的某些数据醒目和突出，也为了使整个版面更为丰富，通常需要对不同的单元格和数据设置不同的格式。

6.6.1　设置行高和列宽

要设置行高和列宽，有以下几种方式可以进行操作。

1. 拖动鼠标进行更改

要改变行高和列宽，可以直接在工作表中拖动鼠标进行操作，比如要设置行高，用户在工作表中选中单行，将鼠标指针放置在行与行标签之间，出现黑色双向箭头时，按住鼠标左键不放，向上或向下拖动，此时会出现提示框，里面显示当前的行高，调整至所需的行高后松开左键即可完成行高的设置，如图 6-60 所示。设置列宽的方法与此操作类似。

2. 精确设置

要精确设置行高和列宽，用户可以选定单行或单列，然后选择【开始】选项卡，在【单元格】组中单击【格式】下拉按钮，在弹出的菜单中选择【行高】或【列宽】命令，将会打开【行高】或【列宽】对话框，输入精确的数字，最后单击【确定】按钮完成操作，如图 6-61 所示。

图 6-60　拖动鼠标更改行高

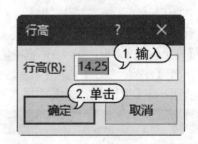

图 6-61　【行高】对话框

3. 设置最适合的行高和列宽

有时表格中多种数据内容长短不一，看上去较为凌乱，用户可以设置最适合的行高和列宽。在【开始】选项卡的【单元格】组中单击【格式】按钮，在弹出的菜单中选择【自动调整列宽】命令，此时，Excel 将自动调整表格各列的宽度。使用同样的方法，选择【自动调整行高】命令，即可调整所选内容最适合的行高。

6.6.2　设置字体和对齐方式

通常用户需要对不同的单元格设置不同的字体和对齐方式，使表格内容更加醒目。

1. 设置字体

单元格字体格式包括字体、字号、颜色、背景图案等。Excel 的默认设置为：字体为【宋体】、字号为 11 号。用户可以按下 Ctrl+1 组合键，打开【设置单元格格式】对话框，选择【字体】选项卡，通过更改相应的设置来调整单元格内容的格式，如图 6-62 所示。

【字体】选项卡中各个选项的功能说明如下。

▽ 字体：在该列表框中显示了 Windows 系统提供的各种字体。

▽ 字形：在该列表中提供了常规、倾斜、加粗、加粗倾斜 4 种字形。

▽ 字号：字号指的是文字显示大小，用户可以在【字号】列表中选择字号。

▽ 下画线：在该下拉列表中可以为单元格内容设置下画线，默认设置为无。Excel 中可设置的下画线类型包括单下画线、双下画线、会计用单下画线、会计用双下画线 4 种(会计用下画线比普通下画线离单元格内容更靠下一些，并且会填充整个单元格宽度)。

▽ 颜色：单击该按钮将弹出【颜色】下拉面板，允许用户为字体设置颜色。

▽ 删除线：在单元格内容上显示横穿内容的直线，表示内容被删除。效果为 ~~删除内容~~ 。

▽ 上标：将文本内容显示为上标形式，例如 K^3。

▽ 下标：将文本内容显示为下标形式，例如 K_3。

除了可以对整个单元格的内容设置字体格式外，还可以对同一个单元格内的文本内容设置多种字体格式。用户只要选中单元格文本的某一部分，设置相应的字体格式即可。

2. 设置对齐

打开【设置单元格格式】对话框，选中【对齐】选项卡，该选项卡主要用于设置单元格文本的对齐方式，此外还可以对文字方向以及文本控制等内容进行相关的设置，如图 6-63 所示。

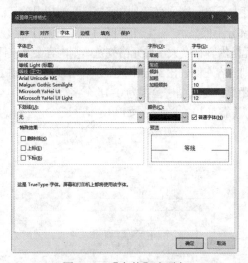
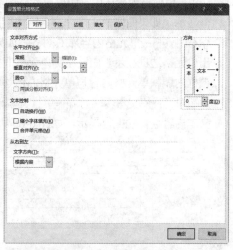

图 6-62　【字体】选项卡　　　图 6-63　【对齐】选项卡

当用户需要将单元格中的文本以一定的倾斜角度进行显示时，可以通过【对齐】选项卡中的【方向】选项来实现。

▽ 设置文本倾斜角度：在【对齐】选项卡右侧的【方向】半圆形表盘显示框中，用户可以通过鼠标操作指针直接选择倾斜角度，或通过下方的微调框来设置文本的倾斜角度，改变文本的显示方向。文本倾斜角度设置范围为-90 度至 90 度。

▽ 设置文本竖排：文本竖排指的是将文本由水平排列状态转为竖直排列状态，文本中的每一个字符仍保持水平显示。要设置文本竖排，在【开始】选项卡的【对齐方式】组中单击【方向】下拉按钮，在弹出的下拉列表中选择【竖排文字】命令即可。

▽ 设置垂直角度：垂直角度文本指的是将文本按照字符的直线方向垂直旋转 90 度或-90 度后形成的垂直显示文本，文本中的每一个字符均相应地旋转 90 度。要设置垂直角度文本，在【开始】选项卡的【对齐方式】组中单击【方向】下拉按钮，在弹出的下拉列表中选择【向上旋转文字】或【向下旋转文字】命令即可。

▽ 设置文字方向：文字方向指的是文字从左至右或者从右至左的书写和阅读方向，目前大多数语言都从左到右书写和阅读，但也有不少语言从右到左书写和阅读，如阿拉伯语、希伯来语等。在使用相应的语言支持的 Office 版本后，可以在【对齐】选项卡中单击【文字方向】下拉按钮，将文字方向设置为【总是从右到左】，以便于输入和阅读这些语言。

计算机基础与实训教材系列

在 Excel 中设置水平对齐包括常规、靠左(缩进)、居中、靠右(缩进)、填充、两端对齐、跨列居中、分散对齐(缩进)8 种对齐方式，其各自的作用如下。

▽ 常规：Excel 默认的单元格内容的对齐方式是数值型数据靠右对齐、文本型数据靠左对齐、逻辑值和错误值居中。

▽ 靠左(缩进)：单元格内容靠左对齐，如果单元格内容长度大于单元格列宽，则内容会从右侧超出单元格边框显示。如果右侧单元格非空，则内容右侧超出部分不显示。在【对齐】选项卡的【缩进】微调框中可以调整单元格内容与单元格左侧边框的距离，可选缩进范围为 0~15 个字符。

▽ 填充：重复单元格内容直到单元格的宽度被填满。如果单元格列宽不足以重复显示文本的整数倍数时，则文本只显示整数倍次数，其余部分不再显示出来，如图 6-64 所示。

▽ 居中：单元格内容居中，如果单元格内容长度大于单元格列宽，则内容会从两侧超出单元格边框显示。如果两侧单元格非空，则内容超出部分不被显示。

▽ 靠右(缩进)：单元格内容靠右对齐，如果单元格内容长度大于单元格列宽，则内容会从左侧超出单元格边框显示。如果左侧单元格非空，则内容左侧超出部分不被显示。可以在【缩进】微调框内调整单元格内容与单元格右侧边框的距离，可选缩进范围为 0~15 个字符。

▽ 两端对齐：使文本两端对齐。单行文本以类似【靠左】方式对齐，如果文本过长，超过列宽时，文本内容会自动换行显示，如图 6-65 所示。

图 6-64　填充

图 6-65　两端对齐

▽ 跨列居中：单元格内容在选定的同一行内连续的多个单元格中居中显示。此对齐方式常用于在不需要合并单元格的情况下，居中显示表格标题。

▽ 分散对齐(缩进)：对于中文字符，包括空格间隔的英文单词等，在单元格内平均分布并充满整个单元格宽度，并且两端靠近单元格边框。对于连续的数字或字母符号等文本则不产生作用。可以使用【缩进】微调框调整单元格内容与单元格两侧边框的边距，可缩进范围为 0~15 个字符。应用【分散对齐(缩进)】格式的单元格当文本内容过长时会自动换行显示。

垂直对齐包括靠上、居中、靠下、两端对齐等几种对齐方式。

▽ 靠上：又称为"顶端对齐"，单元格内的文字沿单元格顶端对齐。

▽ 居中：又称为"垂直居中"，单元格内的文字垂直居中，这是 Excel 默认的对齐方式。

▽ 靠下：又称为"底端对齐"，单元格内的文字靠下端对齐。

▽ 两端对齐：单元格内容在垂直方向上两端对齐，并且在垂直距离上平均分布。应用该格式的单元格当文本内容过长时会自动换行显示。

6.6.3 设置边框和底纹

默认情况下，Excel 并不为单元格设置边框，工作表中的框线在打印时并不显示出来。但在一般情况下，用户在打印工作表或突出显示某些单元格时，需要添加一些边框和底纹以使工作表更美观易懂。

【例 6-3】 为表格添加边框和底纹。 🔘视频

(1) 启动 Excel 2019，打开"员工工资汇总"工作簿的"员工工资表"工作表，选定 A2:G12 单元格区域，打开【开始】选项卡，在【字体】组中单击【边框】下拉按钮，从弹出的菜单中选择【其他边框】命令，如图 6-66 所示，打开【设置单元格格式】对话框。

(2) 打开【边框】选项卡，在【线条】选项区域的【样式】列表框中选择右列第 6 行的样式，在【颜色】下拉列表中选择【水绿，个性色 5，深色 25%】颜色，在【预置】选项区域中单击【外边框】按钮，为选定的单元格区域设置外边框，在【线条】选项区域的【样式】列表框中选择左列第 5 行的样式，在【颜色】下拉列表中选择【橙色，个性色 6，深色 25%】选项，单击【确定】按钮，如图 6-67 所示。

图 6-66 选择【其他边框】命令

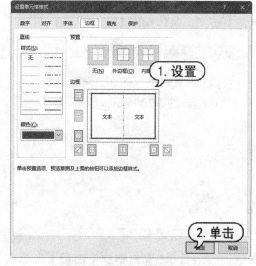

图 6-67 设置边框

(3) 选定列标题所在的单元格 A2:G2，打开【设置单元格格式】对话框的【填充】选项卡，在【背景色】选项区域中选择一种颜色，在【图案颜色】下拉列表中选择【白色】色块，在【图案样式】下拉列表中选择一种图案样式，单击【确定】按钮，如图 6-68 所示。

(4) 此时为所选单元格区域应用设置的边框和列标题所在的单元格应用设置的底纹效果如图 6-69 所示。

计算机基础与实训教材系列

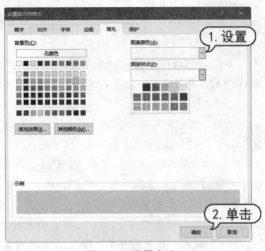

图 6-68　设置底纹

图 6-69　最终效果

6.6.4　套用表格格式

Excel 2019 的【套用表格格式】功能提供了几十种表格格式，为用户格式化表格提供了丰富的选择方案。具体操作方法如下。

【例 6-4】　使用【套用表格格式】功能快速格式化表格。🎬视频

(1) 选中数据表中的任意单元格后，在【开始】选项卡的【样式】组中单击【套用表格格式】下拉按钮，如图 6-70 所示。

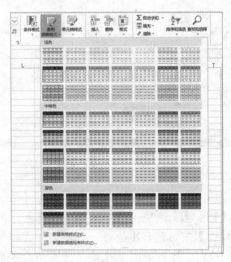

图 6-70　套用表格格式

(2) 在展开的下拉列表中，单击需要的表格格式，打开【套用表格式】对话框。

(3) 在【套用表格式】对话框中选择引用范围，此时【套用表格式】对话框变为【创建表】对话框，单击【确定】按钮，数据表被创建为表格并应用格式，如图 6-71 所示。

(4) 在【设计】选项卡的【工具】组中单击【转换为区域】按钮，在打开的对话框中单击【是】按钮，将表格转换为普通数据，但格式仍被保留，效果如图 6-72 所示。

图 6-71　【创建表】对话框

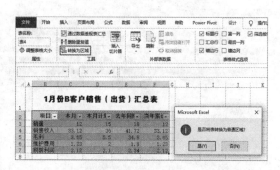

图 6-72　将【表格】转换为普通数据表区域

6.6.5　应用内置单元格样式

Excel 2019 内置了一些典型的样式，用户可以直接套用这些样式来快速设置单元格格式，具体操作步骤如下。

(1) 选中单元格或单元格区域，在【开始】选项卡的【样式】组中，单击【单元格样式】下拉按钮，如图 6-73 所示。

(2) 将鼠标指针移动至单元格样式列表中的某一项样式，目标单元格将立即显示应用该样式的效果，单击样式即可确认应用，效果如图 6-74 所示。

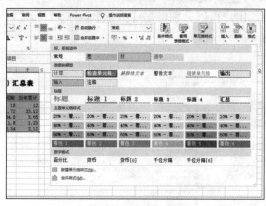

图 6-73　单击按钮

图 6-74　应用样式

如果用户需要修改 Excel 中的某个内置样式，可以在该样式上右击鼠标，在弹出的快捷菜单中选择【修改】命令，打开【样式】对话框，根据需要对相应样式的【数字】【对齐】【字体】【边框】【填充】【保护】等单元格格式进行修改，如图 6-75 所示。

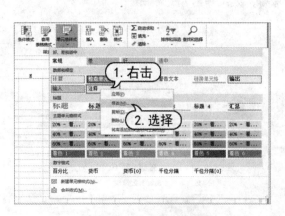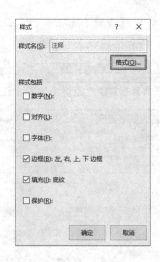

图 6-75　修改 Excel 内置样式

6.7　添加主题和背景

Excel 中的主题是一组格式选项的组合，包括主题颜色、主题字体和主题效果等。此外，插入 Excel 背景可以更好地修饰表格。

6.7.1　应用文档主题

Excel 中主题的三要素包括颜色、字体和效果。在【页面布局】选项卡的【主题】组中，单击【主题】下拉按钮，在展开的下拉列表中，Excel 内置了如图 6-76 所示的主题供用户选择。

在主题下拉列表中选择一种 Excel 内置主题后，用户可以分别单击【颜色】【字体】和【效果】下拉按钮，修改选中主题的颜色、字体和效果，如图 6-77 所示。

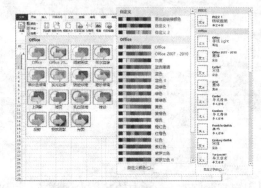

图 6-76　选择主题　　　　　　图 6-77　设置主题的颜色、字体和效果

在 Excel 2019 中用户可以参考下面介绍的方法，使用主题对工作表中的数据进行快速格式化设置。

(1) 打开一个工作表，将数据表进行格式化处理，如图 6-78 所示。

(2) 在【页面布局】选项卡的【主题】组中单击【主题】按钮，在展开的主题库中选择【离子会议室】主题，如图 6-79 所示。

图 6-78 格式化数据表　　　　　　　图 6-79 应用【离子会议室】主题

通过【套用表格格式】格式化数据表，只能设置数据表的颜色，不能改变字体。使用【主题】可以对整个数据表的颜色、字体等进行快速格式化。

6.7.2 自定义和共享主题

在 Excel 2019 中，用户也可以创建自定义的颜色组合和字体组合，混合搭配不同的颜色、字体和效果组合，并可以保存合并的结果作为新的主题以便在其他的文档中使用(新建的主题颜色和主题字体仅作用于当前工作簿，不会影响其他工作簿)。

1. 新建主题颜色

在 Excel 中自定义主题颜色的方法如下。

(1) 在【页面布局】选项卡的【主题】组中单击【颜色】下拉按钮，在弹出的下拉列表中选择【自定义颜色】命令，如图 6-80 所示。

(2) 打开【新建主题颜色】对话框，根据需要设置合适的主题颜色，然后单击【保存】按钮即可，如图 6-81 所示。

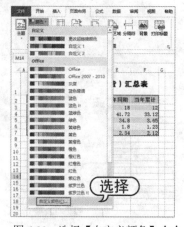

图 6-80 选择【自定义颜色】命令

图 6-81 【新建主题颜色】对话框

2. 新建主题字体

在 Excel 中自定义主题字体的方法如下。

(1) 在【页面布局】选项卡的【主题】组中单击【字体】下拉按钮，在弹出的下拉列表中选择【自定义字体】命令，如图 6-82 所示。

(2) 打开【新建主题字体】对话框，根据需要设置合适的主题字体，然后单击【保存】按钮即可，如图 6-83 所示。

图 6-82　选择【自定义字体】命令　　　　　　图 6-83　【新建主题字体】对话框

3. 保存自定义主题

用户可以通过将自定义的主题保存为主题文件(扩展名为.thmx)，将当前主题应用于更多工作簿，具体操作方法如下。

(1) 在【页面布局】选项卡的【主题】组中单击【主题】下拉按钮，在弹出的下拉列表中选择【保存当前主题】命令，如图 6-84 所示。

(2) 打开【保存当前主题】对话框，在【文件名】文本框中输入自定义主题的名称后，单击【保存】按钮即可(保存自定义的主题后，该主题将自动添加到【主题】下拉列表中的【自定义】组中)，如图 6-85 所示。

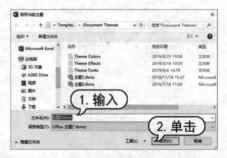

图 6-84　选择【保存当前主题】命令　　　　　　图 6-85　【保存当前主题】对话框

6.7.3　设置工作表背景

在 Excel 中，用户可以通过插入背景的方法增强工作表的表现力，具体操作方法如下。

(1) 在【页面布局】选项卡的【页面设置】组中，单击【背景】按钮，打开【插入图片】对话框，如图 6-86 所示。

(2) 在【插入图片】对话框中，单击【从文件】选项后的【浏览】按钮，在打开的【工作表背景】对话框中选择一个图片文件，单击【插入】按钮，如图 6-87 所示。

图 6-86　【插入图片】对话框

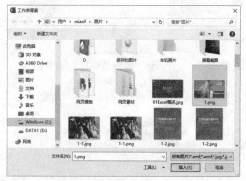

图 6-87　【工作表背景】对话框

(3) 完成以上操作后，将为工作表设置如图 6-88 所示的背景效果。

(4) 在【视图】选项卡的【显示】组中，取消【网格线】复选框的选中状态，关闭网格线的显示，可以突出背景图片在工作表中的显示效果，如图 6-89 所示。

图 6-88　插入背景

图 6-89　关闭网格线

6.8　实例演练

本章的实例演练部分为取消合并单元格并填充数据这个综合实例操作，用户通过练习从而巩固本章所学知识。

【例6-5】 快速取消有合并单元格的列，并填充指定的数据。 视频

(1) 打开图6-90所示的工作表后选中C列，在【开始】选项卡的【对齐方式】组中单击【合并后居中】下拉按钮，从弹出的下拉列表中选择【取消单元格合并】命令。

(2) 按下F5键，打开【定位】对话框，单击【定位条件】按钮，如图6-91所示。

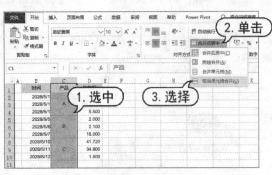

图6-90　取消单元格合并

图6-91　【定位】对话框

(3) 打开【定位条件】对话框，选中【空值】单选按钮，然后单击【确定】按钮，如图6-92所示。

(4) 输入"="，然后单击C2单元格，按下Ctrl+Enter组合键，即可在空白单元格中填充相应的数据，如图6-93所示。

图6-92　【定位条件】对话框

	A	B	C	D
1		时间	产品	销售额
2		2028/5/1	A	15.000
3		2028/5/1	=C2	36.000
4		2028/5/1		5.500
5		2028/5/5	B	2.000
6		2028/5/6		2.100
7		2028/5/7		18.000
8		2028/5/10	C	41.720
9		2028/5/11		34.800
10		2028/5/12		1.800

	A	B	C	D
1		时间	产品	销售额
2		2028/5/1	A	15.000
3		2028/5/1	A	36.000
4		2028/5/1	A	5.500
5		2028/5/5	B	2.000
6		2028/5/6	B	2.100
7		2028/5/7	B	18.000
8		2028/5/10	C	41.720
9		2028/5/11	C	34.800
10		2028/5/12	C	1.800
11				

图6-93　填充数据

6.9　习题

1. 简述冻结和拆分窗格的方法。
2. 如何填充等差数列的数据？
3. 新建工作簿和工作表，输入数据，设置表格的行高和列宽，并添加边框和底纹。

第7章

管理表格数据

在 Excel 2019 中不仅可以输入和编辑数据，还可以对 Excel 中的数据进行管理与分析，将数据按照一定的规律进行排序、筛选、分类汇总等操作，帮助用户更容易地整理电子表格中的数据，本章将介绍使用 Excel 2019 管理电子表格数据的各种方法和技巧。

本章重点

- 排序数据
- 筛选数据
- 分类汇总数据
- 数据有效性

二维码教学视频

【例 7-1】多条件排序数据
【例 7-2】自定义排序数据
【例 7-3】创建分类汇总
【例 7-4】多重分类汇总
【例 7-5】设置数据限定

【例 7-6】设置提示和警告
【例 7-7】圈释无效数据
【例 7-8】通配符筛选
【例 7-9】合并计算数据
【例 7-10】分析范围内的数据

7.1 排序数据

在实际工作中，用户经常需要将工作簿中的数据按照一定顺序排列，以便查阅。数据排序是指按一定规则对数据进行整理、排列，这样可以为数据的进一步分析处理做好准备。排序主要分为按单一条件排序、按多个条件排序和自定义条件排序等几种方式。

7.1.1 单一条件排序数据

在数据量相对较少(或排序要求简单)的工作簿中，用户可以设置一个条件对数据进行排序处理。

Excel 2019 默认的排序是根据单元格中的数据进行升序或降序排序。这种排序方式就是单条件排序。比如在按升序排序时，Excel 2019 自动按如下顺序进行排列。

- 数值从最小的负数到最大的正数顺序排列。
- 逻辑值 FALSE 在前，TRUE 在后。
- 空格排在最后。

在图 7-1 左图中，未经排序的“奖金”列数据的顺序杂乱无章，不利于查找与分析数据。此时，选中“奖金”列中的任意单元格，在【数据】选项卡的【排序和筛选】组中单击【降序】按钮 Z↓A，即可快速以“降序”方式重新对数据表“奖金”列中的数据进行排序，效果如图 7-1 右图所示。

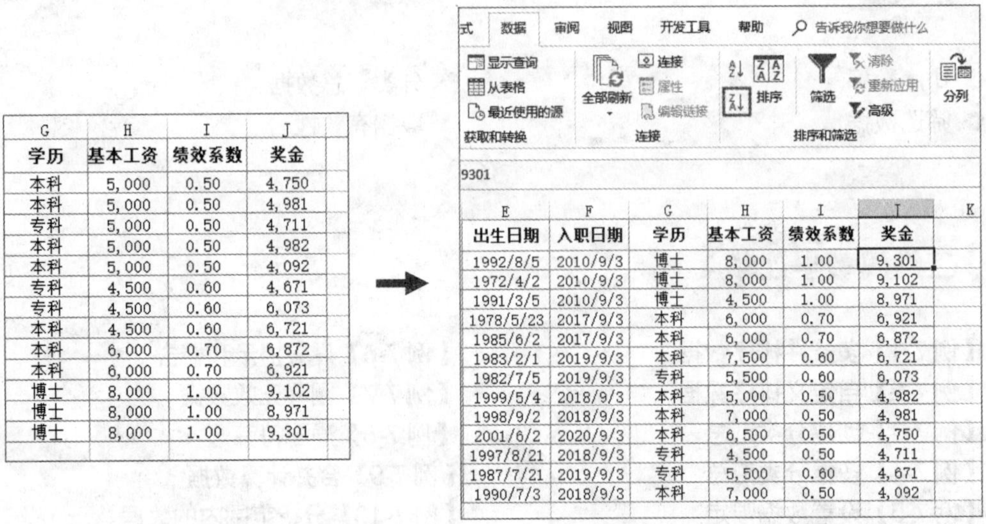

G	H	I	J
学历	基本工资	绩效系数	奖金
本科	5,000	0.50	4,750
本科	5,000	0.50	4,981
专科	5,000	0.50	4,711
本科	5,000	0.50	4,982
本科	5,000	0.50	4,092
专科	4,500	0.60	4,671
专科	4,500	0.60	6,073
本科	4,500	0.60	6,721
本科	6,000	0.70	6,872
本科	6,000	0.70	6,921
博士	8,000	1.00	9,102
博士	8,000	1.00	8,971
博士	8,000	1.00	9,301

E	F	G	H	I	J
出生日期	入职日期	学历	基本工资	绩效系数	奖金
1992/8/5	2010/9/3	博士	8,000	1.00	9,301
1972/4/2	2010/9/3	博士	8,000	1.00	9,102
1991/3/5	2010/9/3	博士	4,500	1.00	8,971
1978/5/23	2017/9/3	本科	6,000	0.70	6,921
1985/6/2	2017/9/3	本科	6,000	0.70	6,872
1983/2/1	2019/9/3	本科	7,500	0.60	6,721
1982/7/5	2019/9/3	专科	5,500	0.60	6,073
1999/5/4	2018/9/3	本科	5,000	0.50	4,982
1998/9/2	2018/9/3	本科	7,000	0.50	4,981
2001/6/2	2020/9/3	本科	6,500	0.50	4,750
1997/8/21	2018/9/3	专科	4,500	0.50	4,711
1987/7/21	2019/9/3	专科	5,500	0.60	4,671
1990/7/3	2018/9/3	本科	7,000	0.50	4,092

图 7-1 按“降序”排列员工的奖金数据

7.1.2 多条件排序数据

多条件排序是依据多列的数据规则对工作表中的数据进行排序操作。如果使用快速排序，只能使用一个排序条件，因此当使用快速排序后，表格中的数据可能仍然没有达到用户的排序需求。这时，用户可以设置多个排序条件进行排序。

【例 7-1】　在"模拟考试成绩汇总"工作簿中，设置按成绩从低到高排序表格数据，如果分数相同，则按班级从低到高排序。　🎬视频

(1) 启动 Excel 2019，打开"模拟考试成绩汇总"工作簿的 Sheet1 工作表。

(2) 选择【数据】选项卡，在【排序和筛选】组中，单击【排序】按钮。打开【排序】对话框，在【主要关键字】下拉列表中选择【成绩】选项，在【排序依据】下拉列表中选择【单元格值】选项，在【次序】下拉列表中选择【升序】选项，然后单击【添加条件】按钮，如图 7-2 所示。

(3) 添加新的排序条件。在【次要关键字】下拉列表中选择【班级】选项，在【排序依据】下拉列表中选择【单元格值】选项，在【次序】下拉列表中选择【升序】选项，单击【确定】按钮，如图 7-3 所示。

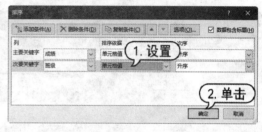

图 7-2　设置主要关键字　　　　　图 7-3　设置次要关键字

(4) 返回工作簿窗口，即可按照多个条件对表格中的数据进行排序，结果如图 7-4 所示。

图 7-4　设置标题文字为左对齐

💡 提示

　　若要删除已添加的排序条件，可在【排序】对话框中选择该排序条件，单击上方的【删除条件】按钮即可。单击【选项】按钮，可以打开【排序选项】对话框，在其中可以设置排序方法。

7.1.3　自定义排序数据

　　Excel 2019 还允许用户对数据进行自定义排序，通过【自定义序列】对话框可以对排序的依据进行设置。

计算机基础与实训教材系列

【例 7-2】 在"模拟考试成绩汇总"工作簿中进行自定义排序。 📹 视频

(1) 启动 Excel 2019，打开"模拟考试成绩汇总"工作簿的 Sheet1 工作表。

(2) 将光标定位在表格数据中，选择【数据】选项卡，在【排序和筛选】组中单击【排序】按钮，打开【排序】对话框。在【主要关键字】下拉列表中选择【性别】选项，在【次序】下拉列表中选择【自定义序列】选项，如图 7-5 所示。

(3) 打开【自定义序列】对话框，在【输入序列】列表框中输入自定义序列内容，然后单击【添加】按钮，此时，在【自定义序列】列表框中显示刚添加的"男女"序列，单击【确定】按钮，完成自定义序列操作，如图 7-6 所示。

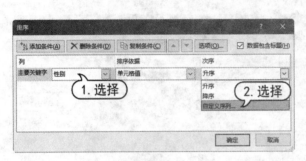

图 7-5 【排序】对话框

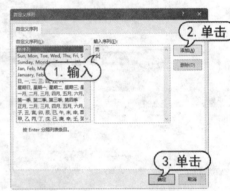

图 7-6 【自定义序列】对话框

(4) 返回【排序】对话框，此时【次序】下拉列表内已经显示【男，女】选项，单击【确定】按钮即可，如图 7-7 所示。

(5) 最后在该工作表中，排列的顺序为先是男生，然后为女生。工作表内容的效果如图 7-8 所示。

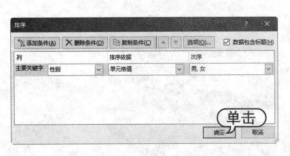

图 7-7 单击【确定】按钮

图 7-8 显示排序

7.1.4 随机排序数据

有时候用户并不希望按照既定的规则来排序数据，而是希望数据能够随机排序，比如随机抽

取一些数据进行抽查。

(1) 比如在 G2 单元格中输入“次序”，在 G3 单元格中输入公式“=RAND()”，如图 7-9 所示。

	姓名	性别	班级	成绩	名次	次序
3	何爱存	女	3	581	11	=RAND()
4	张琳	男	3	501	24	
5	孔令辉	男	3	608	6	
6	曹小亮	男	3	603	8	
7	严玉梅	女	3	539	18	
8	庄春华	男	3	524	22	
9	王淑华	男	3	574	14	
10	魏晨	男	3	607	7	
11	杨昆	女	2	576	12	
12	汪峰	男	2	611	4	
13	肖强	男	2	571	16	
14	蒋小娟	女	2	601	9	
15	沈书清	女	2	576	12	
16	季曙明	男	2	638	1	
17	丁薪	女	2	614	3	
18	许丽华	女	2	574	14	
19	曹冬冬	男	1	611	4	
20	李玉华	男	1	619	2	
21	孙伟	女	1	529	20	
22	季小亮	女	1	507	23	
23	周薇薇	女	1	526	21	
24	吴丽群	女	1	551	17	
25	陈华东	男	1	530	19	
26	韩寒	男	1	590	10	

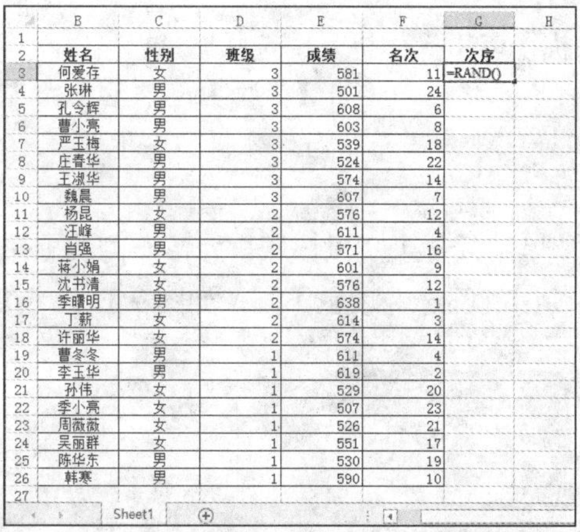

图 7-9　输入公式

(2) 拖动 G2 单元格的填充柄至 G26 单元格，完成对公式的复制，如图 7-10 所示。

(3) 选中 G2 单元格，然后在【数据】选项卡中单击【升序】按钮，就能对表格的现有数据进行随机排序，再单击一次【升序】按钮就会再次随机排序，产生不同的结果，如图 7-11 所示。

	姓名	性别	班级	成绩	名次	次序
3	何爱存	女	3	581	11	0.5046646
4	张琳	男	3	501	24	0.0584215
5	孔令辉	男	3	608	6	0.2325392
6	曹小亮	男	3	603	8	0.8993821
7	严玉梅	女	3	539	18	0.3552904
8	庄春华	男	3	524	22	0.6790273
9	王淑华	男	3	574	14	0.4735002
10	魏晨	男	3	607	7	0.2367247
11	杨昆	女	2	576	12	0.0338501
12	汪峰	男	2	611	4	0.8604999
13	肖强	男	2	571	16	0.4183477
14	蒋小娟	女	2	601	9	0.8867336
15	沈书清	女	2	576	12	0.5522383
16	季曙明	男	2	638	1	0.3780972
17	丁薪	女	2	614	3	0.3019649
18	许丽华	女	2	574	14	0.8804949
19	曹冬冬	男	1	611	4	0.4335547
20	李玉华	男	1	619	2	0.7597183
21	孙伟	女	1	529	20	0.4114617
22	季小亮	女	1	507	23	0.5800216
23	周薇薇	女	1	526	21	0.9544865
24	吴丽群	女	1	551	17	0.1497079
25	陈华东	男	1	530	19	0.8521027
26	韩寒	男	1	590	10	0.5962522

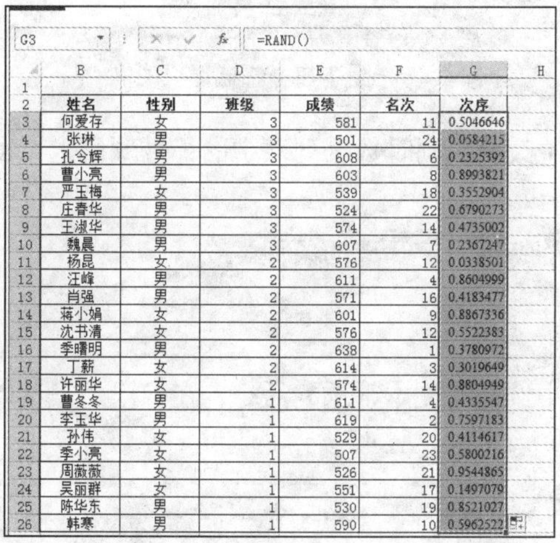

图 7-10　复制公式

图 7-11　单击【升序】按钮

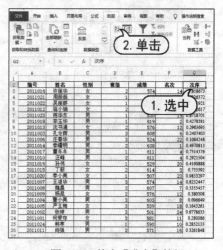

7.2　筛选数据

数据筛选是一种用于查找特定数据的快速方法。经过筛选后的数据清单只显示包含指定条件的数据行，以供用户浏览和分析。

7.2.1 普通筛选

在数据表中，用户可以执行以下操作进入筛选状态。

(1) 选中数据表中的任意单元格后，单击【数据】选项卡中的【筛选】按钮。

(2) 此时，【筛选】按钮将呈现为高亮状态，数据列表中所有字段标题单元格中会显示下拉箭头，如图 7-12 所示。

数据表进入筛选状态后，单击其每个字段标题单元格右侧的下拉按钮，都将弹出下拉菜单。不同数据类型的字段所能够使用的筛选选项也不同，如图 7-13 所示。

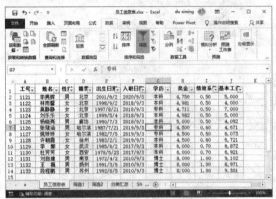

图 7-12　筛选状态　　　　　　　　　　　图 7-13　筛选选项菜单

完成筛选后，筛选字段的下拉按钮形状会发生改变，同时数据列表中的行号颜色也会发生改变，如图 7-14 所示。

在执行普通筛选时，用户可以根据数据字段的特征设定筛选的条件。

1. 按文本特征筛选

在筛选文本型数据字段时，在筛选下拉菜单中选择【文本筛选】命令，在弹出的子菜单中进行相应的选择，如图 7-15 所示。

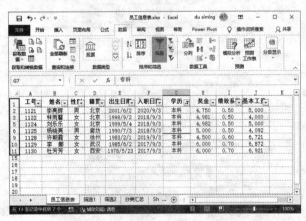
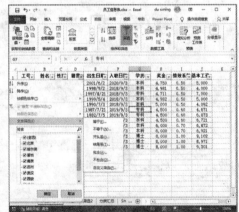

图 7-14　数据列表的行号颜色变为蓝色　　　　　图 7-15　文本筛选选项

此时，无论选择哪一个选项都会打开如图 7-16 所示的【自定义自动筛选方式】对话框。

在【自定义自动筛选方式】对话框中，用户可以同时选择逻辑条件和输入具体的条件值，完成自定义的筛选。例如，筛选出籍贯不等于"北京"的所有数据，单击【确定】按钮后，筛选结果如图 7-17 所示。

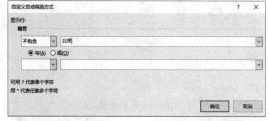

图 7-16　【自定义自动筛选方式】对话框　　　图 7-17　筛选籍贯不包含"北京"的记录

2. 按数字特征筛选

在筛选数值型数据字段时，筛选下拉菜单中会显示【数字筛选】命令，用户选择该命令后，在显示的子菜单中，选择具体的筛选逻辑条件，将打开【自定义自动筛选方式】对话框。在该对话框中，通过选择具体的逻辑条件，并输入具体的条件值，才能完成筛选操作，如图 7-18 所示。

图 7-18　筛选数值型数据字段

3. 按日期特征筛选

在筛选日期型数据时，筛选下拉菜单将显示【日期筛选】命令，选择该命令后，在显示的子菜单中选择具体的筛选逻辑条件，将直接执行相应的筛选操作，如图 7-19 所示。

在图 7-19 所示的子菜单中选择【自定义筛选】命令，将打开【自定义自动筛选方式】对话框，在该对话框中用户可以设置按具体的日期值进行筛选。

4. 按字体或单元格颜色筛选

当数据表中存在使用字体颜色或单元格颜色标识的数据时，用户可以使用 Excel 的筛选功能将这些标识作为条件来筛选数据。

在图 7-20 所示的【按颜色筛选】子菜单中，选择颜色选项或【无填充】选项，即可筛选出应用或没有应用颜色的数据字段。在按颜色筛选数据时，无论是单元格颜色还是字体颜色，一次只能按一种颜色进行筛选。

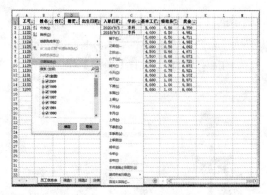

图 7-19　日期特征筛选数据选项　　　　　　图 7-20　筛选单元格颜色

7.2.2　高级筛选

Excel 的高级筛选功能不但包含了普通筛选的所有功能，还可以设置更多、更复杂的筛选条件，例如：

▽ 设置复杂的筛选条件，将筛选出的结果输出到指定的位置。

▽ 指定计算的筛选条件。

▽ 筛选出不重复的数据记录。

1. 设置筛选条件区域

高级筛选要求用户在一个工作表区域中指定筛选条件，并与数据表分开。

一个高级筛选条件区域至少要包括两行数据(如图 7-21 所示)，第 1 行是列标题，应和数据表中的标题匹配；第 2 行必须由筛选条件值构成。

2. 使用"关系与"条件

以图 7-21 所示的数据表为例，设置"关系与"条件筛选数据，将数据表中性别为"女"，基本工资为"5000"的数据记录筛选出来。

(1) 打开图 7-21 所示的工作表后，选中数据表中的任意单元格，单击【数据】选项卡中的【高级】按钮，打开【高级筛选】对话框，单击【条件区域】文本框后的 按钮，如图 7-22 所示。

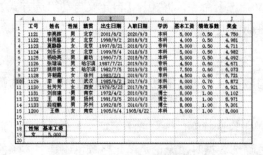

图 7-21　包含条件区域的工作表　　　　　图 7-22　【高级筛选】对话框

计算机基础与实训教材系列

(2) 选中 A18:B19 单元格区域后，按下 Enter 键返回【高级筛选】对话框，单击【确定】按钮，即可完成筛选操作，结果如图 7-23 所示。

如果用户不希望将筛选结果显示在数据表原来的位置，还可以在【高级筛选】对话框中选中【将筛选结果复制到其他位置】单选按钮，然后单击【复制到】文本框后的 按钮，指定筛选结果放置的位置后，返回【高级筛选】对话框，如图 7-24 所示，单击【确定】按钮即可。

图 7-23　筛选后的数据表

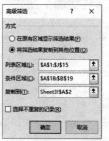

图 7-24　将筛选结果复制到其他位置

3. 使用 "关系或" 条件

以图 7-25 所示的条件为例，通过 "高级筛选" 功能将 "性别" 为 "女" 或 "籍贯" 为 "北京" 的数据筛选出来，筛选结果如图 7-26 所示。

图 7-25　关系或条件

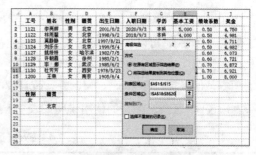

图 7-26　筛选性别为女或籍贯为北京的记录

4. 使用多个 "关系或" 条件

以图 7-27 左图所示的条件为例，通过 "高级筛选" 功能，可以将数据表中指定姓氏的姓名记录筛选出来，结果如图 7-27 右图所示。此时，应将 "姓名" 标题列入条件区域，并在标题下面的多行中分别输入需要筛选的姓氏(具体操作步骤与前面类似，这里不再详细介绍)。

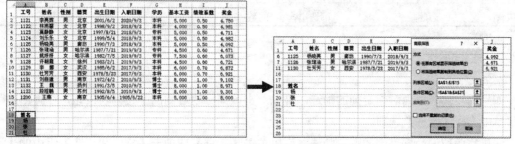

图 7-27　筛选 "杨、张、杜" 等姓氏的记录

5. 同时使用"关系与"和"关系或"条件

若用户需要同时使用"关系与"和"关系或"作为高级筛选的条件,例如筛选数据表中"籍贯"为"北京","学历"为"本科",基本工资大于 4000 的记录;或者筛选"籍贯"为"哈尔滨",学历为"大专",基本工资小于 6000 的记录;或者筛选"籍贯"为"南京"的所有记录,可以设置如图 7-28 左图所示的筛选条件,筛选结果如图 7-28 右图所示。

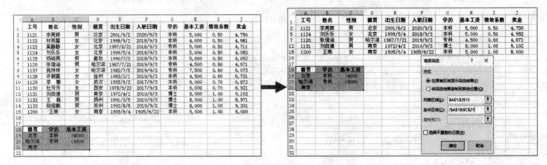

图 7-28　按照设置的多个筛选条件筛选数据

7.2.3　模糊筛选

用于在数据表中筛选的条件,如果不能明确指定某项内容,而是某一类内容(例如"姓名"列中的某一个字),可以使用 Excel 提供的通配符来进行筛选,即模糊筛选。

模糊筛选中通配符的使用必须借助【自定义自动筛选方式】对话框来实现,并允许使用两种通配符条件,可以使用"?"代表一个(且仅有一个)字符,使用"*"代表 0 到任意多个连续字符。Excel 中有关通配符的使用说明如表 7-1 所示。

表 7-1　Excel 通配符的使用说明

条　件		符合条件的数据
等于	S*r	Summer,Server
等于	王?燕	王小燕,王大燕
等于	K???1	Kitt1,Kua1
等于	P*n	Python,Psn
包含	~?	可筛选出含有?的数据
包含	~*	可筛选出含有*的数据

7.2.4　取消筛选

如果用户需要取消对指定列的筛选,可以单击该列标题右侧的下拉列表按钮,在弹出的筛选菜单中选择【全选】选项。

如果需要取消数据表中的所有筛选,可以单击【数据】选项卡【排序和筛选】组中的【清除】按钮。

如果需要关闭"筛选"模式，可以单击【数据】选项卡【排序和筛选】组中的【筛选】按钮，使其不再高亮显示。

7.3　分类汇总数据

分类汇总数据，即在按某一条件对数据进行分类的同时，对同一类别中的数据进行统计运算。分类汇总被广泛应用于财务、统计等领域，用户要灵活掌握其使用方法。

7.3.1　创建分类汇总

Excel 2019 可以在数据清单中自动计算分类汇总及总计值。用户只需指定需要进行分类汇总的数据项、待汇总的数值和用于计算的函数(例如，求和函数)即可。如果使用自动分类汇总，工作表必须组织成具有列标志的数据清单。在创建分类汇总之前，用户必须先根据需要对分类汇总的数据列进行数据清单排序。

【例 7-3】 将表中的数据按班级排序后分类，并汇总各班级的平均成绩。 视频

(1) 启动 Excel 2019，打开"模拟考试成绩汇总"工作簿的 Sheet1 工作表。

(2) 选定【班级】列，选择【数据】选项卡，在【排序和筛选】组中单击【升序】按钮，打开【排序提醒】对话框，保持默认设置，单击【排序】按钮，对工作表按【班级】升序进行分类排序，如图 7-29 所示。

(3) 选定任意一个单元格，选择【数据】选项卡，在【分级显示】组中单击【分类汇总】按钮，打开【分类汇总】对话框，在【分类字段】下拉列表中选择【班级】选项；在【汇总方式】下拉列表中选择【平均值】选项；在【选定汇总项】列表框中选中【成绩】复选框；分别选中【替换当前分类汇总】与【汇总结果显示在数据下方】复选框，最后单击【确定】按钮，如图 7-30 所示。

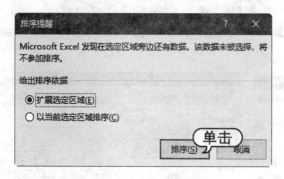

图 7-29　单击【排序】按钮

图 7-30　【分类汇总】对话框

(4) 返回工作表窗口，表中的数据按班级分类，并汇总各班级的平均成绩，如图 7-31 所示。

图 7-31　分类汇总效果

> ### 提示
> 在创建分类汇总前，用户必须先对该数据列进行数据清单排序的操作，使得分类字段的同类数据排列在一起，否则在执行分类汇总操作后，Excel 只会对连续相同的数据进行汇总。

7.3.2　多重分类汇总

Excel 2019 有时需要同时按照多个分类项来对表格数据进行汇总计算。此时的多重分类汇总需要遵循以下 3 个原则。

▽ 先按分类项的优先级别顺序对表格中的相关字段排序。

▽ 按分类项的优先级顺序多次执行【分类汇总】命令，并设置详细参数。

▽ 从第二次执行【分类汇总】命令开始，需要取消选中【分类汇总】对话框中的【替换当前分类汇总】复选框。

【例 7-4】　在"模拟考试成绩汇总"工作簿中，对每个班级的男女成绩进行汇总。　视频

(1) 启动 Excel 2019，打开"模拟考试成绩汇总"工作簿的 Sheet1 工作表。

(2) 选中任意一个单元格，在【数据】选项卡中单击【排序】按钮，在弹出的【排序】对话框中设置【主要关键字】为【班级】，然后单击【添加条件】按钮，如图 7-32 所示。

(3) 在【次要关键字】里选择【性别】选项，然后单击【确定】按钮，完成排序，如图 7-33 所示。

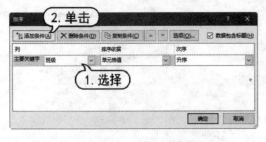

图 7-32　设置主要关键字

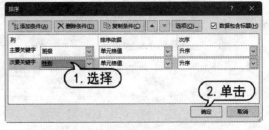

图 7-33　设置次要关键字

（4）单击【数据】选项卡中的【分类汇总】按钮，打开【分类汇总】对话框，设置【分类字段】为【班级】，【汇总方式】为【求和】，选中【选定汇总项】列表框中的【成绩】复选框，然后单击【确定】按钮，如图 7-34 所示。

（5）此时，完成第一次分类汇总，结果如图 7-35 所示。

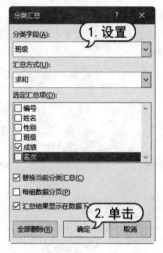

图 7-34 【分类汇总】对话框

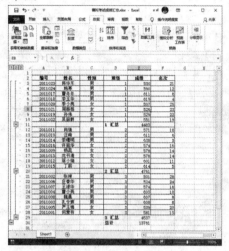

图 7-35 第一次分类汇总

（6）再次单击【数据】选项卡中的【分类汇总】按钮，打开【分类汇总】对话框，设置【分类字段】为【性别】，汇总方式为【求和】，选中【选定汇总项】列表框中的【成绩】复选框，取消选中【替换当前分类汇总】复选框，然后单击【确定】按钮，如图 7-36 所示。

（7）此时表格同时根据【班级】和【性别】两个分类字段进行汇总，单击【分级显示控制按钮】中的"3"，即可得到各个班级的男女成绩汇总，如图 7-37 所示。

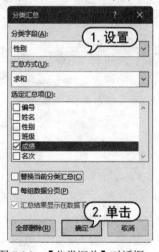

图 7-36 【分类汇总】对话框

图 7-37 单击"3"

7.3.3 隐藏和删除分类汇总

用户在创建分类汇总后，为了方便查阅，可以将其中的数据进行隐藏，并可根据需要在适当的时候显示出来。

1. 隐藏分类汇总

为了方便用户查看数据，可将分类汇总后暂时不需要使用的数据隐藏，从而减小界面的占用空间。当需要查看时，再将其显示。

(1) 在工作表中选中 A8 单元格，然后在【数据】选项卡的【分级显示】组中单击【隐藏明细数据】按钮，隐藏"计算机科学"专业的详细记录，如图 7-38 所示。

(2) 重复以上操作，分别选中 A12、A40 和 A55 单元格，隐藏"计算机信息""网络技术"和"信息管理"专业的详细记录，完成后的效果如图 7-39 所示。

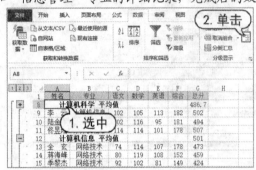 

图 7-38　隐藏"计算机科学"专业的记录　　　图 7-39　隐藏所有专业的详细记录

(3) 选中 A8 单元格，然后单击【数据】选项卡【分级显示】组中的【显示明细数据】按钮，即可重新显示"计算机科学"专业的详细数据。

除了以上介绍的方法外，单击工作表左边列表树中的 ＋、－符号按钮，同样可以显示与隐藏详细数据。

2. 删除分类汇总

查看完分类汇总后，若用户需要将其删除，恢复原先的工作状态，可以在 Excel 中删除分类汇总，具体方法如下。

(1) 在【数据】选项卡中单击【分类汇总】按钮，在打开的【分类汇总】对话框中单击【全部删除】按钮，即可删除表格中的分类汇总。

(2) 此时，表格内容将恢复到设置分类汇总前的状态。

7.4　使用数据有效性功能

数据有效性主要用来限制单元格中输入数据的类型和范围，以防止用户输入无效的数据。此外还可以使用数据有效性定义帮助信息或圈释无效数据等。

7.4.1　设置数据有效性

要设置数据有效性的单元格或单元格区域，用户可以在选中单元格之后，单击【数据】选项卡的【数据工具】组中的【数据验证】按钮，打开【数据验证】对话框，在该对话框中用户可以进行数据有效性的相关设置。

【例 7-5】 添加【固定电话】列，并限制其数据为 7 位或 8 位的固定电话号码。 视频

(1) 启动 Excel 2019，打开"模拟考试成绩汇总"工作簿的 Sheet1 工作表。

(2) 在 G2 单元格中输入"固定电话"，然后选中 G3:G26 单元格区域，在【数据】选项卡中单击【数据验证】按钮，如图 7-40 所示。

(3) 打开【数据验证】对话框，在【允许】下拉列表中选择【整数】，在【数据】下拉列表中选择【介于】，在【最小值】文本框中输入"1000000"，在【最大值】文本框中输入"99999999"，然后单击【确定】按钮，如图 7-41 所示。

图 7-40　单击【数据验证】按钮

图 7-41　【数据验证】对话框

(4) 此时，在 G3:G26 单元格区域里输入整数数字，比如在 G3 单元格内输入"123456789"，如图 7-42 所示。

(5) 由于该单元格被限制为只能输入整数 7 位或 8 位数，所以会弹出提示框，提示输入值非法，无法输入该数值。这里单击【取消】按钮即可取消刚才输入的数值，如图 7-43 所示。

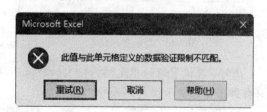

图 7-42　输入数字

图 7-43　单击【取消】按钮

7.4.2　设置提示和警告

用户可以利用数据有效性，为单元格区域设置输入信息提示，或者自定义提示警告内容。

【例 7-6】 在"模拟考试成绩汇总"工作簿中为相关单元格设置提示警告内容。 🎬视频

(1) 启动 Excel 2019,打开"模拟考试成绩汇总"工作簿的 Sheet1 工作表。

(2) 选中 G3:G26 单元格区域,在【数据】选项卡中单击【数据验证】按钮,如图 7-44 所示。

(3) 打开【数据验证】对话框,选择【输入信息】选项卡,在【标题】编辑框中输入提示信息的标题"提示:",在【输入信息】框中输入提示信息的内容"请输入正确的电话号码!",然后单击【确定】按钮,如图 7-45 所示。

图 7-44 单击【数据验证】按钮   图 7-45 【输入信息】选项卡

(4) 返回工作簿窗口,单击 G3 单元格,会出现设置的提示信息,如图 7-46 所示。

(5) 重新打开【数据验证】对话框,选择【出错警告】选项卡,在【样式】下拉列表中选择【停止】选项,在【标题】框中输入提示信息的标题,在【错误信息】框中输入提示信息,然后单击【确定】按钮,如图 7-47 所示。

图 7-46 显示提示信息   图 7-47 【出错警告】选项卡

(6) 此时,在设置好的单元格内输入的数值不符合要求时,比如输入"12333",然后按 Enter 键,将会弹出错误提示信息,如图 7-48 所示。

图 7-48 输入错误数据

7.4.3　圈释无效数据

数据有效性还具有圈释无效数据的功能，可以方便地查找出错误或不符合条件的数据。

【例 7-7】　在"模拟考试成绩汇总"工作簿中圈出"名次"大于 20 的数据。 📹视频

(1) 启动 Excel 2019，打开"模拟考试成绩汇总"工作簿的 Sheet1 工作表。

(2) 选中【名次】列中的单元格区域 F3:F26，单击【数据】选项卡中的【数据验证】按钮，如图 7-49 所示。

(3) 打开【数据验证】对话框。选择【设置】选项卡，在【允许】下拉列表中选择【整数】选项，在【数值】下拉列表中选择【小于或等于】选项，在【最大值】框里输入"20"，然后单击【确定】按钮，如图 7-50 所示。

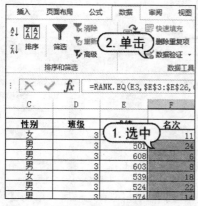

图 7-49　单击【数据验证】按钮

图 7-50　设置验证条件

(4) 返回表格，在【数据】选项卡中单击【数据验证】按钮旁的下拉按钮，在其弹出菜单中选择【圈释无效数据】命令，如图 7-51 所示

(5) 此时，表格内凡是"名次"大于 20 的都会被红圈圈出，如图 7-52 所示。

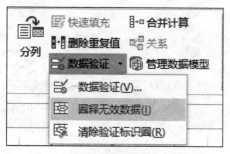

图 7-51　选择【圈释无效数据】命令

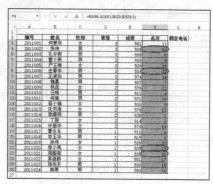

图 7-52　显示红圈

计算机基础与实训教材系列

7.5 使用"表"工具

在 Excel 中,使用"表"功能,不仅可以自动扩展数据区域,对数据执行排序、筛选、自动求和、求极值、求平均值等操作,还能够将工作表中的数据设置为多个"表",并使其相对独立,从而灵活地根据需要将数据划分为易于管理的不同数据集。

7.5.1 创建"表"

使用"表"工具创建一个"表"的具体操作步骤如下。

(1) 选中数据表中的任意单元格,单击【插入】选项卡【表格】组中的【表格】按钮(或按下 Ctrl+T 组合键),打开【创建表】对话框,单击【确定】按钮,如图 7-53 所示。

(2) 此时,将在当前工作表中显示如图 7-54 所示的"表"轮廓。

图 7-53 【创建表】对话框

图 7-54 显示"表"轮廓

如果需要将"表"转换为原始的数据表,可以在选中表中的任意单元格后,单击【设计】选项卡中的【转换为区域】按钮,在弹出的提示对话框中单击【是】按钮。

7.5.2 控制"表"

在创建"表"后,用户可以对其执行以下控制操作。

1. 添加汇总行

如果用户需要在"表"中添加一个汇总行,可以在选中"表"中的任意单元格后,选中【设计】选项卡中的【汇总行】复选框,如图 7-55 所示。

"表"汇总行默认的汇总函数是第一个参数为 109 的 SUBTOTAL 函数,用户选中汇总行数据后,单击显示的下拉按钮,从弹出的列表框中可以选择需要的汇总函数,如图 7-56 所示。

2. 在"表"中添加数据

如果要在"表"中添加数据,可以单击"表"的最后一个数据单元格(不包含汇总行数据),然后按下 Tab 键即可添加新行。

如果"表"中不包含汇总行,用户可以通过在"表"下方相邻的空白单元格中输入数据,向表中添加新的数据行。

　　如果用户需要向"表"中添加新的一列数据，可以将鼠标光标定位至"表"的最后一个标题右侧的空白单元格中，然后输入新列的标题即可。

　　此外，"表"的最后一个单元格的右下角有一个如图 7-57 所示的三角形标志。将鼠标移动至三角形标志上方，向下方拖动可以增加"表"的行，向右拖动则可以增加"表"的列，如图 7-58 所示。

图 7-55　选择【汇总行】复选框

图 7-56　选择汇总函数

1.00	8,971
1.00	9,301
1.00	8,000

图 7-57　三角形标志

图 7-58　拖动三角形标志

3. 固定"表"的标题

　　当用户单击"表"中的任意一个单元格后，再向下滚动浏览"表"时就会发现"表"中的标题出现在 Excel 的列标之上，使"表"滚动时标题仍然可见。

4. 排序与筛选"表"数据

　　Excel"表"整合了数据表的排序和筛选功能，如果"表"包含标题行，用户可以使用标题行右侧的下拉箭头对"表"进行排序和筛选操作。

5. 删除"表"中的重复值

　　如果"表"中存在重复数据，用户可以执行以下操作将其删除。

　　(1) 选中"表"中的任意单元格或区域，单击【设计】选项卡中的【删除重复值】按钮。

　　(2) 打开【删除重复值】对话框，单击【全选】按钮，再单击【确定】按钮，如图 7-59 所示。

　　(3) 此时，"表"中的重复值将被删除，Excel 会打开提示对话框提示用户所删除的重复值数据的数量，如图 7-60 所示。

计算机基础与实训教材系列

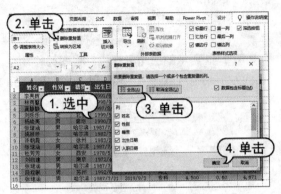

图 7-59　【删除重复值】对话框

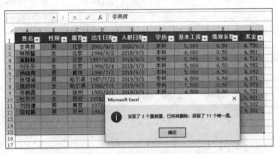

图 7-60　删除重复值提示

7.6　实例演练

本章的实例演练部分为"通配符筛选"等几个综合实例操作，用户通过练习从而巩固本章所学知识。

7.6.1　通配符筛选

【例 7-8】　在表格中筛选出姓"曹"且是 3 个字的名字的数据。　视频

(1) 启动 Excel 2019，打开"模拟考试成绩汇总"工作簿的 Sheet1 工作表。

(2) 选中任意一个单元格，单击【数据】选项卡中的【筛选】按钮，如图 7-61 所示，使表格进入筛选模式。

(3) 单击 B2 单元格里的下拉箭头，在弹出的菜单中选择【文本筛选】|【自定义筛选】命令，如图 7-62 所示。

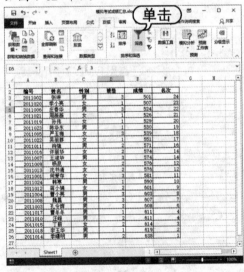

图 7-61　单击【筛选】按钮

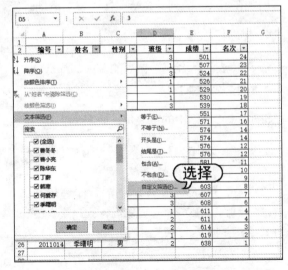

图 7-62　选择【自定义筛选】命令

(4) 打开【自定义自动筛选方式】对话框，选择条件类型为"等于"，并在其后的文本框内输入"曹??"，然后单击【确定】按钮，如图 7-63 所示。

(5) 此时，筛选出姓"曹"且是 3 个字的名字的数据，如图 7-64 所示。

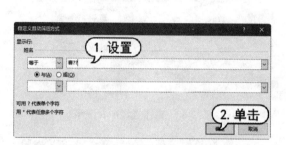

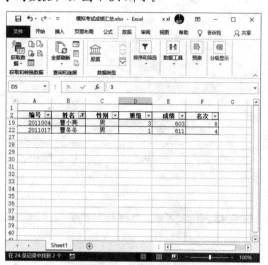

图 7-63　【自定义自动筛选方式】对话框　　　　图 7-64　显示筛选记录

7.6.2　合并计算数据

【例 7-9】　在工作簿中按类别合并计算第二季度各项支出的总金额。　📹视频

(1) 启动 Excel 2019，打开一个名为"第二季度个人支出表"的工作簿，该工作簿包含 4 张工作表，分别为"四月""五月""六月"和"个人支出统计"。

(2) 切换至"个人支出统计"工作表，选中 C4 单元格，选择【数据】选项卡，在【数据工具】组中单击【合并计算】按钮，如图 7-65 所示。

(3) 打开【合并计算】对话框，在【函数】下拉列表中选择【求和】选项，然后单击【引用位置】文本框右侧的按钮，如图 7-66 所示。

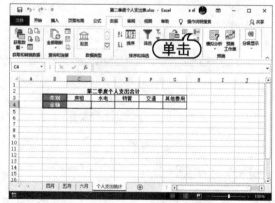

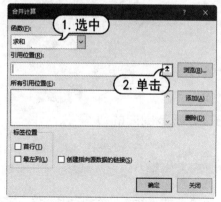

图 7-65　单击【合并计算】按钮　　　　图 7-66　【合并计算】对话框

计算机基础与实训教材系列

(4) 切换至"四月"工作表中，拖动鼠标左键选取 C4:G4 单元格区域，此时，在对话框中可以看到引用的数据源区域，单击对话框中的按钮，如图 7-67 所示。

(5) 展开对话框，单击【添加】按钮，将引用的位置添加到【所有引用位置】列表框中，如图 7-68 所示。

图 7-67　选取单元格区域

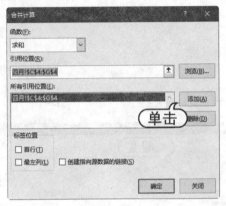

图 7-68　单击【添加】按钮

(6) 使用同样的方法，添加"五月"和"六月"工作表中的源区域，引用单元格位置相同，此时，在【所有引用位置】列表框中可以看到引用的所有数据源区域，单击【确定】按钮，如图 7-69 所示。

(7) 此时，在"个人支出统计"工作表的 C4:G4 单元格区域中显示了按位置合并计算的结果，如图 7-70 所示。

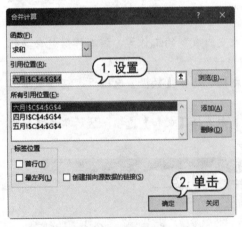

图 7-69　添加引用位置

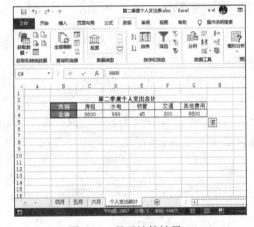

图 7-70　显示计算结果

7.6.3　分析范围内的数据

【例 7-10】对限定范围内的销售金额进行分析。📹视频

(1) 在打开工作表后，选中 B2:B9 单元格区域，单击【开始】选项卡中的【条件格式】下拉按钮，在弹出的下拉列表中选择【新建规则】选项。

(2) 打开【新建格式规则】对话框，添加如图 7-71 所示的条件格式，单击【负值和坐标轴】按钮。

(3) 打开【负值和坐标轴设置】对话框，选中【单元格中点值】单选按钮，然后单击【确定】按钮，如图 7-72 所示。

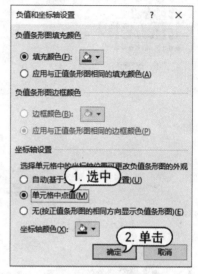

图 7-71　【新建格式规则】对话框　　　　　图 7-72　【负值和坐标轴设置】对话框

(4) 返回【新建格式规则】对话框，单击【确定】按钮。

(5) 再次单击【条件格式】下拉按钮，在弹出的下拉列表中选择【管理规则】选项，打开【条件格式规则管理器】对话框，单击【新建规则】按钮，如图 7-73 所示。

(6) 打开【新建格式规则】对话框，在【选择规则类型】列表框中选中【只为包含以下内容的单元格设置格式】选项，添加新格式规则为单元格值大于 3000，如图 10-41 所示。

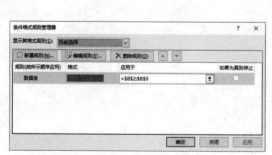

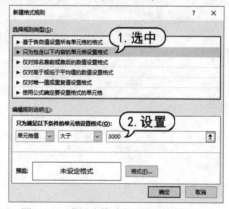

图 7-73　【条件格式规则管理器】对话框　　　图 7-74　【新建格式规则】对话框

(7) 单击【格式】按钮，打开【设置单元格格式】对话框，选择【填充】选项卡，选择一种填充颜色，然后单击【确定】按钮，如图 7-75 所示。

(8) 返回【新建格式规则】对话框，单击【确定】按钮。返回【条件格式规则管理器】对话框，选中【如果为真则停止】复选框。单击【确定】按钮，数据表中大于 3000 的数据将显示单

计算机基础与实训教材系列

元格背景，小于 3000 的数据将显示数据条，如图 7-76 所示。

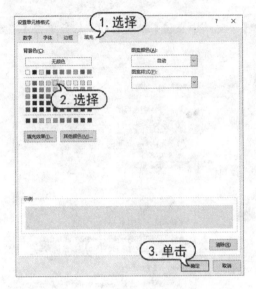

图 7-75　设置填充颜色

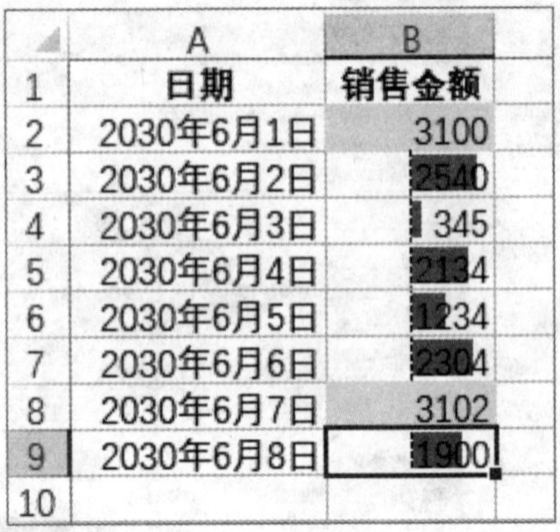

	A	B
1	日期	销售金额
2	2030年6月1日	3100
3	2030年6月2日	2540
4	2030年6月3日	1345
5	2030年6月4日	2134
6	2030年6月5日	1234
7	2030年6月6日	2304
8	2030年6月7日	3102
9	2030年6月8日	1900
10		

图 7-76　对数据进行标识

7.7　习题

1. 简述数据排序的类型。
2. 如何隐藏和显示分类汇总？
3. 新建工作簿和工作表，输入数据，在其中练习数据排序、数据筛选和分类汇总。

第8章

使用公式与函数

在 Excel 2019 中，公式和函数不仅可以帮助用户快速并准确地计算表格中的数据，还可以解决办公中的各种查询与统计问题。本章将介绍 Excel 中公式与函数的操作方法和技巧。

本章重点

- ● 认识公式和函数
- ● 使用函数
- ● 使用公式
- ● 使用名称

二维码教学视频

8.1 认识公式和函数

Excel 具有强大的数据计算功能，能够进行比较复杂的数学计算。要进行这些计算，就必须用到公式和函数。

8.1.1 认识公式

在 Excel 中，公式是对工作表中的数据进行计算和操作的等式。

在输入公式之前，用户应先了解公式的组成和意义，公式的特定语法或次序为最前面是等号"="，然后是公式的表达式，公式中包含运算符、数值或任意字符串、函数及其参数和单元格引用等元素，如图 8-1 所示。

图 8-1 公式

公式主要由以下几个元素构成：

▽ 运算符：运算符用于对公式中的元素进行特定的运算，或者用来连接需要运算的数据对象，并说明进行了哪种公式运算，如加"+"、减"-"、乘"*"、除"/"等。

▽ 常量数值：常量数值指输入公式中的值、文本。

▽ 单元格引用：利用公式引用功能对所需的单元格中的数据进行引用。

▽ 函数：Excel 提供的函数或参数，可返回相应的函数值。

8.1.2 认识函数

函数是 Excel 中预定义的一些公式，它将一些特定的计算过程通过程序固定下来，使用一些称为参数的特定数值按特定的顺序或结构进行计算，将其命名后可供用户调用。函数由函数名和参数两部分组成，由连接符相连，如"=SUM(A1:G10)"，表示对 A1:G10 单元格区域内的所有数据求和。

函数主要由如下几个元素构成：

▽ 连接符：包括"="","","()"等，这些连接符都必须是英文符号。

▽ 函数名：需要执行运算的函数的名称，一个函数只有唯一的一个名称，它决定了函数的功能和用途。

▽ 函数参数：函数中最复杂的组成部分，它规定了函数的运算对象、顺序和结构等。参数可以是数字、文本、数组或单元格区域的引用等，参数必须符合相应的函数要求才能产生有效值。

函数与公式既有区别又有联系。函数是公式的一种，是已预先定义计算过程的公式，函数的计算方式和内容已完全固定，用户只能通过改变函数参数的取值来更改函数的计算结果。用户也可以自定义计算过程和计算方式，或更改公式的所有元素来更改计算结果。函数与公式各有优缺点，在实际工作中，两者往往需要同时使用。

提示

Excel 函数包括【自动求和】【最近使用的函数】【财务】【逻辑】【文本】【日期和时间】【查找与引用】【数学和三角函数】以及【其他函数】这 9 大类的上百个具体函数，每个函数的应用各不相同。常用函数包括 SUM(求和)、AVERAGE(计算算术平均数)、ISPMT、IF、HYPERLINK、COUNT、MAX、SIN、SUMIF、PMT 等。

8.2　公式的运算符

运算符用来连接需要运算的数据对象，并说明进行了哪种公式运算，本节将详细介绍公式运算符的类型与优先级。

8.2.1　运算符的类型

运算符用于公式中的元素进行特定类型的运算。Excel 2019 中主要包含算术运算符、比较运算符、文本连接运算符和引用运算符 4 种类型。

1. 算术运算符

如果要完成基本的数学运算，如加法、减法和乘法，连接数据和计算数据结果等，可以使用表 8-1 所示的算术运算符。

表 8-1　算术运算符

算术运算符	含　义	示　例
+(加号)	加法运算	2+2
－(减号)	减法运算或负数	2－1 或－1
*(星号)	乘法运算	2*2
/(正斜线)	除法运算	2/2
%(百分号)	百分比	20%
^(插入符号)	乘幂运算	2^2

2. 比较运算符

使用表 8-2 所示的比较运算符可以比较两个值的大小。当用运算符比较两个值时，结果为逻辑值，比较成立则为 TRUE，反之则为 FALSE。

表8-2　比较运算符

比较运算符	含　义	示　例
=(等号)	等于	A1=B1
>(大于号)	大于	A1>B1
<(小于号)	小于	A1<B1
>=(大于等于号)	大于或等于	A1>=B1
<=(小于等于号)	小于或等于	A1<=B1
<>(不等号)	不相等	A1<>B1

3. 文本连接运算符

使用和号(&)可加入或连接一个或多个文本字符串以产生一串新的文本，表 8-3 为文本连接运算符的含义。

表8-3　文本连接运算符

文本连接运算符	含　义	示　例
&(和号)	将两个文本值连接或串联起来产生一个连续的文本值	如"kb" & "soft"

4. 引用运算符

单元格引用就是用于表示单元格在工作表上所处位置的坐标集。例如，显示在第 B 列和第 3 行交叉处的单元格，其引用形式为 B3。使用表 8-4 所示的引用运算符可以将单元格区域合并计算。

表8-4　引用运算符

引用运算符	含　义	示　例
:(冒号)	区域运算符，产生对包括在两个引用之间的所有单元格的引用	(A5:A15)
,(逗号)	联合运算符，将多个引用合并为一个引用	SUM(A5:A15,C5:C15)
(空格)	交叉运算符，产生对两个引用共有的单元格的引用	(B7:D7 C6:C8)

比如，A1＝B1+C1+D1+E1+F1，如果使用引用运算符，就可以把这一运算公式写为：A1＝SUM(B1：F1)。

8.2.2　运算符的优先级

如果公式中同时用到多个运算符，Excel 2019 将会依照运算符的优先级来依次完成运算。如果公式中包含相同优先级的运算符，例如公式中同时包含乘法和除法运算符，则 Excel 将从左到右进行计算。运算符优先级由高至低见表 8-5 所示。

表 8-5　运算符的优先级

运　算　符	说　　明
:(冒号) (单个空格) ,(逗号)	引用运算符
−	负号
%	百分比
^	乘幂
* 和 /	乘和除
+ 和 −	加和减
&	连接两个文本字符串
= < > <= >= <>	比较运算符

8.3　使用公式

在电子表格中输入数据后,可通过 Excel 2019 中的公式对这些数据进行自动、精确、高速的运算处理,从而节省大量的时间。

8.3.1　公式的输入

在 Excel 中输入公式与输入数据的方法相似,具体步骤为:选择要输入公式的单元格,然后在编辑栏中直接输入 "=" 符号,然后输入公式内容,按 Enter 键即可将公式运算的结果显示在所选单元格中。

【例 8-1】 新建工作簿并手动输入公式。　视频

(1) 启动 Excel 2019,创建一个名为 "热卖数码销售汇总" 的工作簿,并在 Sheet1 工作表中输入数据,如图 8-2 所示。

(2) 选定 D3 单元格,在单元格或编辑栏中输入公式 "=B3*C3",如图 8-3 所示。

图 8-2　输入数据　　　　　　图 8-3　输入公式

(3) 按 Enter 键或单击编辑栏中的【输入】按钮✔,即可在单元格中计算出结果,如图 8-4 所示。

图 8-4 计算结果

提示

在单元格中输入公式后，按 Tab 键可以在计算出公式结果的同时选中同行的下一个单元格；按下 Ctrl+Enter 键可以在计算出公式的结果后，保持当前单元格的选中状态。

8.3.2 公式的编辑

在 Excel 中，用户有时需要对输入的公式进行编辑，编辑公式主要包括修改公式、删除公式和复制公式等。

1. 修改公式

修改公式操作是最基本的编辑公式操作之一，修改公式的方法主要有以下 3 种。

▽ 双击单元格修改：双击需要修改的公式的单元格，选中出错的公式后，重新输入新公式，按 Enter 键即可完成修改操作。

▽ 编辑栏修改：选定需要修改公式的单元格，此时在编辑栏中会显示公式，单击编辑栏，进入公式编辑状态后进行修改。

▽ F2 键修改：选定需要修改公式的单元格，按 F2 键，进入公式编辑状态后进行修改。

2. 显示公式

默认设置下，在单元格中只显示公式计算的结果，而公式本身则只显示在编辑栏中。为了方便用户对公式进行检查，可以设置在单元格中显示公式。

用户可以在【公式】选项卡的【公式审核】组中，单击【显示公式】按钮，即可设置在单元格中显示公式。如果再次单击【显示公式】按钮，即可将显示的公式隐藏，如图 8-5 所示。

3. 复制公式

复制公式的方法与复制数据的方法相似，右击公式所在的单元格，在弹出的快捷菜单中选择【复制】命令，然后选定目标单元格，右击，弹出快捷菜单，在【粘贴选项】区域中单击【粘贴】按钮，即可复制公式，要注意的是，粘贴选项有多种类型的按钮，需要用户选择一种粘贴选项模式进行粘贴操作，如图 8-6 所示。

图 8-5　显示公式　　　　　　　　　　　　　图 8-6　复制并粘贴公式

4. 删除公式

选中公式所在的单元格，按下 Delete 键可以清除单元格中的全部内容，或者进入单元格编辑状态后，将光标放置在某个位置并按下 Delete 键或 Backspace 键，删除光标后面或前面的公式部分内容。当用户需要删除多个单元格数组公式时，必须选中其所在的全部单元格再按下 Delete 键。

8.3.3　单元格的引用

Excel 中单元格的引用包括绝对引用、相对引用、混合引用等。

1. 相对引用

相对引用包含了当前单元格与公式所在单元格的相对位置。默认设置下，Excel 2019 使用的都是相对引用，当改变公式所在单元格的位置时，引用也会随之改变。

【例 8-2】 通过相对引用将 I4 单元格中的公式复制到 I5:I16 单元格区域中。🎬 视频

(1) 打开"学生成绩"工作表后，在 I4 单元格中输入以下公式：

```
=H4+G4+F4+E4+D4
```

如图 8-7 所示。

(2) 将鼠标光标移至单元格 I4 右下角的控制点■，当鼠标指针呈十字状态后，按住左键并拖动选定 I5: I16 单元格区域。释放鼠标，即可将 I4 单元格中的公式复制到 I5: I16 单元格区域中，如图 8-8 所示。

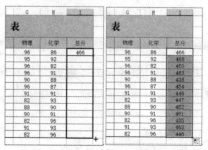

图 8-7　输入公式　　　　　　　　　　　　　图 8-8　拖动复制

计算机基础与实训教材系列

195

2. 绝对引用

绝对引用就是公式中单元格的精确地址，与包含公式的单元格的位置无关。绝对引用与相对引用的区别在于：复制公式时使用绝对引用，则单元格引用不会发生变化。绝对引用的操作方法是，在列标和行号前分别加上美元符号$。例如，$B$2 表示单元格 B2 的绝对引用，而$B$2:$E$5 表示单元格区域 B2:E5 的绝对引用。

【例 8-3】 通过绝对引用将工作表 I4 单元格中的公式复制到 I5:I16 单元格区域中。 视频

(1) 打开"学生成绩"工作表后，在 I4 单元格中输入以下公式：

=$H$4+$G$4+$F$4+$E$4+$D$4

如图 8-9 所示。

(2) 将鼠标光标移至单元格 I4 右下角的控制点■，当鼠标指针呈十字状态后，按住左键并拖动选定 I5：I16 单元格区域。释放鼠标，将会发现在 I5：I16 单元格区域中显示的引用结果与 I4 单元格中的结果相同，如图 8-10 所示。

图 8-9　输入公式　　　　　　　　　　　　　图 8-10　绝对引用

3. 混合引用

混合引用指的是在一个单元格引用中，既有绝对引用，同时也包含相对引用，即混合引用具有绝对列和相对行，或具有绝对行和相对列。绝对引用列采用 $A1、$B1 的形式，绝对引用行采用 A$1、B$1 的形式。如果公式所在单元格的位置改变，则相对引用改变，而绝对引用不变。如果多行或多列地复制公式，相对引用自动调整，而绝对引用不做调整。

【例 8-4】 将工作表中 I4 单元格中的公式混合引用到 I5:I16 单元格区域中。 视频

(1) 打开"学生成绩"工作表后，在 I4 单元格中输入以下公式：

=$H4+$G4+$F4+E$4+D$4

其中，$H4、$G4 和$F4 是绝对列和相对行形式，E$4、D$4 是绝对行和相对列形式，如图 8-11 所示，按下 Enter 键后即可得到合计数值。

(2) 将鼠标光标移至单元格 I4 右下角的控制点■，当鼠标指针呈十字状态后，按住左键并拖动选定 I5：I16 单元格区域。释放鼠标，混合引用填充公式，此时相对引用地址改变，而绝对引用地址不变。例如，将 I4 单元格中的公式填充到 I5 单元格中，公式将调整为：

```
=$H5+$G5+$F5+E$4+D$4
```

如图 8-12 所示。

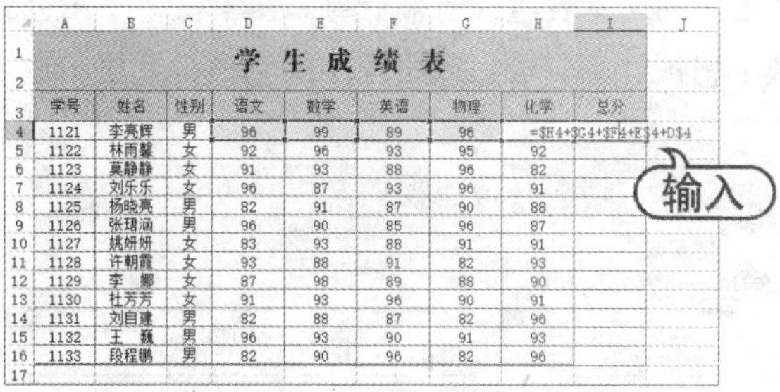

图 8-11　输入公式

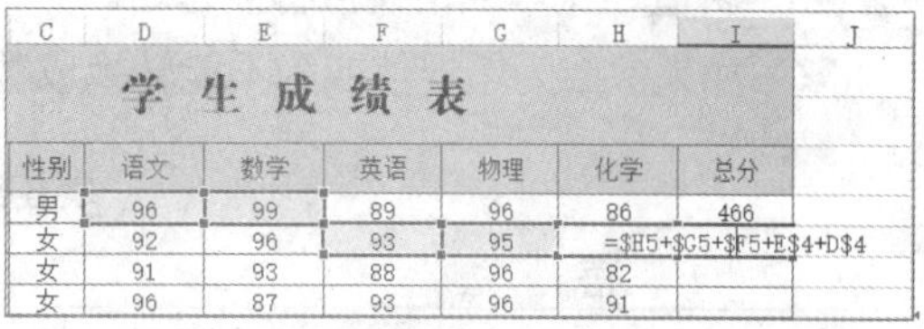

图 8-12　混合引用

综上所述，如果用户需要在复制公式时能够固定引用某个单元格地址，则需要使用绝对引用符号$，加在行号或列号的前面。

在 Excel 中，用户可以使用 F4 键在各种引用类型中循环切换，其顺序如下。

绝对引用→行绝对列相对引用→行相对列绝对引用→相对引用

以公式=A2 为例，单元格输入公式后按 4 下 F4 键，将依次变为：

=$A$2→=A$2→=$A2→=A2

8.4　使用函数

Excel 2019 将具有特定功能的一组公式组合在一起形成函数。与直接使用公式进行计算相比，使用函数进行计算的速度更快，同时减少了错误发生的概率。

8.4.1　函数的类型

Excel 2019 内置函数包括常用函数、财务函数、日期与时间函数、数学与三角函数、统计函数、查找与引用函数、数据库函数、文本函数、逻辑函数、信息函数和工程函数。下面分别简单地介绍一下它们的语法和作用。

1. 常用函数

在 Excel 中，常用函数就是经常使用的函数，如求和、计算算术平均数等。常用函数包括 SUM、AVERAGE、ISPMT、IF、HYPERLINK、COUNT、MAX、SIN、SUMIF、PMT，它们的语法和作用如表 8-6 所示。

在常用函数中，最常用的是 SUM 函数，其作用是返回某一单元格区域中所有数字之和，例如 "=SUM(A1:G10)"，表示对 A1:G10 单元格区域内的所有数据求和。SUM 函数的语法如下：

SUM(number1,number2,…)

其中，number1, number2,…为 1 到 30 个需要求和的参数。说明如下：

▽ 直接输入到参数表中的数字、逻辑值及数字的文本表达式将被计算。

▽ 如果参数为数组或引用，只有其中的数字将被计算。数组或引用中的空白单元格、逻辑值、文本或错误值将被忽略。

▽ 如果参数为错误值或为不能转换成数字的文本，将会导致错误。

表 8-6　常用函数

语　法	作　用
SUM (number1,number2,…)	返回单元格区域中所有数值的和
ISPMT (rate,per,nper,pv)	返回普通(无担保)的利息偿还
AVERAGE (number1,number2,…)	计算参数的算术平均数；参数可以是数值或包含数值的名称、数组或引用
IF (logical_test,value_if_true,value_if_false)	执行真假值判断，根据对指定条件进行逻辑评价的真假而返回不同的结果
HYPERLINK (link_location,friendly_name)	创建快捷方式，以便打开文档或网络驱动器，或连接 INTERNET
COUNT (value1,value2,…)	计算参数表中的数字参数和包含数字的单元格的个数
MAX (number1,number2,…)	返回一组数值中的最大值，忽略逻辑值和文本字符
SIN (number)	返回给定角度的正弦值
SUMIF (range,criteria,sum_range)	根据指定条件对若干单元格求和
PMT (rate,nper,pv,fv,type)	返回在固定利率下，投资或贷款的等额分期偿还额

2. 财务函数

财务函数用于财务计算，它可以根据利率、贷款金额和期限计算出所要支付的金额。它们的变量相互紧密关联。系统内置的财务函数包括 DB、DDB、SYD、SLN、FV、PV、NPV、NPER、RATE、PMT、PPMT、IPMT、IRR、MIRR、NOMINAL 等。

3. 日期与时间函数

日期与时间函数主要用于分析和处理日期值和时间值，系统内置的日期与时间函数包括 DATE、DATEVALUE、DAY、HOUR、TIME、TODAY、WEEKDAY、YEAR 等。

4. 数学与三角函数

数学与三角函数用于进行各种各样的数学计算，它使 Excel 不再局限于财务应用领域。系统内置的数学与三角函数包括 ABS、ASIN、COMBINE、COSLOG、PI、ROUND、SIN、TAN、TRUNC 等。

5. 统计函数

统计函数用来对数据区域进行统计分析，其中常用的统计函数包括 AVERAGE、COUNT、MAX 以及 MIN 等等。

6. 查找与引用函数

查找与引用函数用来在数据清单或表格中查找特定数值或查找某一个单元格的引用。系统内置的查找与引用函数包括 ADDRESS、AREAS、CHOOSE、COLUMN、COLUMNS、GETPIVOTDATA、HLOOKUP、HYPERLINK、INDEX、INDIRECT、LOOKUP、MATCH、OFFSET、ROW、ROWS、TRANSPOSE、VLOOKUP。

7. 数据库函数

数据库函数用来分析数据清单中的数值是否满足特定的条件，系统内置的数据库函数包括 DAVERAGE、DCOUNT、DCOUNTA、DGET、DMAX、DMIN、DPRODUCT、DSTDEV、DSTDEVP、DSUM、DVAR、DVARP。

8. 文本函数

文本函数主要用来处理文本字符串，系统内置的文本函数包括 ASC、CHAR、CLEAN、CODE、CONCATENATE、DOLLAR、EXACT、FIND、FINDB、FIXED、LEFT、LEFTB、LEN、LENB、LOWER、MID、MIDB、PROPER、REPLACE、REPLACEB、REPT、RIGHT、RIGHTB、RMB、SEARCH、SEARCHB、SUBSTITUTE、TEXT、TRIM 等。

9. 逻辑函数

逻辑函数用来进行真假值判断或进行复合检验，系统内置的逻辑函数包括 AND、FALSE、IF、NOT、OR、TRUE。

10. 信息函数

信息函数用于确定保存在单元格中的数据的类型，信息函数包括一组 IS 函数，在单元格满足条件时返回 TRUE，系统内置的信息函数包括 CELL、ERROR.TYPE、INFO、ISBLANK、ISERR、ISERROR、ISLOGICAL、ISNA、ISNONTEST、ISNUMBER 等。

11. 工程函数

工程函数主要应用于计算机、物理等专业领域，可用于处理贝塞尔函数、误差函数以及进行各种负数计算等，系统内置的工程函数包括 BESSELI、BESSELJ、BESSELK、BESSELY、BIN2OCT、BIN2DEC、BIN2HEX、OCT2BIN、OCT2DEC 等。

8.4.2　插入函数

函数主要按照特定的语法顺序使用参数(特定的数值)进行计算操作。插入函数有两种较为常用的方法，一种是通过【插入函数】对话框插入，另一种是直接手动输入。

【例 8-5】 在工作表的 D9 单元格中插入求和函数，计算销售总额。 视频

(1) 启动 Excel 2019，打开"热卖数码销售汇总"工作簿的 Sheet1 工作表。

(2) 选定 D9 单元格，然后打开【公式】选项卡，在【函数库】组中单击【插入函数】按钮，如图 8-13 所示。

(3) 打开【插入函数】对话框，在【选择函数】列表框中选择 SUM 函数，单击【确定】按钮，如图 8-14 所示。

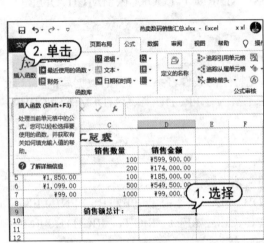

图 8-13 单击【插入函数】按钮

图 8-14 选择 SUM 函数

(4) 打开【函数参数】对话框，单击【Number1】文本框右侧的 按钮，如图 8-15 所示。

(5) 返回工作表中，选择要求和的单元格区域，这里选择 D3:D7 单元格区域，然后单击 按钮，如图 8-16 所示。

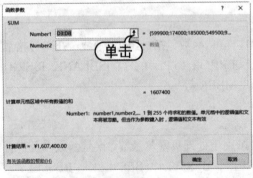

图 8-15 【函数参数】对话框

图 8-16 选择单元格区域

(6) 返回【函数参数】对话框，单击【确定】按钮。此时，利用求和函数计算出 D3:D7 单元格区域中所有数据的和，并显示在 D9 单元格中，如图 8-17 所示。

图 8-17　计算求和结果

8.4.3　嵌套函数

在某些情况下，可能需要将某个公式或函数的返回值作为另一个函数的参数来使用，这就是函数的嵌套使用。

【例 8-6】　在工作表的 D9 单元格中计算税后的销售额(增值税为 4%)。　视频

(1) 启动 Excel 2019，打开"热卖数码销售汇总"工作簿的 Sheet1 工作表。

(2) 选定 D9 单元格，在编辑栏中选中"=SMU(D3:D7)"，并将其中的参数修改为"=SUM(D3*(1-4%),D4*(1-4%),D5*(1-4%),D6*(1-4%),D7*(1-4%))"，即可实现函数的嵌套功能，如图 8-18 所示。

(3) 按 Ctrl+Enter 组合键，即可在 D9 单元格中显示计算结果，并在编辑栏中显示计算公式，如图 8-19 所示。

图 8-18　输入并修改参数

图 8-19　显示计算结果

8.5　使用名称

名称是工作簿中某些项目或数据的标识符。在公式或函数中使用名称代替数据区域进行计算，可以使公式更为简洁，从而避免输入出错。

8.5.1 创建名称

名称作为一种特殊的公式,其也是以"="开始,可以由常量数据、常量数组、单元格引用、函数与公式等元素组成,并且每个名称都具有唯一的标识,可以方便地在其他名称或公式中使用。与一般公式有所不同的是,普通公式存在于单元格中,名称保存在工作簿中,并在程序运行时存在于 Excel 的内存中,通过其唯一标识(名称的命名)进行调用。

有些名称在一个工作簿的所有工作表中都可以直接调用,而有些名称只能在某一个工作表中直接调用。这是由于名称的级别不同,其作用的范围也不同。Excel 的名称可以分为工作簿级名称和工作表级名称。

1. 工作簿级名称

一般情况下,用户定义的名称都能够在同一工作簿的各个工作表中直接调用,称为"工作簿级名称"或"全局名称"。例如,在工资表中,某公司采用固定基本工资和浮动岗位、奖金系数的薪酬制度。基本工资仅在有关工资政策变化时才进行调整,而岗位系数和奖金系数则变动较为频繁。因此需要将基本工资定义为名称进行维护。

【例 8-7】 在"工资表"中创建一个名为"基本工资"的工作簿级名称。 📹 视频

(1) 打开工作簿后,选择【公式】选项卡,在【定义的名称】组中单击【定义名称】下拉按钮,在弹出的下拉列表中选择【定义名称】选项。

(2) 打开【新建名称】对话框,在【名称】文本框中输入【基本工资】,在【引用位置】文本框中输入=3000,然后单击【确定】按钮,如图 8-20 所示。

(3) 选择 E3: E12 单元格区域,在编辑栏中执行以下公式:

```
=基本工资*D3
```

(4) 选择 E3: E12 单元格区域,选择【开始】选项卡,在【剪贴板】组中单击【复制】按钮,选择 G3: G12 单元格区域,单击【粘贴】按钮。

(5) 此时,表格数据效果如图 8-21 所示。

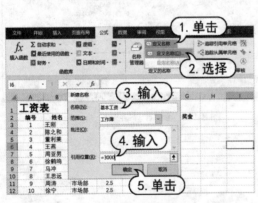

图 8-20　新建名称

图 8-21　复制公式

在【新建名称】对话框的【名称】文本框中的字符表示名称的命名,在【范围】下拉列表中

可以选择工作簿和具体工作表两种级别，【引用位置】文本框用于输入名称的值或定义公式。

在公式中调用其他工作簿中的全局名称，表示方法为：

工作簿全名+半角感叹号+名称

例如，若用户需要调用"工作表.xlsx"中的全局名称"基本工资"，应使用：

=工资表.xlsx!基本工资

2. 工作表级名称

当名称仅能在某一个工作表中直接调用时，所定义的名称为工作表级名称，又称为"局部名称"。在【新建名称】对话框中，单击【范围】下拉列表，在弹出的下拉列表中可以选择定义工作表级名称所使用的工作表。

在公式中调用工作表级名称的表示方法如下：

工作表名+半角感叹号+名称

Excel 允许工作表级、工作簿级名称使用相同的命名。当存在同名的工作表级和工作簿级名称时，在工作表级名称所在的工作表中，调用的名称为工作表级名称，在其他工作表中调用的为工作簿级名称。

3. 名称的限制

在实际工作中，有时当用户定义名称时，将打开【名称无效】对话框，这是因为在 Excel 中对名称的命名没有遵循其限定的规则。

▽ 名称的命名可以是任意字母与数字组合在一起，但不能以纯数字命名或以数字开头，如 1Abc，需要在前面加上下画线，以 1_Abc 命名。

▽ 不能以字母 R、C、r、c 作为名称命名，因为 R、C 在 R1C1 引用样式中表示工作表的行、列，不能与单元格地址相同。

▽ 不能使用除下画线、点号和反斜线以外的其他符号，不能使用空格，允许用问号，但不能作为名称的开头，如可以用"Name？"。

▽ 字符不能超过 255 个字符，一般情况下，名称的命名应该便于记忆并且尽量简短，否则就违背了定义名称功能的目的。

▽ 字母不区分大小写，例如 NAME 与 name 是同一个名称。

8.5.2　定义名称

为了方便处理 Excel 数据，可以将一些常用的单元格区域定义为特定的名称。

1. 在【新建名称】对话框中定义名称

Excel 提供了以下几种方式打开【新建名称】对话框定义名称。

▽ 选择【公式】选项卡，在【定义的名称】组中单击【定义名称】按钮。

▽ 选择【公式】选项卡，在【定义的名称】组中单击【名称管理器】按钮，打开【名称管理器】对话框后单击【新建】按钮。

▽ 按下 Ctrl+F3 组合键打开【名称管理器】对话框，然后单击【新建】按钮。

2. 使用名称框快速创建名称

打开如图 8-20 所示的"工资表"后，选中 A3: A12 单元格区域，将鼠标指针放置在【名称框】中，将其中的内容修改为编号，并按下 Enter 键，即可将 A3: A12 单元格区域的名称定义为"编号"，如图 8-22 所示。

使用【名称框】可以方便地将单元格区域定位为名称，默认为工作簿级名称，若用户需要定义工作表级名称，需要在名称前加工作表名和感叹号，如图 8-23 所示。

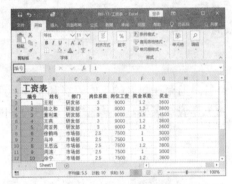

图 8-22　定义工作簿级名称

图 8-23　定义工作表级名称

3. 根据所选内容批量创建名称

如果用户需要对表格中的多行单元格区域按标题、列定义名称，可以使用以下操作方法。

(1) 选择"工资表"中的 A2: D12 单元格区域，选择【公式】选项卡，在【定义的名称】组中单击【根据所选内容创建】按钮，或者按下 Ctrl+Shift+F3 组合键。

(2) 打开【根据所选内容创建名称】对话框，选中【首行】复选框并取消其他复选框的选中状态，然后单击【确定】按钮，如图 8-24 所示。

(3) 选择【公式】选项卡，在【定义的公式】组中单击【名称管理器】按钮，打开【名称管理器】对话框，可以看到以【首行】单元格中的内容命名的 4 个名称，如图 8-25 所示。

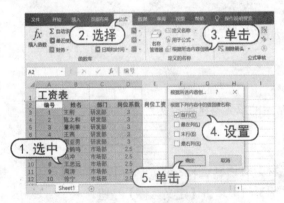

图 8-24　根据所选内容批量创建名称

图 8-25　【名称管理器】对话框

8.5.3 管理名称

Excel 2019 提供【名称管理器】功能，可以帮助用户方便地进行名称的查询、修改、筛选、删除操作。

1. 名称的修改与备注

修改名称

在 Excel 2019 中，选择【公式】选项卡，在【定义的名称】组中单击【名称管理器】按钮，或者按下 Ctrl+F3 组合键，可以打开【名称管理器】对话框，如图 8-26 所示。在该对话框中选择名称(例如"语文")，单击【编辑】按钮，可以打开【编辑名称】对话框，在【名称】文本框中可修改名称的命名，如图 8-27 所示。

图 8-26　从名称管理器中选择已定义的名称

图 8-27　【编辑名称】对话框

完成名称命名的修改后，在【编辑名称】对话框中单击【确定】按钮，返回【名称管理器】对话框，单击【关闭】按钮即可。

修改名称的引用位置

与修改名称的命名操作相同，如果用户需要修改名称的引用位置，可以打开【编辑名称】对话框，在【引用位置】文本框中输入新的引用位置公式即可。

在编辑【引用位置】文本框中的公式时，按下方向键或 Home、End 以及用鼠标单击单元格区域，都会将光标激活的单元格区域以绝对引用方式添加到【引用位置】的公式中。这是由于【引用位置】编辑框在默认状态下是"点选"模式，按下方向键只是对单元格进行操作。按下 F2 键切换到"编辑"模式，就可以在编辑框的公式中移动光标，修改公式。

修改名称的级别

如果用户需要将工作表级名称更改为工作簿级名称，可以打开【编辑名称】对话框，复制【引用位置】文本框中的公式，然后单击【名称管理器】对话框中的【新建】按钮，新建一个同名不同级别的名称，然后单击【删除】按钮将旧名称删除。反之，工作簿级名称修改为工作表级名称也可以使用相同的方法来实现。

2. 筛选和删除错误的名称

当用户不需要使用名称或名称出现错误无法使用时,可以在【名称管理器】对话框中进行筛选和删除操作,具体方法如下。

(1) 打开【名称管理器】对话框,单击【筛选】下拉按钮,在弹出的下拉列表中选择【有错误的名称】选项,如图 8-28 所示。

(2) 此时,在筛选后的名称管理器中,将显示存在错误的名称。选中该名称,单击【删除】按钮,再单击【关闭】按钮即可,如图 8-29 所示。

图 8-28　筛选有错误的名称　　　　　　图 8-29　删除名称

此外,在名称管理器中用户还可以通过筛选,显示工作簿级名称或工作表级名称、定义的名称或表名称。

3. 在单元格中查看名称中的公式

在【名称管理器】对话框中,虽然用户也可以查看各名称使用的公式,但受限于对话框,有时并不方便显示整个公式。用户可以将定义的名称在单元格中罗列出来。

如图 8-30 左图所示,选择需要显示公式的单元格,按下 F3 键或者选择【公式】选项卡,在【定义的名称】组中单击【用于公式】下拉按钮,从弹出的下拉列表中选择【粘贴名称】选项,将以一列名称、一列文本公式的形式粘贴到单元格区域中,如图 8-30 右图所示。

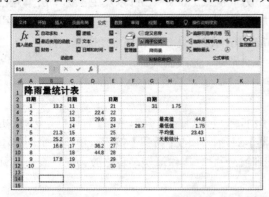
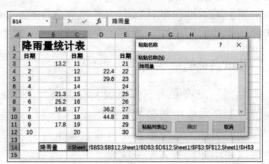

图 8-30　在单元格中粘贴名称列表

8.5.4 名称的使用

1. 在公式中使用名称

当用户需要在单元格的公式中调用名称时，可以选择【公式】选项卡，在【定义的名称】组中单击【用于公式】下拉按钮，在弹出的下拉列表中选择相应的名称，也可以在公式编辑状态下手动输入，名称也将出现在"公式记忆式键入"列表中。

例如，工作簿中定义了营业税的税率名称为"营业税的税率"，在单元格中输入其开头"营业"或"营"，该名称即可出现在【公式记忆式键入】列表中。

2. 在图表中使用名称

Excel 支持使用名称来绘制图表，但在指定图表数据源时，必须使用完整名称格式。例如，在名为"降雨量调查表"的工作簿中定义了工作簿级名称"降雨量"。在【编辑数据系列】对话框的【系列值】编辑框中，输入完整的名称格式，即工作簿名+感叹号+名称，如图 8-31 所示：

=降雨量调查表.xlsx!降雨量

如果直接在【系列值】文本框中输入"=降雨量"，将弹出如图 8-32 所示的警告对话框。

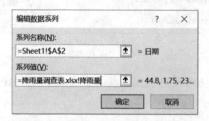

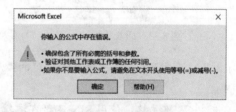

图 8-31 .在图表系列中使用名称　　　　　　　　　　图 8-32 警告对话框

3. 在条件格式和数据有效性中使用名称

条件格式和数据有效性在实际办公中应用非常广泛，但它们不支持直接使用常量数组、合并区域引用和交叉引用，因此用户必须先定义为名称后，再进行调用。

8.6 实例演练

本章的实例演练部分为使用三角函数等几个综合实例操作，用户通过练习从而巩固本章所学知识。

8.6.1 使用三角函数

【例 8-8】 使用 SIN 函数、COS 函数和 TAN 函数计算正弦值、余弦值和正切值。　📀视频

(1) 启动 Excel 2019，新建一个名为"三角函数查询表"的工作表，并在其中创建数据。

计算机基础与实训教材系列

(2) 选中 B3 单元格，打开【公式】选项卡，在【函数库】组中单击【插入函数】按钮，打开【插入函数】对话框。在【或选择类别】下拉列表中选择【数学与三角函数】选项，在【选择函数】列表框中选择RADIANS选项，单击【确定】按钮，如图 8-33 所示。

(3) 打开【函数参数】对话框后，在 Angle 文本框中输入 A3，单击【确定】按钮，如图 8-34 所示。

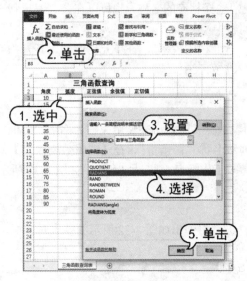

图 8-33　插入函数

图 8-34　设置函数参数

计算机基础与实训教材系列

(4) 此时，在 B3 单元格中将显示对应的弧度值。使用相对引用，将公式复制到B4:B19 单元格区域中。

(5) 选中 C3 单元格，使用 SIN 函数在编辑栏中输入公式：

=SIN(B3)

(6) 按 Ctrl+Enter 组合键，计算出对应的正弦值，如图 8-35 所示。

(7) 使用相对引用，将公式复制到 C4:C19 单元格区域中。

(8) 选中 D3 单元格，使用 COS 函数在编辑栏中输入公式：

=COS(B3)

按 Ctrl+Enter 组合键，计算出对应的余弦值。

(9) 使用相对引用，将公式复制到 D4:D19 单元格区域中。

(10) 选中 E3 单元格，使用 TAN 函数在编辑栏中输入公式：

=TAN(B3)

按 Ctrl+Enter 组合键，计算出对应的正切值。

(11) 使用相对引用，将公式复制到 E4:E19 单元格区域中，完成表格的制作，如图 8-36 所示。

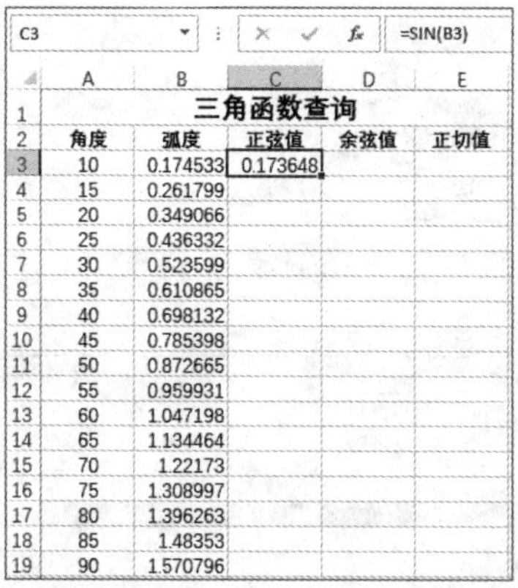

	A	B	C	D	E
1	三角函数查询				
2	角度	弧度	正弦值	余弦值	正切值
3	10	0.174533	0.173648		
4	15	0.261799			
5	20	0.349066			
6	25	0.436332			
7	30	0.523599			
8	35	0.610865			
9	40	0.698132			
10	45	0.785398			
11	50	0.872665			
12	55	0.959931			
13	60	1.047198			
14	65	1.134464			
15	70	1.22173			
16	75	1.308997			
17	80	1.396263			
18	85	1.48353			
19	90	1.570796			

图 8-35　计算正弦值

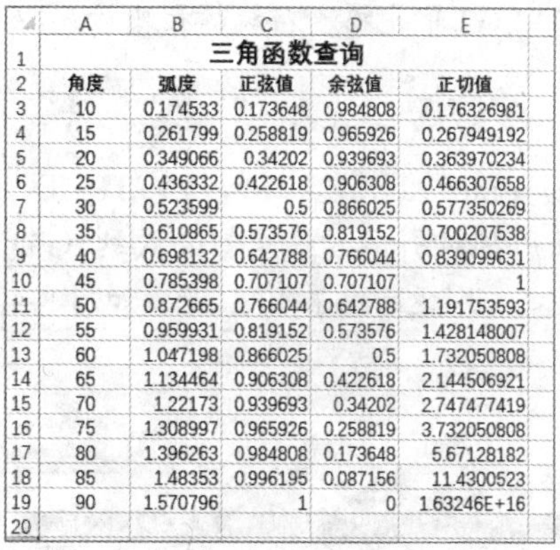

	A	B	C	D	E
1	三角函数查询				
2	角度	弧度	正弦值	余弦值	正切值
3	10	0.174533	0.173648	0.984808	0.176326981
4	15	0.261799	0.258819	0.965926	0.267949192
5	20	0.349066	0.34202	0.939693	0.363970234
6	25	0.436332	0.422618	0.906308	0.466307658
7	30	0.523599	0.5	0.866025	0.577350269
8	35	0.610865	0.573576	0.819152	0.700207538
9	40	0.698132	0.642788	0.766044	0.839099631
10	45	0.785398	0.707107	0.707107	1
11	50	0.872665	0.766044	0.642788	1.191753593
12	55	0.959931	0.819152	0.573576	1.428148007
13	60	1.047198	0.866025	0.5	1.732050808
14	65	1.134464	0.906308	0.422618	2.144506921
15	70	1.22173	0.939693	0.34202	2.747477419
16	75	1.308997	0.965926	0.258819	3.732050808
17	80	1.396263	0.984808	0.173648	5.67128182
18	85	1.48353	0.996195	0.087156	11.4300523
19	90	1.570796	1	0	1.63246E+16
20					

图 8-36　三角函数查询表

8.6.2 使用逻辑函数

【例 8-9】 使用 IF 函数、NOT 函数和 OR 函数考评和筛选数据。 视频

(1) 启动 Excel 2019，新建一个名为"成绩统计"的工作簿，然后重命名 Sheet1 工作表为"考评和筛选"，并在其中创建数据，如图 8-37 所示。

(2) 选中 F3 单元格，在编辑栏中输入：

```
=IF(AND(C3>=80,D3>=80,E3>80),"达标","没有达标")
```

如图 8-38 所示。

	A	B	C	D	E	F	G
1	成绩统计表						
2	姓名	是否获奖	语文	历史	地理	成绩考评	筛选
3	胡东	是	98	89	81		
4	刘元	否	75	85	78		
5	张明	是	82	92	83		
6	穆成	否	62	71	65		
7	李靖	是	93	96	98		
8	王旭	是	85	89	87		

图 8-37　创建数据

	A	B	C	D	E	F	G
1	成绩统计表						
2	姓名	是否获奖	语文	历史	地理	成绩考评	筛选
3	胡东	是	98	89	81		
4	刘元	否	75	85	78		
5	张明	是	82	92	83		
6	穆成	否	62	71	65		
7	李靖	是	93	96	98		
8	王旭	是	85	89	87		

图 8-38　输入公式

(3) 按 Ctrl+Enter 组合键，对胡东进行成绩考评，满足考评条件，则考评结果为"达标"，如图 8-39 所示。

(4) 将光标移至 F3 单元格右下角，当光标变为实心十字形时，按住鼠标左键向下拖至 F8 单元格，进行公式的填充。公式填充后，如果有一门功课小于 80，将返回运算结果"没有达标"，如图 8-40 所示。

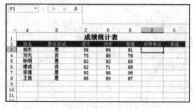

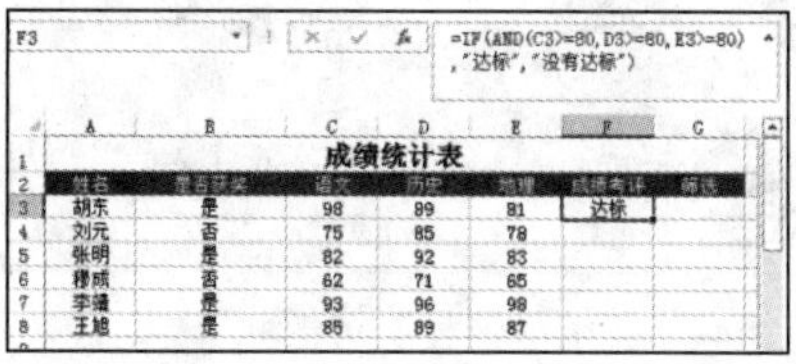

	A	B	C	D	E	F	G
1	成绩统计表						
2	姓名	是否获奖	语文	历史	地理	成绩考评	筛选
3	胡东	是	98	89	81	达标	
4	刘元	否	75	85	78		
5	张明	是	82	92	83		
6	穆成	否	62	71	65		
7	李靖	是	93	96	98		
8	王旭	是	85	89	87		

图 8-39　显示考评结果

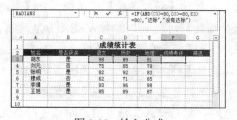

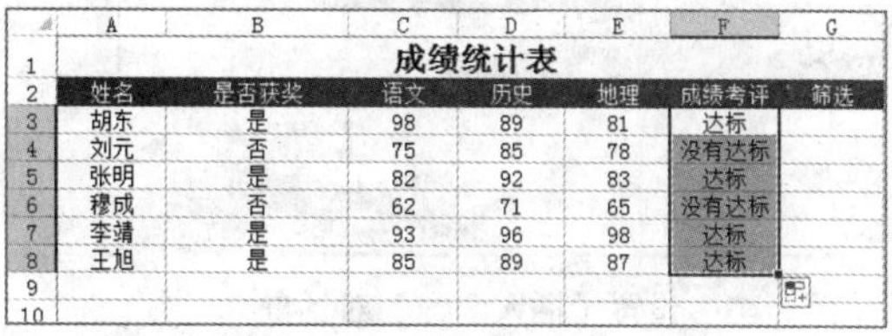

	A	B	C	D	E	F	G
1	成绩统计表						
2	姓名	是否获奖	语文	历史	地理	成绩考评	筛选
3	胡东	是	98	89	81	达标	
4	刘元	否	75	85	78	没有达标	
5	张明	是	82	92	83	达标	
6	穆成	否	62	71	65	没有达标	
7	李靖	是	93	96	98	达标	
8	王旭	是	85	89	87	达标	

图 8-40　公式的填充

(5) 选中 G3 单元格，在编辑栏中输入以下公式:

```
=NOT(B3="否")
```

按 Ctrl+Enter 组合键，返回结果 TRUE，筛选竞赛得奖者与未得奖者，如图 8-41 所示。

(6) 使用相对引用方式复制公式到 G4:G8 单元格区域，如果是竞赛得奖者，则返回结果 TRUE；反之，则返回结果 FALSE，如图 8-42 所示。

图 8-41　输入公式　　　　　　　　　　　　　图 8-42　填充公式

8.6.3　使用日期函数

【例 8-10】 使用日期函数统计借还款信息。 📹视频

(1) 启动 Excel 2019，新建"贷款借还信息统计"工作簿，在 Sheet1 工作表中输入数据。

(2) 选中图 8-43 所示的 C3 单元格，选择【公式】选项卡，在【函数库】组中单击【插入函数】按钮，打开【插入函数】对话框。在【或选择类别】下拉列表中选择【日期与时间】选项，在【选择函数】列表框中选择 WEEKDAY 选项，单击【确定】按钮，如图 8-43 所示。

(3) 打开【函数参数】对话框，在 Serial_number 文本框中输入 B3，在 Return_type 文本框中输入 2，单击【确定】按钮，计算出还款日期所对应的星期数为 5，即星期五，如图 8-44 所示。

(4) 将光标移至 C3 单元格的右下角，当光标变成实心十字形时，按住鼠标左键向下拖动到 C10 单元格，然后释放鼠标左键，即可进行公式填充，并返回计算结果，计算出还款日期所对应的星期数。

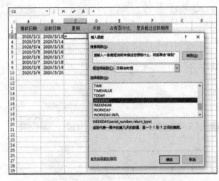

图 8-43　设置【插入函数】对话框　　　　　　　图 8-44　【函数参数】对话框

(5) 在 D3 单元格中输入公式:

=DATEVALUE("2020/3/13")-DATEVALUE("2020/3/2")

(6) 按 Ctrl+Enter 组合键, 即可计算出借款日期和还款日期的间隔天数, 如图 8-45 所示。

(7) 使用 DAYS360 函数也可计算出借款日期和还款日期的间隔天数, 选中 D4 单元格, 在编辑栏中输入以下公式:

=DAYS360(A4,B4,FALSE)

按 Ctrl+Enter 组合键即可, 如图 8-46 所示。

图 8-45 计算借款日期和还款日期的间隔天数 图 8-46 使用 DAY360 函数

(8) 使用相对引用方式, 计算出所有的借款日期和还款日期的间隔天数。

(9) 在 E3 单元格中输入公式:

=YEARFRAC(A3,B3,3)

(10) 按 Ctrl+Enter 组合键, 即可以 "实际天数/365" 为计数基准类型计算出借款日期和还款日期之间的天数占全年天数的百分比, 如图 8-47 所示。

(11) 使用相对引用方式, 计算出所有借款日期和还款日期之间的天数占全年天数的百分比。

(12) 在 F3 单元格中输入公式:

=IF(DATEDIF(A3,B3,"D")>50,"超过还款日","没有超过还款日")

按 Ctrl+Enter 组合键, 即可判断还款天数是否超过到期还款日, 如图 8-48 所示。

图 8-47 使用 YEARFRAC 函数 图 8-48 判断还款天数是否超过 50 日

(13) 将光标移至 F3 单元格的右下角, 当光标变为实心十字形时, 按住鼠标左键向下拖动到 F10 单元格, 然后释放鼠标, 即可进行公式填充, 并返回计算结果, 判断所有的还款天数是否超过到期还款日。

(14) 选中 C12 单元格，在编辑栏中输入如下所示的公式：

=TODAY()

按 Ctrl+Enter 组合键，即可计算出当前的系统日期。

8.6.4 使用文本函数

【例 8-11】 使用文本函数处理文本信息。 视频

(1) 启动 Excel 2019，新建"培训安排信息统计"工作簿，并在其中输入数据，如图 8-49 所示。

(2) 选中 D3 单元格，在编辑栏中输入：

=LEFT(B3,1)&IF(C3="女","女士","先生")

如图 8-50 所示。

图 8-49　输入数据

图 8-50　输入公式

(3) 按 Ctrl+Enter 组合键，即可从信息中提取"曹震"的称呼，如图 8-51 所示。

(4) 将光标移动至 D3 单元格的右下角，待光标变为实心十字形时，按住鼠标左键向下拖至 D10 单元格，进行公式的填充，从而提取所有教师的称呼，如图 8-52 所示。

图 8-51　提取称呼

图 8-52　填充公式

(5) 选中 G3 单元格，在编辑栏中输入公式：

=REPT(H1,INT(F3))

按 Ctrl+Enter 组合键，计算出公式结果，如图 8-53 所示。

(6) 在编辑栏中选中 "H1"，按 F4 快捷键，将其更改为绝对引用方式 "$H$1"。按 Ctrl+Enter 组合键，结果如图 8-54 所示。

图 8-53　计算出公式结果

图 8-54　修改公式

(7) 使用相对引用方式复制公式至 G4:G10 单元格区域，计算不同的培训课程所对应的课程等级，如图 8-55 所示。

(8) 选中 J3 单元格，在编辑栏中输入公式：

=IF(LEN(I3)=4,MID(I3,1,1),0)

如图 8-56 所示。

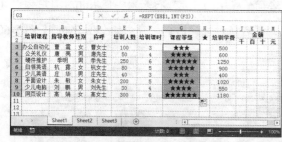

图 8-55　复制公式

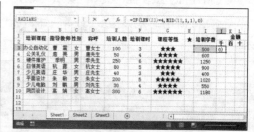

图 8-56　输入公式

(9) 按 Ctrl+Enter 组合键，从 "办公自动化" 的培训学费中提取 "千" 位数额。使用相对引用方式复制公式至 J4:J10 单元格区域，计算不同的培训课程所对应的培训学费中的千位数额，如图 8-57 所示。

(10) 选中 K3 单元格，在编辑栏中输入：

=IF(J3=0,IF(LEN(I3)=3,MID(I3,1,1),0),MID(I3,2,1))

按 Ctrl+Enter 组合键，提取 "办公自动化" 培训学费中的 "百" 位数额。

(11) 使用相对引用方式复制公式至 K4:K10 单元格区域，计算出不同的培训课程所对应的培训学费中的百位数额，如图 8-58 所示。

计算机基础与实训教材系列

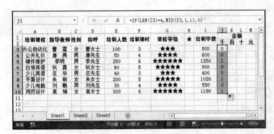

图 8-57　复制公式

图 8-58　复制公式

(12) 选中 L3 单元格，在编辑栏中输入：

=IF(J3=0,IF(LEN(I3)=2,MID(I3,1,1),MID(I3,2,1)),MID(I3,3,1))

按 Ctrl+Enter 组合键，提取"办公自动化"培训学费中的"十"位数额。使用相对引用方式复制公式至 L4:L10 单元格区域，计算出不同的培训课程所对应的培训学费中的十位数额，如图 8-59 所示。

(13) 选中 M3 单元格，在编辑栏中输入：

=IF(J3=0,IF(LEN(I3)=1,MID(I3,1,1),MID(I3,3,1)),MID(I3,4,1))

按 Ctrl+Enter 组合键，提取"办公自动化"培训学费中的"元"位数额。使用相对引用方式复制公式至 M4:M10 单元格区域，计算出不同的培训课程所对应的培训学费中的个位数额，如图 8-60 所示。

图 8-59　复制公式

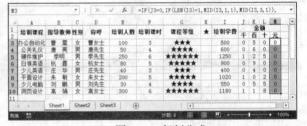

图 8-60　复制公式

8.7　习题

1. 公式的相对引用和绝对引用有什么区别？
2. 简述函数的类型。
3. 新建工作簿和工作表，输入数据，在其中使用数学函数计算数据的总数和平均值。

第9章

制作图表与数据透视表

在 Excel 2019 中，通过插入图表可以更直观地表现表格中数据的发展趋势或分布状况；通过插入数据透视表及数据透视图可以对数据清单进行重新组织和统计。本章将详细介绍制作和编辑图表、数据透视表及数据透视图的方法。

▶ 本章重点

- ● 插入图表
- ● 制作数据透视表
- ● 编辑图表
- ● 制作数据透视图

▶ 二维码教学视频

9.1 认识图表

为了能更加直观地表达电子表格中的数据，用户可将数据以图表的形式来表示，因此图表在制作电子表格时具有极其重要的作用。

9.1.1 图表的组成

在 Excel 2019 电子表格中，图表通常以两种方式存在：一种是嵌入式图表；另一种是图表工作表。其中嵌入式图表就是将图表看作是一个图形对象，并作为工作表的一部分进行保存。

> **提示**
>
> 图表工作表是工作簿中具有特定工作表名称的独立工作表。在需要独立于工作表数据来查看、编辑庞大而复杂的图表或需要节省工作表上的屏幕空间时，就可以使用图表工作表。无论是建立哪一种图表，创建图表的依据都是工作表中的数据。当工作表中的数据发生变化时，图表便会随之更新。

图表的基本结构包括图表区、绘图区、图表标题、数据系列、网格线、图例等，如图 9-1 所示。图表的各组成部分介绍如下：

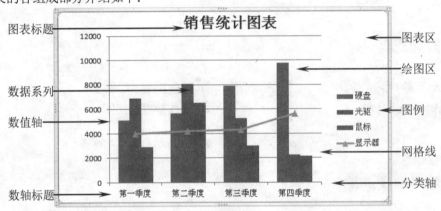

图 9-1 图表的基本构成

▽ 图表区：在 Excel 2019 中，图表区指的是包含绘制的整张图表及图表中元素的区域。如果用户要复制或移动图表，必须先选定图表区。

▽ 绘图区：图表中的整个绘制区域。二维图表和三维图表的绘图区有所区别。在二维图表中，绘图区是以坐标轴为界并包括全部数据系列的区域；而在三维图表中，绘图区是以坐标轴为界并包含数据系列、分类名称、刻度线和坐标轴标题的区域。

▽ 图表标题：图表标题在图表中起到说明的作用，是图表性质的大致概括和内容总结，它相当于一篇文章的标题并可用来定义图表的名称。它可以自动地与坐标轴对齐或居中排列于图表坐标轴的外侧。

计算机基础与实训教材系列

　　▽　数据系列：在 Excel 中，数据系列又称为分类，它指的是图表上的一组相关数据点。在 Excel 图表中，每个数据系列都用不同的颜色和图案加以区分。每一个数据系列分别来自工作表的某一行或某一列。在同一张图表中(除了饼图外)，用户可以绘制多个数据系列。

　　▽　网格线：网格线是图表中从坐标轴刻度线延伸并贯穿整个绘图区的可选线条系列。网格线的形式有多种：水平的、垂直的、主要的、次要的，还可以对它们进行组合。网格线使得用户对图表中的数据进行观察和估计更为准确和方便。

　　▽　图例：在图表中，图例是包围图例项和图例项标示的方框，每个图例项左边的图例项标示和图表中相应数据系列的颜色与图案一致。

　　▽　数轴标题：用于标记分类轴和数值轴的名称，在 Excel 2019 默认设置下其位于图表的下面和左面。

9.1.2　图表的类型

Excel 2019 提供了多种图表，如柱形图、折线图、饼图、条形图、面积图和散点图等，各种图表各有优点，适用于不同的场合。

柱形图

柱形图可直观地对数据进行对比分析并表现对比结果。在 Excel 2019 中，柱形图又可细分为二维柱形图、三维柱形图、圆柱图、圆锥图以及棱锥图。如图 9-2 所示为三维柱形图。

折线图

折线图可直观地显示数据的走势情况。在 Excel 2019 中，折线图又分为二维折线图与三维折线图。如图 9-3 所示为折线图。

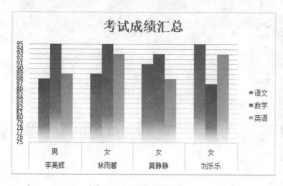

图 9-2　三维柱形图

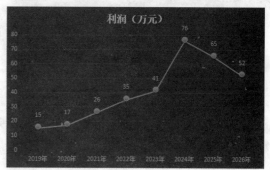

图 9-3　折线图

饼图

饼图能直观地显示数据的占有比例，而且比较美观。在 Excel 2019 中，饼图又可分为二维饼图、三维饼图、复合饼图等多种形式。如图 9-4 所示为三维饼图。

条形图

条形图就是横向的柱形图，其作用也与柱形图相同，可直观地对数据进行对比分析。在 Excel 2019 中，条形图又可分为簇状条形图、堆积条形图等。如图 9-5 所示为条形图。

图 9-4　饼图

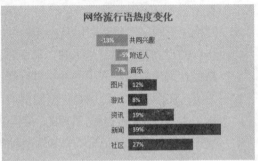

图 9-5　条形图

面积图

面积图能直观地显示数据的大小与走势范围。在 Excel 2019 中，面积图又可分为二维面积图与三维面积图。如图 9-6 所示为面积图。

散点图

散点图可以直观地显示图表数据点的精确值，以便对图表数据进行统计计算。如图 9-7 所示为散点图。

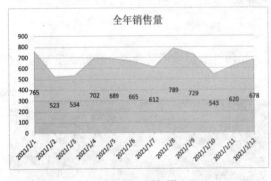

图 9-6　面积图

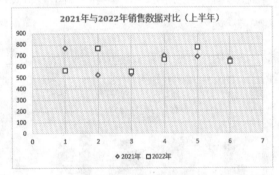

图 9-7　散点图

另外，除了上面介绍的图表外，Excel 2019 中还包括股价图、曲面图、组合图、瀑布图、漏斗图、旭日图、树状图以及雷达图等图表。

9.2　插入图表

图表在 Excel 表格中能更加直观地体现数据的变化,使用户更加方便对数据进行对比和分析。要插入图表，首先需要创建图表。

9.2.1　创建图表

使用 Excel 2019 提供的图表向导,可以方便、快速地建立一个标准类型或自定义类型的图表。在图表创建完成后,仍然可以修改其各种属性,以使整个图表更趋于完善。

【例 9-1】　使用图表向导创建图表。 视频

(1) 创建"调查分析表"工作表,选中工作表中的 B2:B14 和 D2:F14 单元格区域,如图 9-8 所示。选择【插入】选项卡,在【图表】组中单击对话框启动器按钮,打开【插入图表】对话框。

(2) 在【插入图表】对话框中选择【所有图表】选项卡,然后在该选项卡左侧的导航窗格中选择图表分类,在右侧的列表框中选择一种图表类型,并单击【确定】按钮,如图 9-9 所示。

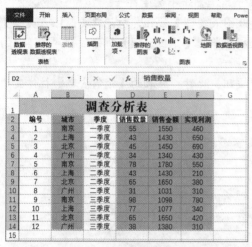

图 9-8　选择单元格区域

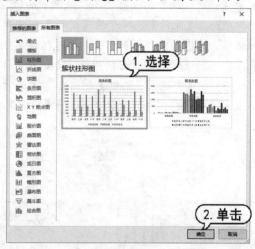

图 9-9　【插入图表】对话框

(3) 此时,在工作表中创建如图 9-10 所示的图表,Excel 软件将自动打开【图表工具】的【设计】选项卡。

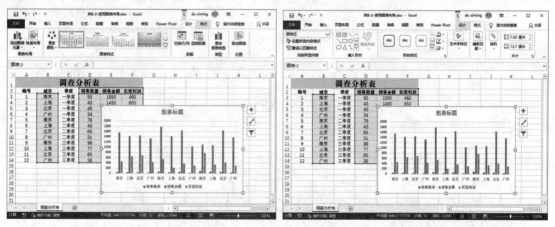

(a)【图表工具】|【设计】选项卡　　　　　(b)【图表工具】|【格式】选项卡

图 9-10　创建图表后将显示【设计】和【格式】选项卡

在 Excel 2019 中，按 Alt+F1 组合键或者按 F11 键可以快速创建图表。使用 Alt+F1 组合键创建的是嵌入式图表，而使用 F11 快捷键创建的是图表工作表。在 Excel 2019 功能区中，打开【插入】选项卡，使用【图表】组中的图表按钮也可以方便地创建各种图表。

9.2.2 创建组合图表

有时在同一个图表中需要同时使用两种图表类型，即为组合图表，比如由柱状图和折线图组成的线柱组合图表。

☞【例 9-2】 在"调查分析表"工作表中创建线柱组合图表。 🎬视频

(1) 继续例 9-1 的操作，单击图表中表示【销售金额】的任意一个蓝色柱体，则会选中所有关于【销售金额】的数据柱体，被选中的数据柱体 4 个角上显示小圆圈符号。

(2) 在【设计】选项卡的【类型】组中单击【更改图表类型】按钮，打开【更改图表类型】对话框，选择【组合图】选项，在对话框右侧的列表框中单击【销售金额】拆分按钮，在弹出的菜单中选择【带数据标记的折线图】选项，如图 9-11 所示。

(3) 在【更改图表类型】对话框中单击【确定】按钮。此时，原来的【销售金额】柱体变为折线，完成线柱组合图表的创建，如图 9-12 所示。

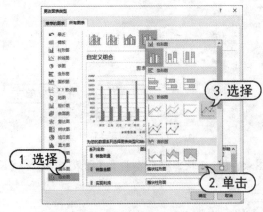

图 9-11 【更改图表类型】对话框

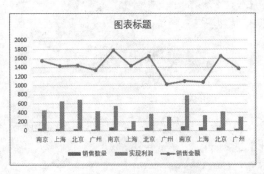

图 9-12 组合图表效果

9.2.3 添加图表注释

在创建图表时，为了方便理解，有时需要添加注释解释图表内容。图表的注释就是一种浮动的文字，可以使用【文本框】功能来添加。

☞【例 9-3】 在"调查分析表"工作表中添加图表注释。 🎬视频

(1) 继续例 9-2 的操作，选择【插入】选项卡，在【文本】组中单击【文本框】下拉按钮，在弹出的下拉列表中选择【绘制横排文本框】选项，如图 9-13 所示。

(2) 按住鼠标左键在图表中拖动，绘制一个横排文本框，并在文本框内输入文字，如图 9-14 所示。

(3) 当选中图表中绘制的文本框时，用户可以在【格式】选项卡里设置文本框和其中文本的格式。

图 9-13　选择【绘制横排文本框】选项

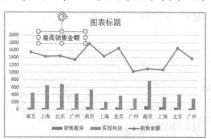

图 9-14　绘制横排文本框

9.3　编辑图表

图表创建完成后，Excel 2019 自动打开【图表工具】的【设计】和【格式】选项卡，在其中可以调整图表的位置和大小，还可以设置图表的样式和布局等。

9.3.1　套用图表预设样式和布局

Excel 2019 为所有类型的图表预设了多种样式效果，选择【设计】选项卡，在【图表样式】组中单击【图表样式】下拉按钮，在弹出的下拉列表中即可为图表套用预设的图表样式。如图 9-15 所示为"调查分析表"工作表中的图表套用【样式 6】。

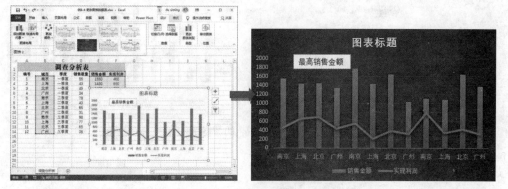

图 9-15　套用预设图表样式

此外，Excel 2019 也预设了多种布局效果，选择【设计】选项卡，在【图表布局】组中单击【快速布局】下拉按钮，在弹出的下拉列表中可以为图表套用预设的图表布局。

9.3.2　更改图表的数据源

在 Excel 2019 中使用图表时，用户可以通过增加或减少图表数据系列，来控制图表中显示的数据内容。

👉【例 9-4】　在"调查分析表"工作表中更改图表的数据源。📹视频

(1) 继续例9-3 的操作，选中图表，选择【设计】选项卡，在【数据】组中单击【选择数据】

选项，如图 9-16 左图所示。

(2) 打开【选择数据源】对话框，单击【图表数据区域】后面的 按钮。

(3) 返回工作表，选择 B2:B14 和 E2:F14 单元格区域，按下 Enter 键，如图 9-16 右图所示。

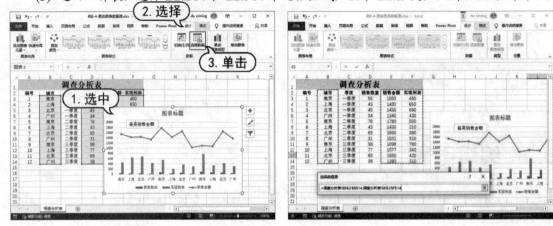

图 9-16　选择新的图表数据源

(4) 返回【选择数据源】对话框后单击【确定】按钮。此时，数据源发生变化，图表也随之发生变化，如图 9-17 所示。

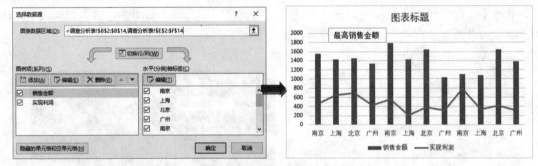

图 9-17　更改图表的数据源

9.3.3　设置图表标签

选择【设计】选项卡，在【图表布局】组中可以设置图表布局的相关属性，包括设置图表标题、坐标轴标题、图例位置、数据标签显示位置以及是否显示数据表等。

1. 设置图表标题

在【设计】选项卡的【图表布局】组中，单击【添加图表元素】下拉按钮，在弹出的下拉列表中选择【图表标题】选项，可以显示【图表标题】子下拉列表，如图 9-18 所示。在下拉列表中可以选择图表标题的显示位置与是否显示图表标题。

2. 设置图表的图例位置

在【设计】选项卡的【图表布局】组中，单击【添加图表元素】下拉按钮，可以打开【图例】

子下拉列表，如图 9-19 所示。在该下拉列表中可以设置图表图例的显示位置以及是否显示图例。

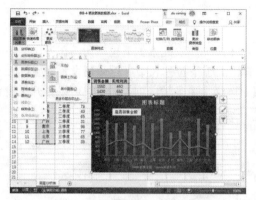

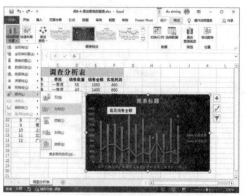

图 9-18　【图表标题】子下拉列表　　　　　　图 9-19　【图例】子下拉列表

3. 设置图表坐标轴的标题

在【设计】选项卡的【图表布局】组中，单击【添加图表元素】下拉按钮，在弹出的下拉列表中可以打开【坐标轴标题】子下拉列表，如图 9-20 所示。在该下拉列表中可以分别设置横坐标轴标题与纵坐标轴标题。

4. 设置数据标签的显示位置

在有些情况下，图表中的形状无法精确表达其所代表的数据，Excel 提供的数据标签功能可以很好地解决这个问题。数据标签可以用精确数值显示其对应形状所代表的数据。在【设计】选项卡的【图表布局】组中，单击【添加图表元素】下拉按钮，在弹出的下拉列表中可以打开【数据标签】子下拉列表，如图 9-21 所示。在该下拉列表中可以设置数据标签在图表中的显示位置。

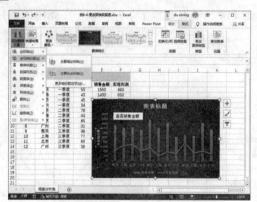

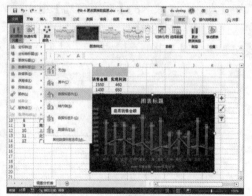

图 9-20　【坐标轴标题】子下拉列表　　　　　　图 9-21　【数据标签】子下拉列表

9.3.4　设置图表坐标轴

坐标轴用于显示图表的数据刻度或项目分类，而网格线可以更清晰地了解图表中的数值。在【设计】选项卡的【图表布局】组中，单击【添加图表元素】下拉按钮，在弹出的下拉列表中，

计算机基础与实训教材系列

可以根据需要详细设置图表坐标轴与网格线等属性。

1. 设置坐标轴

在【设计】选项卡的【图表布局】组中，单击【添加图表元素】下拉按钮，在弹出的下拉列表中选择【坐标轴】选项，如图 9-22 所示，在弹出的子下拉列表中可以分别设置横坐标轴与纵坐标轴的格式与分布。在【坐标轴】子下拉列表中选择【更多轴选项】命令，可以打开【设置坐标轴格式】窗格，在该窗格中可以设置坐标轴的详细参数，如图 9-23 所示。

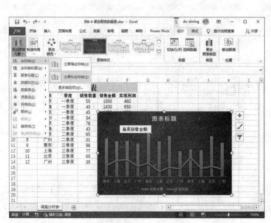

图 9-22　【坐标轴】子下拉列表

图 9-23　【设置坐标轴格式】窗格

2. 设置网格线

在【设计】选项卡的【图表布局】组中，单击【添加图表元素】下拉按钮，在弹出的下拉列表中选择【网格线】选项，如图 9-24 左图所示，在弹出的子下拉列表中可以设置启用或关闭网格线，如图 9-24 右图所示为显示主轴主要垂直网格线。

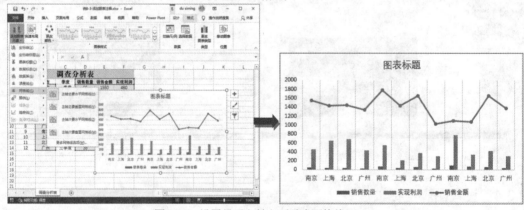

图 9-24　设置显示主轴主要垂直网格线

9.3.5　设置图表背景

在 Excel 2019 中，可以为图表设置背景，对于一些三维立体图表还可以设置图表的背景墙与基底背景。

1. 设置绘图区背景

选中图表后，在【格式】选项卡的【当前所选内容】组中单击【图表元素】下拉按钮，在弹出的下拉列表中选择【绘图区】选项，然后单击【设置所选内容格式】按钮，打开【设置绘图区格式】窗格。

在【设置绘图区格式】窗格中展开【填充】选项区域后，选中【纯色填充】单选按钮，然后单击【填充颜色】按钮 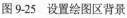，即可在弹出的面板中为图表绘图区设置背景颜色，如图 9-25 所示。

2. 设置三维图表的背景

三维图表与二维图表相比多了一个面，因此在设置图表背景的时候需要分别设置图表的背景墙与基底背景。

【例 9-5】 在"成绩统计"工作表中为图表设置三维图表背景。　📹 视频

(1) 选中工作表中的图表，选择【图表工具】|【设计】选项卡，然后单击【更改图表类型】按钮，打开【更改图表类型】对话框，在【柱形图】列表框中选择【三维簇状柱形图】选项，然后单击【确定】按钮，如图 9-26 所示。

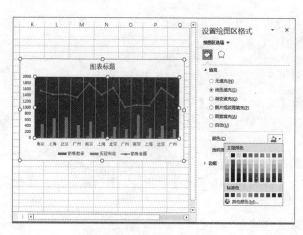

图 9-25　设置绘图区背景

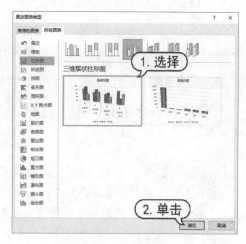

图 9-26　更改图表类型

(2) 此时，原来的柱形图将更改为【三维簇状柱形图】类型。

(3) 打开【图表工具】的【格式】选项卡，在【当前所选内容】组中单击【图表元素】下拉按钮，在弹出的下拉列表中选择【背景墙】选项，如图 9-27 所示。

(4) 在【当前所选内容】组中单击【设置所选内容格式】按钮，打开【设置背景墙格式】窗格，然后在该窗格中展开【填充】选项区域，选中【渐变填充】单选按钮。

(5) 此时，即可改变工作表中三维簇状柱形图背景墙的颜色，效果如图 9-28 所示。

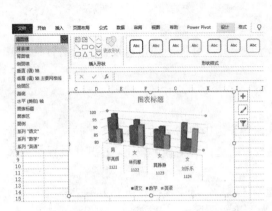

图 9-27 选择当前所选内容为"背景墙" 　　　　图 9-28 改变背景墙颜色

在【设置背景墙格式】窗格的【渐变填充】选项区域中，用户可以设置具体的渐变填充属性参数，包括类型、方向、渐变光圈、颜色、位置等。

9.3.6 设置图表格式

插入图表后，还可以根据需要自定义设置图表的相关格式，包括图表形状的样式、图表文本样式等，使图表变得更加美观。

1. 设置图表中各个元素的样式

在 Excel 2019 电子表格中插入图表后，用户可以根据需要调整图表中任意元素的样式，例如图表区的样式、绘图区的样式以及数据系列的样式等。

【例 9-6】 在工作表中设置图表中各种元素的样式。 🎬视频

(1) 继续例 9-5 的操作，选中图表，选择【图表工具】|【格式】选项卡，在【形状样式】组中单击【其他】下拉按钮▼，在弹出的【形状样式】下拉列表中选择一种预设样式，如图 9-29所示。

(2) 返回工作表窗口，即可查看新设置的图表区样式。

(3) 选定图表中的【英语】数据系列，在【格式】选项卡的【形状样式】组中，单击【形状填充】按钮，在弹出的菜单中选择【白色】。

(4) 返回工作表窗口，此时【英语】数据系列的形状颜色更改为白色。

(5) 在图表中选择垂直轴主要网格线，在【格式】选项卡的【形状样式】组中，单击【其他】按钮▼，从弹出的列表框中选择一种网格线样式。

(6) 返回工作表窗口，即可查看图表网格线的新样式，如图 9-30 所示。

2. 设置图表中的文本格式

文本是 Excel 2019 图表不可或缺的元素，如图表标题、坐标轴刻度、图例以及数据标签等元素都是通过文本来表示的。在设置图表时，还可以根据需要设置图表中文本的格式。

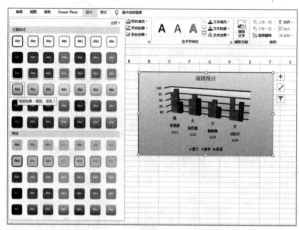

图 9-29　使用预设样式设置图表区

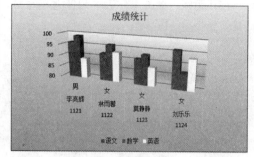

图 9-30　图表效果

9.4　制作数据透视表

数据透视表是一种从 Excel 数据表、关系数据库文件或 OLAP 多维数据集中的特殊字段中总结信息的分析工具，它能够对大量数据快速汇总并建立交叉列表的交互式动态表格，帮助用户分析和组织数据。

9.4.1　创建数据透视表

在 Excel 2019 中，用户可以参考以下实例所介绍的方法，创建数据透视表。

【例 9-7】 在"产品销售"工作表中创建数据透视表。 视频

(1) 打开"产品销售"工作表，选中数据表中的任意单元格，选择【插入】选项卡，单击【表格】组中的【数据透视表】按钮，如图 9-31 所示。

(2) 打开【创建数据透视表】对话框，选中【现有工作表】单选按钮，单击 按钮，如图 9-32 所示。

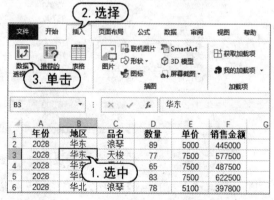

图 9-31　单击【数据透视表】按钮

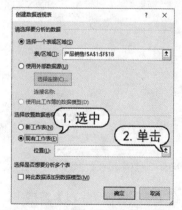

图 9-32　【创建数据透视表】对话框

(3) 单击 H1 单元格，然后按下 Enter 键。

(4) 返回【创建数据透视表】对话框后，在该对话框中单击【确定】按钮。在显示的【数据透视表字段】窗格中，选中需要在数据透视表中显示的字段，如图 9-33 所示。

(5) 最后，单击工作表中的任意单元格，关闭【数据透视表字段】窗格，完成数据透视表的创建，如图 9-34 所示。

行标签	求和项:销售金额	求和项:单价	求和项:数量	求和项:年份
⊟东北	1224800	14800	168	4058
卡西欧	776000	9700	80	2029
浪琴	448800	5100	88	2029
⊟华北	1629800	20300	321	8113
浪琴	1629800	20300	321	8113
⊟华东	3001200	38700	473	12171
阿玛尼	661200	8700	76	2029
浪琴	1275000	15000	255	6086
天梭	1065000	15000	142	4056
⊟华南	2712950	37300	291	8116
阿玛尼	1270200	17400	146	4058
卡西欧	1442750	19900	145	4058
⊟华中	622500	7500	83	2028
天梭	622500	7500	83	2028
总计	9191250	118600	1336	34486

图 9-33 【数据透视表字段】窗格　　　　　　图 9-34 数据透视表效果

完成数据透视表的创建后，在【数据透视表字段】窗格中选中具体的字段，将其拖动到窗格底部的【筛选】【列】【行】和【值】等区域，可以调整字段在数据透视表中显示的位置，如图 9-35 所示。完成后的数据透视表的结构设置如图 9-36 所示。

年份	(全部)		
行标签	求和项:销售金额	求和项:单价	求和项:数量
⊟东北	1224800	14800	168
卡西欧	776000	9700	80
浪琴	448800	5100	88
⊟华北	1629800	20300	321
浪琴	1629800	20300	321
⊟华东	3001200	38700	473
阿玛尼	661200	8700	76
浪琴	1275000	15000	255
天梭	1065000	15000	142
⊟华南	2712950	37300	291
阿玛尼	1270200	17400	146
卡西欧	1442750	19900	145
⊟华中	622500	7500	83
天梭	622500	7500	83
总计	9191250	118600	1336

图 9-35 调整字段在数据透视表的显示位置　　　　图 9-36 数据透视表的结构变化

在【数据透视表字段】窗格中，清晰地反映了数据透视表的结构，在该窗格中用户可以向数据透视表中添加、删除、移动字段，并设置字段的格式。

9.4.2　布局数据透视表

成功创建数据透视表后，用户可以通过设置数据透视表的布局，使数据透视表能够满足不同角度数据分析的需求。

用户在【数据透视表字段】窗格中拖动字段按钮，即可调整数据透视表的布局。以例 9-7 创建的数据透视表为例，如果需要调整"地区"和"品名"的结构次序，可以在【数据透视表字段】窗格的【行】区域中拖动这两个字段的位置，如图 9-37 所示。

图 9-37　调整数据透视表的结构

当字段显示在数据透视表的列区域或行区域时，将显示字段中的所有项。但如果字段位于筛选区域中，其所有项都将成为数据透视表的筛选条件。用户可以控制在数据透视表中只显示满足筛选条件的项。

1. 显示筛选字段的多个数据项

若用户需要对报表筛选字段中的多个项进行筛选，可以参考以下方法。

(1) 单击数据透视表筛选字段中【年份】后的下拉按钮，在弹出的下拉列表中选中【选择多项】复选框。

(2) 选中需要显示年份数据前的复选框，然后单击【确定】按钮，如图 9-38 所示。

(3) 完成以上操作后，数据透视表的内容也将发生相应的变化，如图 9-39 所示。

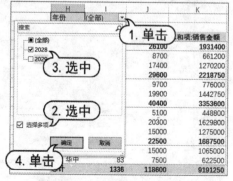

图 9-38　选择需要显示的年份数据　　图 9-39　数据透视表效果

2. 显示报表筛选页

通过选择报表筛选字段中的项目，用户可以对数据透视表的内容进行筛选，筛选结果仍然显示在同一个表格内。

【例 9-8】 快速生成数据分析报表。 视频

(1) 打开如图 9-40 所示的"销售分析表"工作表，选中 H1 单元格，单击【插入】选项卡中的【数据透视表】按钮。

(2) 打开【创建数据透视表】对话框，单击【表/区域】文本框后的 按钮，如图 9-41 所示。

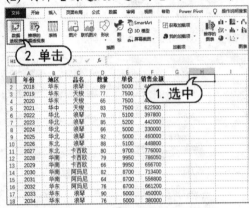
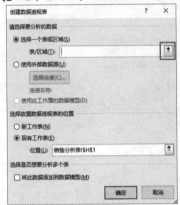

图 9-40 "销售分析表"工作表   图 9-41 设置表/区域

(3) 选中 A1：F18 单元格区域后按下 Enter 键，如图 9-42 所示。

(4) 返回【创建数据透视表】对话框，单击【确定】按钮，打开【数据透视表字段】窗格，选中【选择要添加到报表的字段】列表中的所有选项，将【行】区域中的【地区】和【品名】字段拖动到【筛选】区域，将【值】区域中的【年份】字段拖动到【行】区域，如图 9-43 所示。

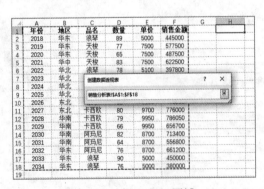

图 9-42 选择 A1:F18 区域   图 9-43 设置添加到报表的字段

(5) 选中数据透视表中的任意单元格，单击【分析】选项卡中的【选项】下拉按钮，在弹出的列表中选择【显示报表筛选页】选项，如图 9-44 所示。

(6) 打开【显示报表筛选页】对话框，选中【品名】选项，单击【确定】按钮，如图 9-45 所示。

图 9-44　显示报表筛选页

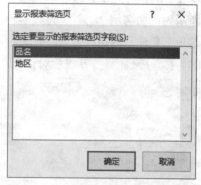

图 9-45　【显示报表筛选页】对话框

(7) 此时，Excel 将根据【品名】字段中的数据，创建对应的工作表，如图 9-46 所示。

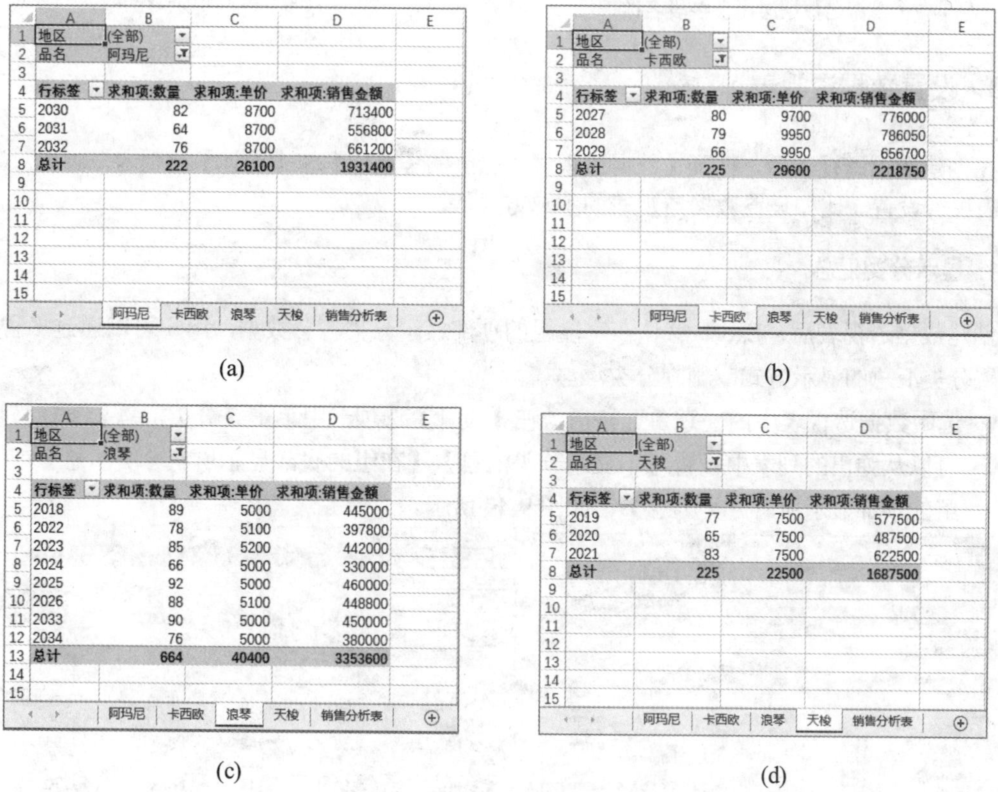

(a)

(b)

(c)

(d)

图 9-46　Excel 根据【品名】字段中的数据创建的工作表

3. 重命名字段

在创建数据透视表后，数据区域中添加的字段将被 Excel 自动重命名，例如"年份"变成了"求和项：年份"，"数量"变成了"求和项：数量"，这样会增加字段所在列的列宽，使整个表格的整体效果变差。

若用户需要重命名字段的名称，可以直接修改数据透视表中的字段名称，方法是：单击数据透视表中的列标题单元格"求和项：年份"，然后输入新的标题，并按下 Enter 键即可。图 9-47 所示为重命名例 9-7 创建的数据透视表中行标签字段的结果。

这里需要注意的是：数据透视表中每个字段的名称必须是唯一的，如果出现两个字段具有相同的名称，Excel 将打开提示对话框，提示字段名已存在，如图 9-48 所示。

行标签	年份统计	数量统计	单价统计	金额统计
⊟东北	4058	168	14800	1224800
卡西欧	2029	80	9700	776000
浪琴	2029	88	5100	448800
⊟华北	8113	321	20300	1629800
浪琴	8113	321	20300	1629800
⊟华东	12171	473	38700	3001200
阿玛尼	2029	76	8700	661200
浪琴	6086	255	15000	1275000
天梭	4056	142	15000	1065000
⊟华南	8116	291	37300	2712950
阿玛尼	4058	146	17400	1270200
卡西欧	4058	145	19900	1442750
⊟华中	2028	83	7500	622500
天梭	2028	83	7500	622500
总计	34486	1336	118600	9191250

图 9-47　重命名数据透视表字段名称

图 9-48　提示对话框

9.4.3　设置数据透视表

在创建数据透视表后，打开【数据透视表工具】的【选项】和【设计】选项卡，可以对数据透视表进行设置。比如设置数据透视表的汇总方式等。

1. 显示分类汇总

创建数据透视表后，Excel 默认在字段组的顶部显示分类汇总数据，用户可以通过多种方法设置分类汇总的显示方式或删除分类汇总。

▽ 选中数据透视表中的任意单元格后，在【设计】选项卡中单击【分类汇总】下拉按钮，可以从弹出的列表中设置【不显示分类汇总】【在组的底部显示所有分类汇总】或【在组的顶部显示所有分类汇总】，如图 9-49 所示。

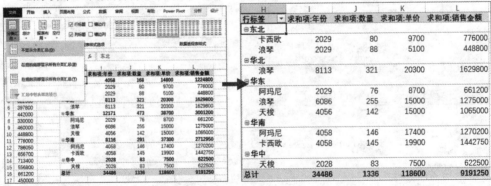

图 9-49　设置数据透视表不显示分类汇总

▽ 通过字段设置可以设置分类汇总的显示形式。在数据透视表中选中【行标签】列中的任意单元格，然后单击【分析】选项卡中的【字段设置】按钮。在打开的【字段设置】对话框中，用户可以通过选中【无】单选按钮，删除分类汇总的显示，或者选择【自定义】选项修改分类汇总显示的数据内容，如图 9-50 所示。

▽ 右击数据透视表中字段名列中的单元格，在弹出的快捷菜单中选择【分类汇总"字段名"】(例如分类汇总"地区")命令，可以实现分类汇总的显示或隐藏的切换，如图 9-51 所示。

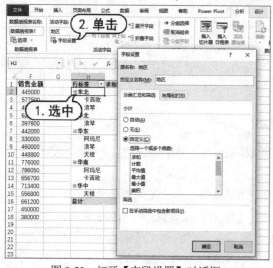

图 9-50 打开【字段设置】对话框

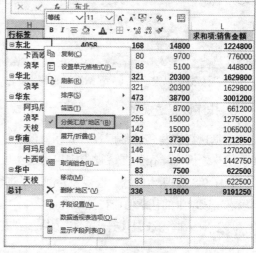

图 9-51 右键菜单

2. 更改报表格式

选中数据透视表后，在【设计】选项卡的【布局】组中单击下面图 9-52(a)所示的【报表布局】下拉按钮，用户可以更改数据透视表的报表格式，包括以压缩形式显示、以大纲形式显示、以表格形式显示等几种格式，图 9-52(b)所示为"以压缩形式显示"格式显示数据透视表。

(a)

行标签	求和项:年份	求和项:数量	求和项:单价	求和项:销售金额
⊟东北	4058	168	14800	1224800
卡西欧	2029	80	9700	776000
浪琴	2029	88	5100	448800
⊟华北	8113	321	20300	1629800
浪琴	8113	321	20300	1629800
⊟华东	12171	473	38700	3001200
阿玛尼	2029	76	8700	661200
浪琴	6086	255	15000	1275000
天梭	4056	142	15000	1065000
⊟华南	8116	291	37300	2712950
阿玛尼	4058	146	17400	1270200
卡西欧	4058	145	19900	1442750
⊟华中	2028	83	7500	622500
天梭	2028	83	7500	622500
总计	34486	1336	118600	9191250

(b)

图 9-52 "以压缩形式显示"格式显示数据透视表

使用不同的报表格式，可以满足不同数据分析的需求，以图 9-52 所示的数据透视表为例，如果在【报表布局】下拉列表中选择【以大纲形式显示】选项，数据透视表的效果将如图 9-53

计算机基础与实训教材系列

所示。如果在【报表布局】下拉列表中选择【以表格形式显示】选项，数据透视表将更加直观、便于阅读，如图 9-54 所示。

地区	品名	求和项:年份	求和项:数量	求和项:单价	求和项:销售金额
东北		4058	168	14800	1224800
	卡西欧	2029	80	9700	776000
	浪琴	2029	88	5100	448800
华北		8113	321	20300	1629800
	浪琴	8113	321	20300	1629800
华东		12171	473	38700	3001200
	阿玛尼	2029	76	8700	661200
	浪琴	6086	255	15000	1275000
	天梭	4056	142	15000	1065000
华南		8116	291	37300	2712950
	阿玛尼	4058	146	17400	1270200
	卡西欧	4058	145	19900	1442750
华中		2028	83	7500	622500
	天梭	2028	83	7500	622500
总计		34486	1336	118600	9191250

图 9-53 以大纲形式显示数据透视表

地区	品名	求和项:年份	求和项:数量	求和项:单价	求和项:销售金额
东北	卡西欧	2029	80	9700	776000
	浪琴	2029	88	5100	448800
东北 汇总		4058	168	14800	1224800
华北	浪琴	8113	321	20300	1629800
华北 汇总		8113	321	20300	1629800
华东	阿玛尼	2029	76	8700	661200
	浪琴	6086	255	15000	1275000
	天梭	4056	142	15000	1065000
华东 汇总		12171	473	38700	3001200
华南	阿玛尼	4058	146	17400	1270200
	卡西欧	4058	145	19900	1442750
华南 汇总		8116	291	37300	2712950
华中	天梭	2028	83	7500	622500
华中 汇总		2028	83	7500	622500
总计		34486	1336	118600	9191250

图 9-54 以表格形式显示数据透视表

3. 排序数据透视表

数据透视表与普通数据表有着相似的排序功能和完全相同的排序规则。在普通数据表中可以实现的排序操作，在数据透视表中也可以实现。

以图 9-55(a)所示的数据透视表为例，要对数据透视表中的"卡西欧"项按从左到右升序排列，可以右击该项中的任意值，在弹出的快捷菜单中选择【排序】|【其他排序选项】命令。打开【按值排序】对话框，选中【升序】和【从左到右】单选按钮，然后单击【确定】按钮即可，如图 9-55(b)所示。

(a)   (b)

图 9-55 设置按值排序数据

4. 移动数据透视表

对于已经创建好的数据透视表，不仅可以在当前工作表中移动位置，还可以将其移动到其他工作表中。移动后的数据透视表保留原位置数据透视表的所有属性与设置，不用担心由于移动数据透视表而造成数据出错的故障。

(1) 打开工作表后，选中数据透视表中的任意单元格，单击【分析】选项卡中的【移动数据透视表】按钮，打开【移动数据透视表】对话框，选中【现有工作表】单选按钮，如图 9-56 所示。

(2) 单击【位置】文本框后的 按钮，选择"数据分析表"工作表的 A1 单元格，按下 Enter

键，返回【移动数据透视表】对话框，单击【确定】按钮即可。

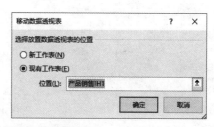

图 9-56　打开【移动数据透视表】对话框

9.5　使用切片器

切片器是 Excel 中自带的一个简便的筛选组件，它包含一组按钮。使用切片器可以方便地筛选出数据表中的数据。

9.5.1　插入切片器

要在数据透视表中筛选数据，首先需要插入切片器，选中数据透视表中的任意单元格，打开【分析】选项卡，在【筛选】组中单击【插入切片器】按钮。在打开的【插入切片器】对话框中选中所需字段前面的复选框，然后单击【确定】按钮，即可显示插入的切片器，如图 9-57 所示。

图 9-57　插入切片器

插入的切片器像卡片一样显示在工作表内，在切片器中单击需要筛选的字段，如在图 9-58 (a)所示的【地区】切片器中单击【华东】选项，在切片器里则会自动选中与之相关的项目名称，而且在数据透视表中也会显示相应的数据，如图 9-58 (b)所示。

(a)   (b)

图 9-58　使用切片器

若单击切片器右上角的【清除筛选器】按钮，即可清除对字段的筛选。另外，选中切片器后，将光标移动到切片器边框上，当光标变成形状时，按住鼠标左键进行拖动，可以调整切片器的位置。打开【切片器工具】的【选项】选项卡，在【大小】组中还可以设置切片器的大小。在切片器筛选框中，按住 Ctrl 键的同时可以选中多个字段项进行筛选。

要清除切片器的筛选器可以直接单击切片器右上方的【清除筛选器】按钮，或者右击切片器，从弹出的快捷菜单中选择【从"(切片器名称)"中清除筛选器】命令，即可清除筛选器。

要彻底删除切片器，只需在切片器内右击鼠标，在弹出的快捷菜单中选择【删除"(切片器名称)"】命令，即可删除该切片器。

9.5.2　共享切片器

当用户使用同一个数据源创建了多个数据透视表后，通过在切片器内设置数据表连接，可以使切片器实现共享，从而使多个数据透视表进行联动，每当筛选切片器内的一个字段项时，多个数据表会同时更新。

(1) 在工作表内的任意一个数据透视表中插入【地区】字段的切片器。单击切片器的空白区域，选择【选项】选项卡，单击【报表连接】按钮，如图 9-59 所示。

(2) 打开【数据透视表连接(地区)】对话框，选中其中的数据透视表 1 和数据透视表 2 前的复选框，然后单击【确定】按钮，如图 9-60 所示。

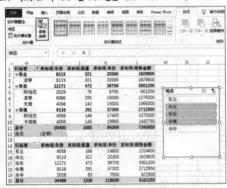

图 9-59　报表连接

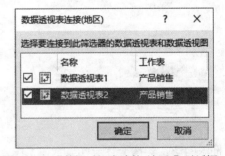

图 9-60　【数据透视表连接(地区)】对话框

(3) 此时，在【地区】切片器中选择某一个字段项，工作表中的两个数据透视表将同时更新，显示与之相对应的数据。

9.6　创建数据透视图

数据透视图是针对数据透视表统计出的数据进行展示的一种手段。下面将通过实例详细介绍创建数据透视图的方法。

【例 9-9】　创建数据透视图。　　视频

(1) 选中图 9-61 所示工作表中的整个数据透视表，然后选择【分析】选项卡，单击【工具】组中的【数据透视图】按钮。

(2) 在打开的【插入图表】对话框中选中一种数据透视图样式后，单击【确定】按钮，如图 9-62 所示。

图 9-61　创建数据透视图

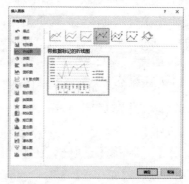

图 9-62　【插入图表】对话框

(3) 返回工作表后，即可看到创建的数据透视图效果，如图 9-63 所示。

完成数据透视图的创建后，用户可以参考下面介绍的方法修改其显示的项目。

(1) 选中并右击工作表中插入的数据透视图，然后在弹出的快捷菜单中选择【显示字段列表】命令。在显示的【数据透视图字段】窗格中的【选择要添加到报表的字段】列表框中，可以根据需要，选择在图表中显示的图例。

(2) 单击具体项目选项后的下拉按钮（例如单击【地区】选项），在弹出的下拉菜单中，可以设置图表中显示的项目，如图 9-64 所示。

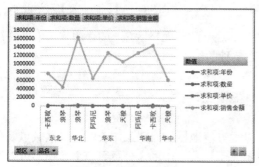

图 9-63　数据透视图

图 9-64　设置图表中显示的项目

计算机基础与实训教材系列

9.7 设置打印报表

在实际工作中将电子报表打印成纸质文档相当普及,下面将介绍使用 Excel 2019 打印表格的设置方法。

9.7.1 设置打印区域

在默认方式下,Excel 只打印那些包含数据或格式的单元格区域,如果选定的工作表中不包含任何数据或格式以及图表、图形等对象,则在执行打印命令时会打开警告窗口,提示用户未发现打印内容。但如果用户选定了需要打印的固定区域,即使其中不包含任何内容,Excel 也允许将其打印输出。设置打印区域有如下几种方法。

▽ 选定需要打印的区域后,单击【页面布局】选项卡中的【打印区域】下拉按钮,在弹出的下拉列表中选择【设置打印区域】命令,即可将当前选定区域设置为打印区域,如图 9-65 所示。

▽ 在工作表中选定需要打印的区域后,按下 Ctrl+P 组合键,打开打印选项菜单,单击【打印活动工作表】下拉按钮,在弹出的下拉列表中选择【打印选定区域】命令,然后单击【打印】命令。

▽ 选择【页面布局】选项卡,在【页面设置】组中单击【打印标题】按钮,打开【页面设置】对话框,选择【工作表】选项卡。将鼠标定位到【打印区域】的编辑栏中,然后在当前工作表中选取需要打印的区域,选取完成后在对话框中单击【确定】按钮即可,如图 9-66 所示。

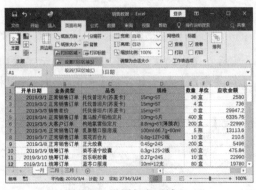

图 9-65 设置打印区域

图 9-66 【页面设置】对话框

打印区域可以是连续的单元格区域,也可以是非连续的单元格区域。如果用户选取非连续区域进行打印,Excel 将会把不同的区域各自打印在单独的纸张页面之上。

9.7.2 设置打印分页符

在 Excel 中使用【分页预览】视图模式,可以很方便地显示当前工作表的打印区域以及分页设置,并且可以直接在视图中调整分页。单击【视图】选项卡中的【分页预览】按钮,可以进入如图 9-67 所示的分页预览模式。

标识打印区域的粗实线

标识分页符的粗虚线

图 9-67　分页预览模式

在图 9-67 所示的分页预览视图中，打印区域中粗虚线的名称为"自动分页符"，它是 Excel 根据打印区域和页面范围自动设置的分页标志。在虚线上方的表格区域中，背景下方的灰色文字显示了此区域的页次。用户可以对自动产生的分页符的位置进行调整，将鼠标移动至粗虚线的上方，当鼠标指针显示为黑色双向箭头时，按住鼠标左键拖动，可以移动分页符的位置，移动后的分页符由粗虚线改变为粗实线显示，此粗实线为"人工分页符"，如图 9-68 所示。

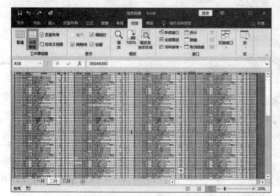 

图 9-68　调整打印分页符的位置

除了调整分页符外，用户还可以在打印区域中插入新的分页符，具体方法如下。

▽ 如果需要插入水平分页符(将多行内容划分在不同页面上)，则需要选定分页符的下一行的最左侧单元格，右击鼠标，在弹出的快捷菜单中选择【插入分页符】命令，Excel 将沿着

计算机基础与实训教材系列

选定单元格的边框上沿插入一条水平方向的分页符实线。如图 9-69 所示，如果希望从第 55 行开始的内容分页显示，则可以选中 A55 单元格插入水平分页符。

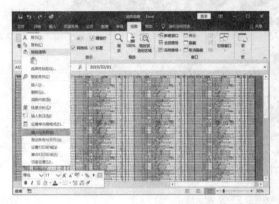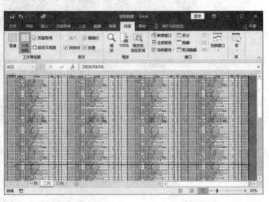

图 9-69　在第 55 行插入水平分页符

▽　如果需要插入垂直分页符(将多列内容划分在不同页面上)，则需要选定分页位置的右侧列的最顶端单元格，右击鼠标，在弹出的快捷菜单中选择【插入分页符】命令，Excel 将沿着选定单元格的左侧边框插入一条垂直方向的分页符实线。如图 9-70 所示，如果希望将 D 列开始的内容分页显示，则可以选中 D1 单元格插入垂直分页符。

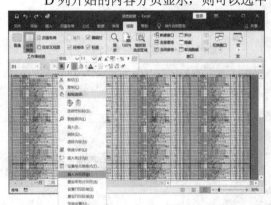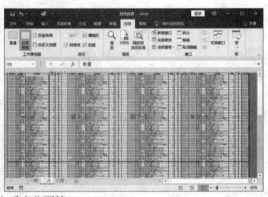

图 9-70　在 D 列插入垂直分页符

如果选定的单元格并非处于打印区域的边缘，则在选择【插入分页符】命令后，会沿着单元格的左侧边框和上侧边框同时插入垂直分页符和水平分页符各一条。

删除人工分页符的操作方法非常简单，选定需要删除的水平分页符下方的单元格，或选中垂直分页符右侧的单元格，右击鼠标，在弹出的快捷菜单中选择【删除分页符】命令即可。如果用户希望去除所有的人工分页设置，恢复自动分页的初始状态，可以在打印区域中的任意单元格上右击鼠标，在弹出的快捷菜单中选择【重设所有分页符】命令。

以上分页符的插入、删除与重设操作除了可以通过右键菜单实现外，还可以通过【页面布局】选项卡中的【分隔符】下拉菜单中的相关命令来实现，如图 9-71 所示。

选择【视图】选项卡，在【工作簿视图】组中单击【普通】按钮，将视图切换到普通视图模式，但分页符仍将显示。如果用户不希望在普通视图模式下显示分页符，可以在【文件】选项卡中选择【选项】命令，打开【Excel 选项】对话框，单击【高级】选项，在【此工作表的显示选项】中取消【显示分页符】复选框的选中状态，如图 9-72 所示。取消分页符的显示并不会改变当前工作表的分页设置。

图 9-71　【页面布局】选项卡中的【分隔符】下拉列表　　图 9-72　设置在普通视图模式中不显示分页符

9.7.3　设置打印页面

在【页面设置】对话框中选择【页面】选项卡，如图 9-73 所示，在该选项卡中可以进行以下设置。

图 9-73　打开【页面设置】对话框的【页面】选项卡

▽ 方向：Excel 默认的打印方向为纵向打印，但对于某些行数较少而列数跨度较大的表格，使用横向打印的效果更为理想。此外，在【页面布局】选项卡的【页面设置】组中单击【纸张方向】下拉列表，也可以对打印方向进行调整。

▽ 缩放：可以调整打印时的缩放比例。用户可以在【缩放比例】的微调框内选择缩放百分比，可以把范围调整为 10%～400%，也可以让 Excel 根据指定的页数来自动调整缩放比例。

▽ 纸张大小：在该下拉列表中可以选择纸张尺寸。可供选择的纸张尺寸与当前选定的打印机有关。此外，在【页面布局】选项卡中单击【纸张大小】按钮也可对纸张尺寸进行选择。

▽ 打印质量：可以选择打印的精度。对于需要显示图片细节内容的情况可以选择高质量的打印方式，而对于只需要显示普通文字内容的情况则可以相应地选择较低的打印质量。打印质量的高低影响打印机耗材的消耗程度。

▽ 起始页码：Excel 默认设置为【自动】，即以数字 1 开始为页码标号，但如果用户需要页码起始于其他数字，则可在此文本框内填入相应的数字。例如输入数字 7，则第一张的页码即为 7，第二张的页码为 8，以此类推。

在【页面设置】对话框中选择【页边距】选项卡，如图 9-74 所示，在该选项卡中可以进行以下设置。

▽ 页边距：可以在上、下、左、右 4 个方向上设置打印区域与纸张边界之间的留空距离。

▽ 页眉：在页眉微调框内可以设置页眉至纸张顶端之间的距离，通常此距离需要小于上页边距。

▽ 页脚：在页脚微调框内可以设置页脚至纸张底端之间的距离，通常此距离需要小于下页边距。

▽ 居中方式：如果在页边距范围内的打印区域还没有被打印内容填满，则可以在【居中方式】选项区域中选择将打印内容显示为【水平】或【垂直】居中，也可以同时选中两种居中方式。在对话框中间的矩形框内会显示当前设置下的表格内容位置。

此外，在【页面布局】选项卡中单击【页边距】按钮也可以对边距进行调整，【页边距】下拉列表中提供了【上次的自定义设置】【常规】【宽】【窄】和【自定义页边距】等多种设置方式，如图 9-75 所示，选择【自定义页边距】选项后将打开【页面设置】对话框。

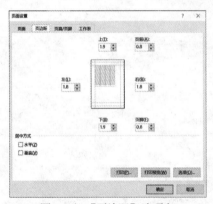

图 9-74　【页边距】选项卡

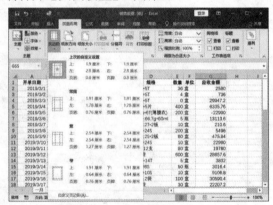

图 9-75　【页边距】下拉列表

9.7.4　打印设置和预览

在【文件】选项卡中选择【打印】命令，或按下 Ctrl+P 组合键，打开打印选项菜单，在此菜单中可以对打印方式进行更多的设置。

▽ 打印机：在【打印机】区域的下拉列表中可以选择当前计算机上所安装的打印机。如图 9-76 所示，当前选定的打印机是一台名为 Microsoft XPS Document Writer 的打印机，这是在 Office 软件默认安装中所包含的虚拟打印机，使用该打印机可以将当前的文档输出为 XPS 格式的可携式文件之后再打印。

▽ 页数：可以选择打印的页面范围，全部打印或指定某个页面范围。

- ▽ 打印活动工作表：可以选择打印的对象。默认为选定工作表，也可以选择整个工作簿或当前选定区域等。
- ▽ 份数：可以选择打印文档的份数。
- ▽ 对照：如果选择打印多份，在【对照】下拉列表中可进一步选择打印多份文档的顺序。默认为 123 类型逐份打印，即打印完一份完整文档后继续打印下一份副本。如果选择【非对照】选项，则会以 111 类型按页方式打印，即打印完第一页的多个副本后再打印第二页的多个副本，以此类推，【对照】下拉列表如图 9-77 所示。

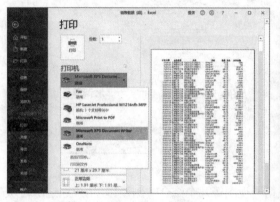
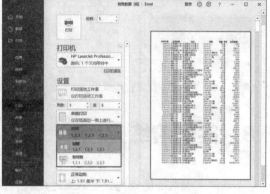

图 9-76　【打印机】下拉列表　　　　　　图 9-77　【对照】下拉列表

　　单击【打印】按钮，可以按照当前的打印设置方式进行打印。此外，在打印选项菜单中还可以进行纸张方向、纸张大小、页面边距和文件缩放的一些设置。

　　在对 Excel 工作表进行最终打印之前，用户可以通过【打印预览】来观察当前的打印设置是否符合要求。在【视图】选项卡中单击【页面布局】按钮也可以对文档进行预览，如图 9-78 所示。

　　在【页面布局】预览模式下，【视图】选项卡中各个按钮的具体作用如下所示。

- ▽ 普通：返回【普通】视图模式。
- ▽ 分页预览：退出【页面布局】视图模式，以【分页预览】的视图模式显示工作表。
- ▽ 页面布局：进入【页面布局】视图模式。
- ▽ 自定义视图：打开【视图管理器】对话框，用户可以添加自定义的视图。
- ▽ 标尺：显示在编辑栏的下方，拖动【标尺】的灰色区域可以调整页边距，取消选中【标尺】复选框将不再显示标尺。
- ▽ 网格线：显示工作表中默认的网格线，取消【网格线】复选框的选中状态将不再显示网格线。
- ▽ 编辑栏：输入公式或编辑文本，取消【编辑栏】复选框的选中状态将隐藏编辑栏。
- ▽ 标题：显示行号和列标，取消【标题】复选框的选中状态将不再显示行号和列标。
- ▽ 显示比例：放大或缩小预览显示。
- ▽ 100%：将文档缩放为正常大小的 100%。
- ▽ 缩放到选定区域：用于重点关注的表格区域，使当前选定的单元格区域充满整个窗口。

　　此外，在【页面布局】预览模式中，拖动【标尺】的灰色区域可以调整页边距，如图 9-79 所示。

计算机基础与实训教材系列

上页边距

左页边距

右页边距

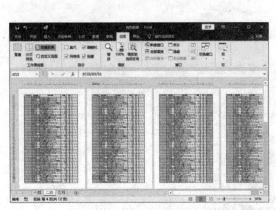

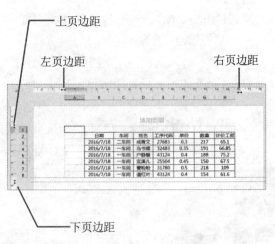

下页边距

图 9-78　预览打印效果　　　　　　　　　　图 9-79　拖动标尺的灰色区域调整页边距

9.8　实例演练

本章的实例演练部分为创建数据透视表和数据透视图等几个综合实例操作，用户通过练习从而巩固本章所学知识。

9.8.1　制作动态图表

【例 9-10】制作可以动态显示数据的饼图。📹视频

(1) 在工作表中输入数据后，选中 A1:B9 单元格区域，选择【插入】选项卡，单击【插入饼图或圆环图】下拉按钮，从弹出的下拉列表中选择【饼图】选项，如图 9-80 所示。

(2) 在工作表中插入一个饼图，选择【设计】选项卡，单击【图表布局】组中的【添加图表元素】下拉按钮，从弹出的下拉列表中选择【图例】|【右侧】选项，在图表中显示图例，如图 9-81 所示。

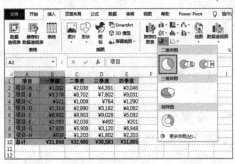

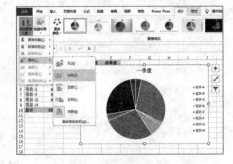

图 9-80　创建饼图　　　　　　　　　　图 9-81　设置显示图例

(3) 选中图表中的图例，拖动其四周的控制点调整图例大小，如图 9-82 所示。

(4) 选中图表区，选择【格式】选项卡，单击【形状样式】组中的【形状填充】下拉按钮，从弹出的下拉列表中为图表设置一个背景颜色，如图 9-83 所示。

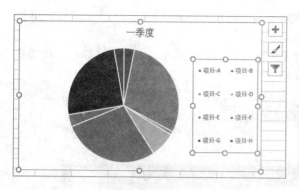

图 9-82　调整图例大小

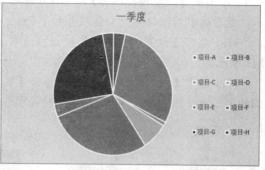

图 9-83　设置图表背景颜色

(5) 选择【插入】选项卡，单击【插图】组中的【形状】下拉按钮，从弹出的下拉列表中选择【矩形】选项，在图表上绘制一个矩形，设置其填充色并输入文本，如图 9-84 所示。

(6) 选择【文件】选项卡，在弹出的菜单中选择【选项】命令，打开【Excel 选项】对话框，选择【自定义功能区】选项，选中【开发工具】复选框，单击【确定】按钮，如图 9-85 所示。

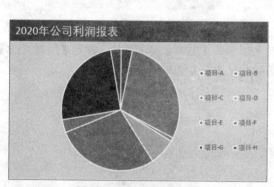

图 9-84　添加矩形图形

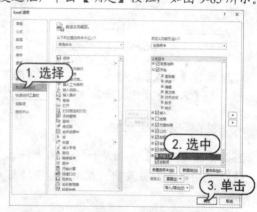

图 9-85　【Excel 选项】对话框

(7) 在 N1:N4 单元格区域中输入 "一季度" "二季度" "三季度" 和 "四季度"。选择【开发工具】选项卡，单击【控件】组中的【插入】下拉按钮，从弹出的下拉列表中选择【组合框（窗体控件）】选项，如图 9-86 所示。

(8) 按住鼠标左键，在图表右上方绘制一个组合框控件，然后右击该控件，从弹出的快捷菜单中选择【设置控件格式】命令，如图 9-87 所示。

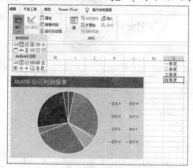

图 9-86　插入组合框控件

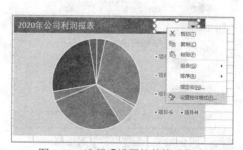

图 9-87　选择【设置控件格式】命令

计算机基础与实训教材系列

(9) 打开【设置控件格式】对话框，单击【数据源区域】文本框右侧的 ⬆ 按钮，如图 9-88 所示，然后选中 N1:N4 单元格区域并按下 Enter 键。

(10) 返回【设置控件格式】对话框，单击【单元格链接】文本框右侧的 ⬆ 按钮，然后选中 M3 单元格。

(11) 选中【三维阴影】复选框，单击【确定】按钮。此时，单击图表右上方的组合框控件右侧的倒三角按钮▼，在弹出的列表中将显示如图 9-89 所示的选项。

图 9-88　【设置控件格式】对话框

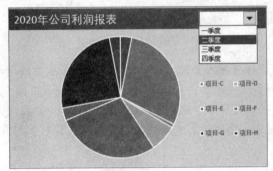

图 9-89　控件效果

(12) 选择【公式】选项卡，单击【定义的名称】组中的【定义名称】按钮，打开【新建名称】对话框，在【名称】文本框中输入"季度"，在【引用位置】文本框中输入公式：

=OFFSET($A$2:$A$9,,$M$3)

然后单击【确定】按钮，如图 9-90 所示。

(13) 选中饼图数据系列，在编辑栏中将公式中的参数替换为定义的名称。

将

=SERIES(Sheet1!$B$1,Sheet1!$A$2:$A$9,Sheet1!$A$2:$A$9,1)

修改为：

=SERIES(Sheet1!$B$1,Sheet1!$A$2:$A$9,Sheet1!季度,1)

如图 9-91 所示。

图 9-90　【新建名称】对话框

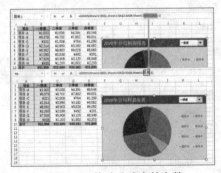

图 9-91　修改公式中的参数

(14) 此时，单击图表右上角的组合框控件右侧的倒三角按钮▼，从弹出的菜单中选择季度名称，即可切换显示数据，如图 9-92 所示。

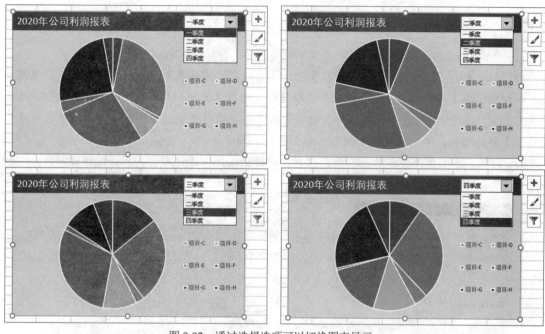

图 9-92　通过选择选项可以切换图表显示

(15) 单击图表右侧的+按钮，从弹出的下拉列表中选择【数据标签】|【最佳位置】选项，在图表中显示数据标签，如图 9-93 所示。

(16) 选中图表中的所有文本，在【开始】选项卡的【字体】组中将图表字体设置为"微软雅黑"，完成后的图表效果如图 9-94 所示。

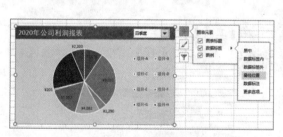

图 9-93　设置显示数据标签

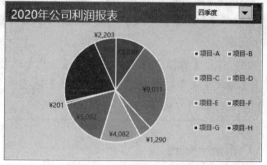

图 9-94　设置图表文字的字体

(17) 最后，选中图表，然后按下 Ctrl+A 组合键选中工作表中所有可以单独选中的对象，右击，从弹出的快捷菜单中选择【组合】|【组合】命令，将图表、控件和矩形形状组合在一起，完成动态图表的制作。

計算機基礎与实训教材系列

9.8.2 制作数据透视表和数据透视图

【例 9-11】 在"模拟考试成绩汇总"工作簿中创建数据透视表和数据透视图。 📹视频

(1) 启动 Excel 2019，打开"模拟考试成绩汇总"工作簿的 Sheet1 工作表。

(2) 选择【插入】选项卡，在【表格】组中单击【数据透视表】按钮，打开【创建数据透视表】对话框，在【请选择要分析的数据】选项区域中选中【选择一个表或区域】单选按钮，然后单击 ⬆ 按钮，选定 A2:F26 单元格区域；在【选择放置数据透视表的位置】选项区域中选中【新工作表】单选按钮，单击【确定】按钮，如图 9-95 所示。

(3) 此时，在工作簿中添加一个新工作表，同时插入数据透视表，并将新工作表命名为"数据透视表"，如图 9-96 所示。

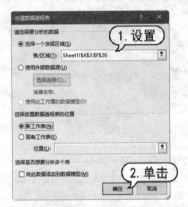

图 9-95 【创建数据透视表】对话框

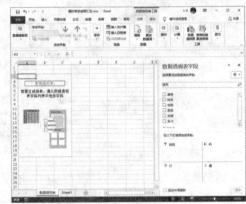

图 9-96 插入数据透视表

(4) 在【数据透视表字段】窗格的【选择要添加到报表的字段】列表中分别选中【姓名】【性别】【班级】【名次】字段前的复选框，此时，可以看到各字段已经添加到数据透视表中，如图 9-97 所示。

(5) 打开【数据透视表工具】的【分析】选项卡，在【工具】组中单击【数据透视图】按钮，打开【插入图表】对话框，在【柱形图】选项卡里选择【三维簇状柱形图】选项，然后单击【确定】按钮，如图 9-98 所示。

图 9-97 选中字段

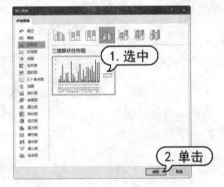

图 9-98 【插入图表】对话框

(6) 打开【数据透视图工具】的【设计】选项卡,在【位置】组中单击【移动图表】按钮,打开【移动图表】对话框。选中【新工作表】单选按钮,在其中的文本框中输入工作表的名称"数据透视图",然后单击【确定】按钮,如图 9-99 所示。

(7) 此时在工作簿中添加一个新工作表"数据透视图",同时数据透视图将插入该工作表中,如图 9-100 所示。

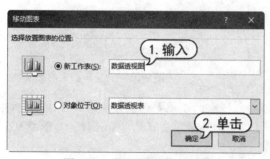

图 9-99 【移动图表】对话框

图 9-100 插入数据透视图

(8) 打开【数据透视图工具】的【设计】选项卡,在【图表布局】组中单击【快速布局】按钮,从弹出的列表框中选择【布局 9】样式,为数据透视图快速应用该样式,如图 9-101 所示。

(9) 修改图表标题、纵坐标标题和横坐标标题文本,如图 9-102 所示。

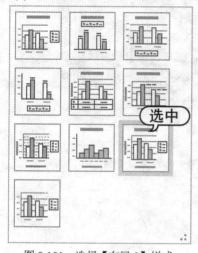

图 9-101 选择【布局 9】样式

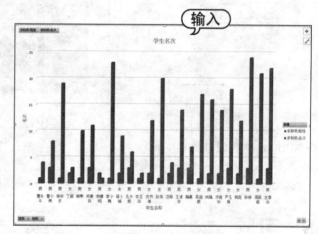

图 9-102 修改文本

(10) 双击图表区中的背景墙,打开【设置背景墙格式】窗格,在【填充】选项区域里选中【图片或纹理填充】单选按钮,选择纹理选项,如图 9-103 所示。

(11) 打开【数据透视图工具】的【分析】选项卡,在【显示/隐藏】组中分别单击【字段列表】和【字段按钮】按钮,显示【数据透视表字段】窗格和字段按钮,单击【班级】字段按钮,从弹出的列表框中选中【1】复选框,单击【确定】按钮,即可在数据透视图中显示 1 班学生的项目,如图 9-104 所示。

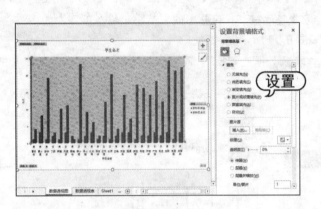

图 9-103　设置背景墙　　　　　　　　　　　　图 9-104　选中【1】复选框

(12) 在【数据透视表字段】窗格的【选择要添加到报表的字段】列表框中单击【性别】右侧的下拉按钮，从弹出的列表框中取消选中【男】复选框，然后单击【确定】按钮，如图 9-105 所示。

(13) 此时，在数据透视图中筛选出 1 班所有男同学的项目，如图 9-106 所示。

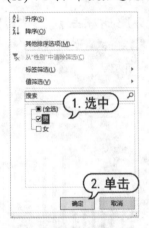

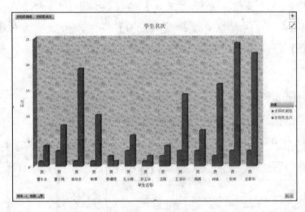

图 9-105　选中【男】复选框　　　　　　　　　　图 9-106　筛选项目

9.9　习题

1. 简述图表的类型。

2. 简述数据透视表和数据透视图的关系。

3. 新建工作簿，输入数据，创建三维饼图图表，然后新建工作表，并分别创建数据透视表和数据透视图。

第 10 章

PowerPoint基础操作

PowerPoint 2019 是 Office 组件中一款用来制作演示文稿的软件，为用户提供了丰富的背景和配色方案，用于制作精美的幻灯片效果。本章将介绍 PowerPoint 2019 的基础内容。

本章重点

- 创建演示文稿
- 幻灯片的基本操作
- 添加幻灯片文本
- 插入修饰元素

二维码教学视频

【例 10-1】 输入文本
【例 10-2】 设置文本格式
【例 10-3】 插入图片
【例 10-4】 插入艺术字
【例 10-5】 插入表格
【例 10-6】 插入 SmartArt 图形

10.1 创建演示文稿

在 PowerPoint 2019 中，用户可以创建各种多媒体演示文稿。演示文稿中的每一页称为幻灯片。

10.1.1 创建空白演示文稿

空白演示文稿是一种形式最简单的演示文稿，没有应用模板设计、配色方案以及动画方案，可以自由设计。创建空白演示文稿的方法主要有以下两种。

▽ 在 PowerPoint 启动界面中创建空白演示文稿：启动 PowerPoint 2019 后，在打开的界面中单击【空白演示文稿】按钮，如图 10-1 所示。

▽ 在【新建】界面中创建空白演示文稿：选择【文件】选项卡，在打开的界面中选择【新建】选项，打开【新建】界面。接下来，在【新建】界面中单击【空白演示文稿】按钮，如图 10-2 所示。

图 10-1　启动界面　　　　　　　　　　　图 10-2　【新建】界面

10.1.2 使用模板创建演示文稿

PowerPoint 除了可以创建最简单的空白演示文稿外，还可以根据自定义模板和内置模板创建演示文稿。模板是一种以特殊格式保存的演示文稿，一旦应用了一种模板后，幻灯片的背景图形、配色方案等就都已经确定，所以套用模板可以提高新建演示文稿的效率。

PowerPoint 提供了许多美观的设计模板，这些设计模板将演示文稿的样式、风格，包括幻灯片的背景、装饰图案、文字布局及颜色、大小等均预先定义好。用户在设计演示文稿时可以先选择演示文稿的整体风格，然后再进行进一步的编辑和修改。

启动 PowerPoint 2019 后，选择【文件】|【新建】命令，然后在打开的界面中选择【花团锦簇】模板选项，如图 10-3 所示。打开对话框，提示联网下载模板，如图 10-4 所示，单击【创建】按钮即可下载模板，稍后将打开该模板创建的演示文稿。

图 10-3　选择模板

图 10-4　单击【创建】按钮

10.1.3　根据现有内容创建演示文稿

如果用户想使用现有演示文稿中的一些内容或风格来设计其他的演示文稿，就可以使用 PowerPoint 的"现有内容"创建一个和现有演示文稿具有相同内容和风格的新演示文稿，用户只需在原有的基础上进行适当修改即可。

首先打开一个空白演示文稿，将光标定位在幻灯片的最后位置，在【插入】选项卡的【幻灯片】组中单击【新建幻灯片】按钮下方的下拉箭头，在弹出的菜单中选择【重用幻灯片】命令。打开【重用幻灯片】任务窗格，单击【浏览】按钮，如图 10-5 所示。打开【浏览】对话框，选择需要使用的现有演示文稿，单击【打开】按钮，如图 10-6 所示。

图 10-5　单击【浏览】按钮

图 10-6　【浏览】对话框

此时【重用幻灯片】任务窗格中显示现有演示文稿中所有可用的幻灯片，在幻灯片列表中单击需要的幻灯片，将其插入指定位置，如图 10-7 所示。

图 10-7　插入幻灯片

10.2 幻灯片的基础操作

幻灯片是演示文稿的重要组成部分，在 PowerPoint 2019 中需要掌握幻灯片的一些基础操作，主要包括选择幻灯片、插入新幻灯片、移动与复制幻灯片、删除幻灯片等。

10.2.1 选择幻灯片

在 PowerPoint 2019 中，用户可以选中一张或多张幻灯片，然后对选中的幻灯片进行操作，无论是在"大纲视图""普通视图"或"幻灯片浏览视图"中，选择幻灯片的方法都是非常类似的，以下是在普通视图中选择幻灯片的方法。

▽ 选择单张幻灯片：无论是在"普通视图"还是在"幻灯片浏览视图"下，只需单击需要的幻灯片，即可选中该张幻灯片，如图 10-8 所示。

▽ 选择编号相连的多张幻灯片：首先单击起始编号的幻灯片，然后按住 Shift 键，单击结束编号的幻灯片，此时两张幻灯片之间的多张幻灯片被同时选中，如图 10-9 所示。

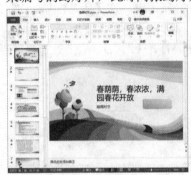
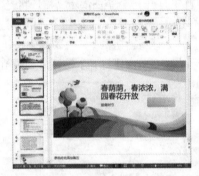

图 10-8　选择单张幻灯片　　　　　图 10-9　选择编号相连的多张幻灯片

▽ 选择编号不相连的多张幻灯片：在按住 Ctrl 键的同时，依次单击需要选择的每张幻灯片，即可同时选中多张幻灯片，如图 10-10 所示。在按住 Ctrl 键的同时再次单击已选中的幻灯片，则取消选择该幻灯片。

▽ 选择全部幻灯片：无论是在"普通视图"还是在"幻灯片浏览视图"下，按 Ctrl+A 组合键，即可选中当前演示文稿中的所有幻灯片，如图 10-11 所示。

图 10-10　选择编号不相连的多张幻灯片　　　　图 10-11　选择全部幻灯片

10.2.2　插入幻灯片

启动 PowerPoint 2019 应用程序后，PowerPoint 会自动建立一张新的幻灯片，随着制作过程的推进，需要在演示文稿中插入更多的幻灯片。以下将介绍 3 种插入幻灯片的方法。

▽　通过【幻灯片】组插入：在幻灯片预览窗格中，选择一张幻灯片，打开【开始】选项卡，在功能区的【幻灯片】组中单击【新建幻灯片】按钮，即可插入一张默认版式的幻灯片。当需要应用其他版式时，单击【新建幻灯片】按钮右下方的下拉箭头，在弹出的版式菜单中选择【标题和内容】选项，即可插入该样式的幻灯片，如图 10-12 所示。

▽　通过右击插入：在幻灯片预览窗格中，选择一张幻灯片，右击该幻灯片，从弹出的快捷菜单中选择【新建幻灯片】命令，即可在选择的幻灯片之后插入一张新的幻灯片，如图 10-13 所示。

图 10-12　通过【幻灯片】组插入　　　　　　　图 10-13　通过右击插入

▽　通过键盘操作插入：通过键盘操作插入幻灯片的方法是最为快捷的方法。在幻灯片预览窗格中，选择一张幻灯片，然后按 Enter 键，即可插入一张新幻灯片。

10.2.3　移动与复制幻灯片

PowerPoint 支持以幻灯片为对象的移动和复制操作，可以将整张幻灯片及其内容进行移动或复制。

1. 移动幻灯片

在制作演示文稿时，如果需要重新排列幻灯片的顺序，就需要移动幻灯片。移动幻灯片的方法如下。

第一步：选中需要移动的幻灯片，在【开始】选项卡的【剪贴板】组中单击【剪切】按钮；
第二步：在需要移动到的目标位置单击，然后在【开始】选项卡的【剪贴板】组中单击【粘贴】按钮。

2. 复制幻灯片

在制作演示文稿时，有时会需要两张内容基本相同的幻灯片。此时，可以利用幻灯片的复制功能，复制出一张相同的幻灯片，然后对其进行适当的修改。复制幻灯片的方法如下。

第一步：选中需要复制的幻灯片，在【开始】选项卡的【剪贴板】组中单击【复制】按钮；第二步：在需要插入幻灯片的位置单击，然后在【开始】选项卡的【剪贴板】组中单击【粘贴】按钮。

用户可以同时选择多张幻灯片进行上述操作。Ctrl+C、Ctrl+V 快捷键同样适用于幻灯片的复制和粘贴操作。另外，用户还可以通过鼠标左键拖动方法复制幻灯片。方法很简单，选择要复制的幻灯片，按住 Ctrl 键，然后按住鼠标左键拖动选定的幻灯片，在拖动的过程中出现一条竖线表示选定幻灯片的新位置，此时释放鼠标左键，再松开 Ctrl 键，选择的幻灯片将被复制到目标位置。

10.2.4 删除幻灯片

在演示文稿中删除多余幻灯片是清除大量冗余信息的有效方法，删除幻灯片的方法主要有以下几种。

▽ 选中需要删除的幻灯片，直接按下 Delete 键。
▽ 右击需要删除的幻灯片，从弹出的快捷菜单中选择【删除幻灯片】命令。
▽ 选中幻灯片，在【开始】选项卡的【剪贴板】组中单击【剪切】按钮。

10.3   编辑幻灯片文本

幻灯片文本是演示文稿中至关重要的部分，文本对文稿中的主题、问题的说明与阐述具有其他方式不可替代的作用。

10.3.1 输入文本

在 PowerPoint 2019 中，不能直接在幻灯片中输入文字，只能通过占位符或文本框来添加文本。

大多数幻灯片的版式中都提供了文本占位符，这种占位符中预设了文字的属性和样式，供用户添加标题文字、项目文字等。占位符文本的输入主要在普通视图中进行。

使用文本框，可以在幻灯片中放置多个文字块，可以使文字按照不同的方向排列；也可以打破幻灯片版式的制约，在幻灯片中的任意位置上添加文字信息。

【例 10-1】 创建"教案"演示文稿，输入幻灯片文本。 视频

(1) 启动 PowerPoint 2019，打开一个空白演示文稿，单击【文件】按钮，在打开的界面中选择【新建】选项，选择【丝状】模板选项，如图 10-14 所示。
(2) 在打开的对话框中单击【创建】按钮，如图 10-15 所示。

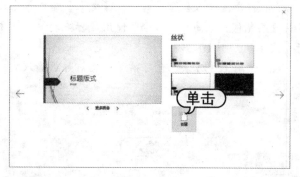

图 10-14　选择【丝状】模板　　　　　　　　　　图 10-15　单击【创建】按钮

(3) 此时，将新建一个基于模板的演示文稿，并以"教案"为名进行保存，默认选中第 1 张幻灯片缩略图，如图 10-16 所示。

(4) 在幻灯片编辑窗口中单击【单击此处添加标题】占位符，输入标题文本；单击【单击此处添加副标题】占位符，输入副标题文本，如图 10-17 所示。

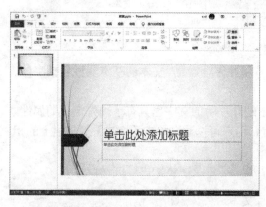

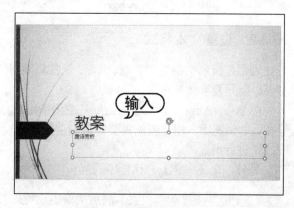

图 10-16　创建演示文稿　　　　　　　　　　图 10-17　输入标题文本

(5) 在【开始】选项卡中单击【新建幻灯片】下拉按钮，在弹出的下拉列表中选择【标题和内容】选项，如图 10-18 所示。

(6) 此时新建一张幻灯片，保留标题占位符，将内容占位符选中并删除，如图 10-19 所示。

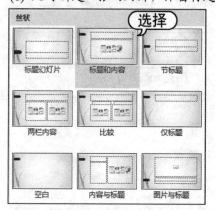

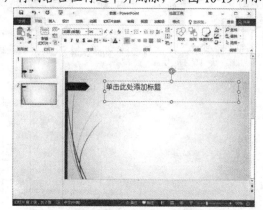

图 10-18　选择【标题和内容】选项　　　　　　图 10-19　删除内容占位符

(7) 打开【插入】选项卡，在【文本】组中单击【文本框】下拉按钮，在弹出的下拉菜单中选择【绘制横排文本框】命令，使用鼠标拖动绘制文本框并输入文本。然后在标题占位符中输入标题文本，如图 10-20 所示。

(8) 使用上述方法，创建第 3 张幻灯片并输入文本，如图 10-21 所示。

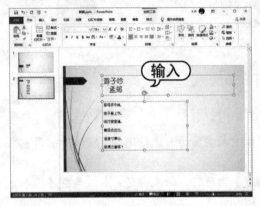

图 10-20　输入标题文本

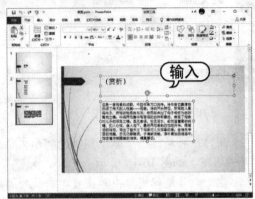

图 10-21　输入文本

10.3.2　设置文本格式

为了使演示文稿更加美观、清晰，通常需要对文本属性进行设置。文本的基本属性包括字体、字形、字号及字体颜色等。

在 PowerPoint 中，虽然当幻灯片应用了版式后，幻灯片中的文字也具有了预先定义的属性，但在很多情况下，用户仍然需要对它们重新进行设置，用户可以通过单击【格式】工具栏上的相应按钮进行设置。

另外，在【字体】对话框中同样可以对字体、字形、字号及字体颜色等进行设置。

【例 10-2】 在"教案"演示文稿中设置幻灯片文本。🎬视频

(1) 启动 PowerPoint 2019，打开"教案"演示文稿，在第 1 张幻灯片中，选中正标题占位符，在【开始】选项卡的【字体】组中，设置【字体】为【华文隶书】选项；设置【字号】为 72，如图 10-22 所示。

(2) 在【字体】组中单击【字体颜色】下拉按钮，从弹出的下拉菜单中选择【蓝色】色块，如图 10-23 所示。

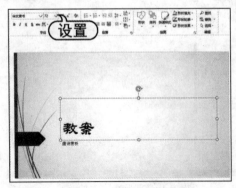

图 10-22　设置字体和字号

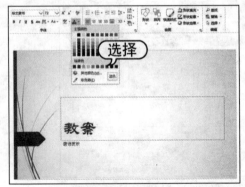

图 10-23　选择颜色

(3) 选中副标题占位符，单击【字体】组的对话框启动器按钮，打开【字体】对话框的【字体】选项卡，在【中文字体】下拉列表中选择【华文新魏】选项；在【大小】下拉列表中选择【40】；在【字体样式】下拉列表中选择【加粗】，然后单击【确定】按钮，如图 10-24 所示。

(4) 此时第 1 张幻灯片的文本设置完毕，效果如图 10-25 所示。

图 10-24　【字体】对话框的【字体】选项卡　　　　　　图 10-25　设置文本格式

(5) 选择第 2 张幻灯片，使用同样的方法，设置标题占位符中的文本字体为【华文琥珀】，字号为 40；设置文本框中的文本字体为【隶书】，字号为 24，效果如图 10-26 所示。

(6) 使用同样的方法，设置第 3 张幻灯片中的标题占位符中的文本字体为【华文琥珀】，字号为 40；设置文本框中的文本字体为【隶书】，字号为 24。拖动鼠标调节文本框的大小和位置，如图 10-27 所示。

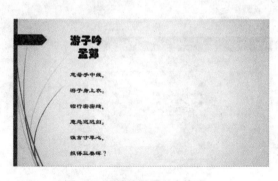

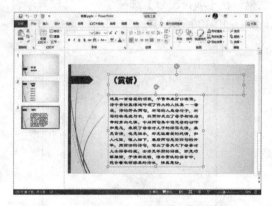

图 10-26　继续设置文本格式　　　　　　　　　图 10-27　调节文本框的大小和位置

10.3.3　设置段落格式

段落格式包括段落对齐和段落间距设置等。掌握了在幻灯片中编排段落格式的方法后，即可轻松地设置与整个演示文稿风格相适应的段落格式。

选中文本框中的文本，在【开始】选项卡的【段落】组中，单击对话框启动器按钮，打开【段落】对话框中的【缩进和间距】选项卡。在【行距】下拉列表中选择【1.5 倍行距】选项，单击【确定】按钮,如图 10-28 所示。

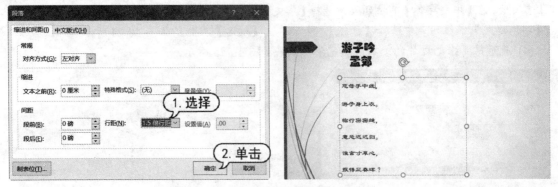

图 10-28　设置段落格式

10.3.4　设置项目符号和编号

在演示文稿中,为了使某些内容更为醒目,经常要用到项目符号和编号。这些项目符号和编号用于强调一些特别重要的观点或条目,从而使主题更加美观、突出、分明。

1. 添加项目符号

要添加项目符号,将光标定位在目标段落中,在【开始】选项卡的【段落】组中单击【项目符号】按钮 ☰ˑ 右侧的下拉箭头,打开项目符号列表,在该列表中选择需要使用的项目符号即可,如图 10-29 所示。选择图 10-29 所示列表中的【项目符合和编号】命令,打开【项目符号和编号】对话框,在【项目符号】选项卡中可以设置项目符号样式,在【编号】选项卡中可以设置编号样式,如图 10-30 所示。

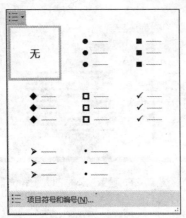

图 10-29　选择项目符号

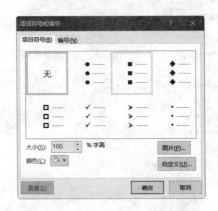

图 10-30　【项目符号和编号】对话框

2. 使用图片项目符号

PowerPoint 允许用户将图片设置为项目符号,这样大大丰富了项目符号的形式。

在【项目符号和编号】对话框中单击右下角的【图片】按钮,将打开【插入图片】界面。单击【来自文件】按钮,将在本机中查找图片作为项目符号,如图 10-31 所示。

3. 使用自定义项目符号

用户还可以将系统符号库中的各种字符设置为项目符号。在【项目符号和编号】对话框中单击右下角的【自定义】按钮,打开【符号】对话框,在该对话框中可以自定义设置项目符号的样式,如图 10-32 所示。

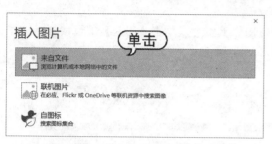

图 10-31　单击【来自文件】按钮

图 10-32　【符号】对话框

10.4　添加幻灯片元素

幻灯片中只有文本未免会显得单调,PowerPoint 2019 支持在幻灯片中插入各种多媒体元素,包括艺术字、图片、声音和视频等,来丰富幻灯片的内容。

10.4.1　插入图片

在 PowerPoint 中,可以方便地插入各种来源的图片文件,如 PowerPoint 自带的剪贴画、利用其他软件制作的图片、从互联网下载或通过扫描仪及数码相机输入的图片等。

1. 插入联机图片

PowerPoint 2019 附带的剪贴画库内容非常丰富,要插入剪贴画,在【插入】选项卡的【图像】组中,单击【图片】下拉按钮,选择【联机图片】命令,如图 10-33 所示,打开【联机图片】界面,在文本框中输入文字进行搜索,按 Enter 键,在搜索结果中选择图片,单击【插入】按钮即可插入剪贴画,如图 10-34 所示。

图 10-33　选择【联机图片】命令

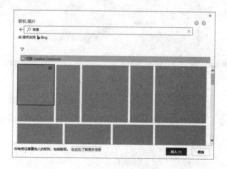

图 10-34　【联机图片】界面

2. 插入本机图片

在幻灯片中可以插入本机磁盘中的图片。这些图片可以使用位图，也可以使用网络下载的或通过数码相机输入的图片等。

【例 10-3】 在"教案"演示文稿中，插入图片并进行编辑。 📽视频

(1) 启动 PowerPoint 2019，打开"教案"演示文稿。

(2) 选择第 2 张幻灯片，在【插入】选项卡的【图像】组中，单击【图片】下拉按钮，选择【此设备】命令，如图 10-35 所示。

(3) 打开【插入图片】对话框，选中要插入的图片，单击【插入】按钮，如图 10-36 所示。

图 10-35 选择【此设备】命令

图 10-36 【插入图片】对话框

(4) 拖动鼠标调整图片的大小和位置，效果如图 10-37 所示。

(5) 选中图片，打开【图片工具】的【格式】选项卡，在【图片样式】组中单击【其他】按钮▽，从弹出的列表框中选择一种样式，图片将快速应用该样式，如图 10-38 所示。

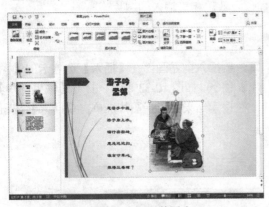

图 10-37 调整图片

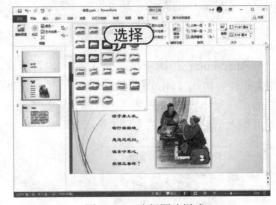

图 10-38 选择图片样式

10.4.2 插入艺术字

艺术字是一种特殊的图形文字，常被用来表现幻灯片的标题文字。用户既可以像对普通文字一样设置其字号、加粗、倾斜等效果，也可以像图形对象那样设置它的边框、填充等属性。

在 PowerPoint 2019 中，打开【插入】选项卡，在【文本】组中单击【艺术字】按钮，在弹出的下拉列表中选择需要的样式，即可在幻灯片中插入艺术字。

【例 10-4】　在"教案"演示文稿中，插入艺术字并进行编辑。　📹视频

(1) 启动 PowerPoint 2019，打开"教案"演示文稿。

(2) 新建第 4 张幻灯片，按 Ctrl+A 快捷键，选中所有的占位符，按 Delete 键，删除占位符，结果如图 10-39 所示。

(3) 打开【插入】选项卡，在【文本】组中单击【艺术字】按钮，从弹出的列表框中选择一种样式，如图 10-40 所示，即可在第 4 张幻灯片中插入艺术字。

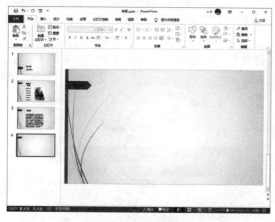

图 10-39　删除占位符

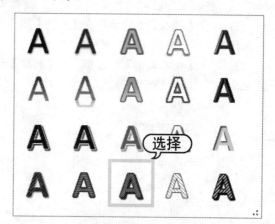

图 10-40　选择艺术字样式

(4) 在【请在此放置您的文字】占位符中输入文字，拖动鼠标调整艺术字的位置，如图 10-41 所示。

(5) 打开【绘图工具】的【格式】选项卡，在【形状样式】组中单击【形状效果】按钮，从弹出的菜单中选择【三维旋转】|【离轴 2 左】效果，如图 10-42 所示。

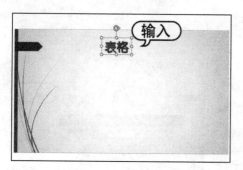

图 10-41　输入艺术字

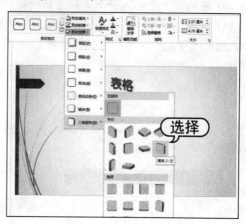

图 10-42　选择形状效果

10.4.3 插入表格

使用 PowerPoint 制作一些专业型演示文稿时，通常需要使用表格，例如销售统计表、财务报表等。表格采用行列化的形式，它与幻灯片页面文字相比，更能体现出数据的对应性及内在的联系。

【例 10-5】 在"教案"演示文稿中插入表格。 🎬视频

(1) 启动 PowerPoint 2019，打开"教案"演示文稿。在幻灯片预览窗格中选择第 4 张幻灯片缩略图，将其显示在幻灯片编辑窗口中。

(2) 打开【插入】选项卡，在【表格】组中单击【表格】下拉按钮，从弹出的菜单中选择【插入表格】命令，如图 10-43 所示。

(3) 打开【插入表格】对话框，在【列数】和【行数】文本框中分别输入 4 和 2，单击【确定】按钮，如图 10-44 所示。

图 10-43 选择【插入表格】命令

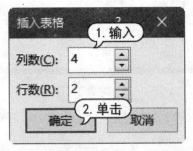

图 10-44 【插入表格】对话框

(4) 在幻灯片中插入一个 4 列 2 行的空白表格，可以调整其大小，如图 10-45 所示。

(5) 在表格中单击鼠标，显示插入点后，输入文字。选中表格文字，在【开始】选项卡的【字体】组中设置文字字体为【华文隶书】，字号为【32】，字形为【加粗】，单击【居中】按钮，如图 10-46 所示。

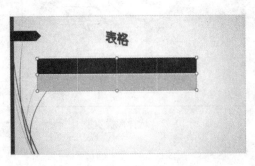

图 10-45 插入表格

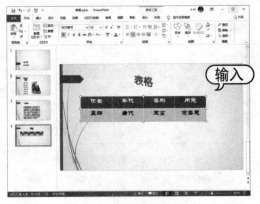

图 10-46 在表格中输入文字

10.4.4　插入音频和视频

在 PowerPoint 2019 中可以方便地插入音频和视频等多媒体对象，使用户的演示文稿从画面到声音，多方位地向观众传递信息。

1. 插入音频

打开【插入】选项卡，在【媒体】组中单击【音频】按钮下方的下拉箭头，在弹出的下拉菜单中选择【PC 上的音频】命令，如图 10-47 所示。打开【插入音频】对话框，从该对话框中选择需要插入的声音文件，单击【插入】按钮，如图 10-48 所示。

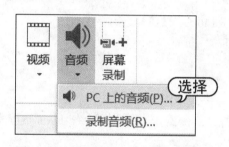
图 10-47　选择【PC 上的音频】命令

图 10-48　【插入音频】对话框

此时将出现声音图标，单击【播放】按钮▶，即可试听声音，如图 10-49 所示。

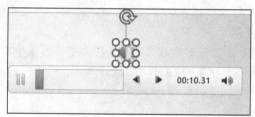
图 10-49　单击【播放】按钮

2. 插入视频

打开【插入】选项卡，在【媒体】组中单击【视频】下拉按钮，在弹出的下拉菜单中选择【联机视频】命令，如图 10-50 所示，此时打开【在线视频】对话框，如图 10-51 所示，可以输入在线视频的链接，单击【插入】按钮，可以在幻灯片中插入在线视频。

图 10-50　选择【联机视频】命令

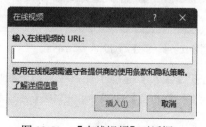
图 10-51　【在线视频】对话框

用户还可以插入文件中的视频,需要在【媒体】组单击【视频】下拉按钮,从弹出的下拉菜单中选择【PC 上的视频】命令,如图 10-52 所示。打开【插入视频文件】对话框,打开文件的保存路径,选择视频文件,单击【插入】按钮,如图 10-53 所示。

图 10-52　选择【PC 上的视频】命令

图 10-53　【插入视频文件】对话框

10.5　实例演练

本章的实例演练部分为插入 SmartArt 图形这个综合实例操作,用户通过练习从而巩固本章所学知识。

【例 10-6】 在演示文稿中插入 SmartArt 图形。 视频

(1) 启动 PowerPoint 2019,打开"销售业绩报告"演示文稿,新建一张幻灯片,将其显示在幻灯片编辑窗口中,如图 10-54 所示。

(2) 在【单击此处添加标题】占位符中输入文本,设置其字体为【华文新魏】,字号为 44,字体颜色为【白色】,对齐方式为【居中】,效果如图 10-55 所示。

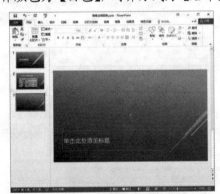

图 10-54　新建幻灯片

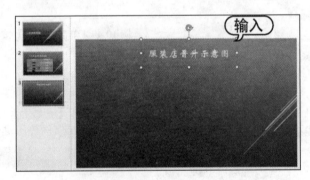

图 10-55　输入文本

(3) 打开【插入】选项卡,在【插图】组中单击 SmartArt 按钮,打开【选择 SmartArt 图形】对话框,打开【流程】选项卡,选择【连续块状流程】选项,单击【确定】按钮,如图 10-56 所示。

(4) 此时,即可在幻灯片中插入该 SmartArt 图形,如图 10-57 所示。

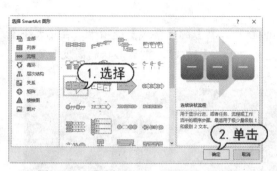

图 10-56　【选择 SmartArt 图形】对话框

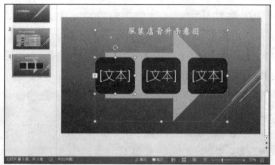

图 10-57　插入 SmartArt 图形

(5) 选中最后一个【文本】形状，右击打开快捷菜单，选择【添加形状】|【在后面添加形状】命令，如图 10-58 所示。

(6) 此时添加一个形状，应用同样的方法，继续添加几个形状，如图 10-59 所示。

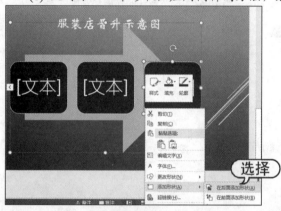

图 10-58　选择【在后面添加形状】命令

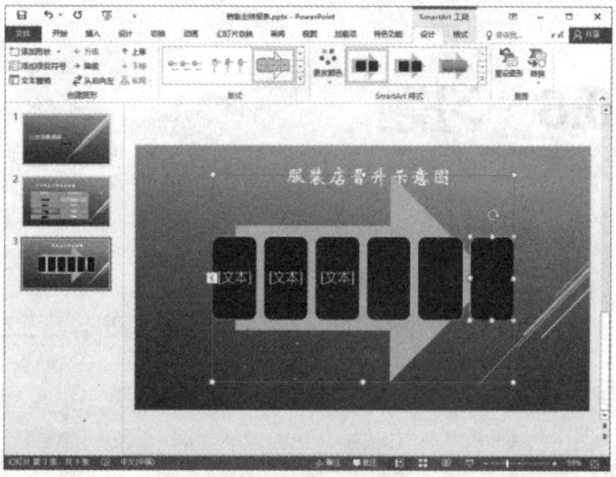

图 10-59　添加形状

(7) 在每个形状的文本框中输入文本，如图 10-60 所示。

(8) 选中 SmartArt 图形，打开【SmartArt 工具】的【设计】选项卡，在【SmartArt 样式】组中单击【更改颜色】下拉按钮，从弹出的主题【颜色(主色)】列表中选择一个选项，如图 10-61 所示。

图 10-60　输入文本

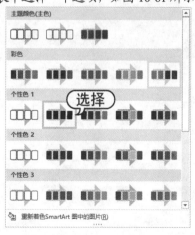

图 10-61　选择主题颜色

(9) 此时显示该选项的图形效果, 如图 10-62 所示。

(10) 选中图形中每个带文字的形状, 打开【SmartArt 工具】的【格式】选项卡, 在【大小】组的【高度】和【宽度】微调框中分别输入 "5.3 厘米" 和 "2 厘米", 调节形状的高度和宽度, 效果如图 10-63 所示。

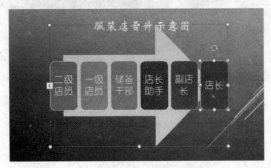

图 10-62　图形效果

图 10-63　调节形状的高度和宽度

10.6　习题

1. 简述创建演示文稿的方法。
2. 如何添加项目符号和编号?
3. 创建一个新的演示文稿, 输入文本, 插入图片和声音文件。

第11章

幻灯片版式和动画设计

在制作幻灯片时，为幻灯片设置母版可使整个演示文稿保持一个统一的风格；为幻灯片添加动画效果，可使幻灯片更加生动形象。本章将介绍设置幻灯片母版、设计动画效果等高级操作内容。

本章重点

- 设置幻灯片母版
- 设计幻灯片切换动画
- 添加对象动画效果
- 设置对象动画效果

二维码教学视频

11.1 设置幻灯片母版

幻灯片母版决定着幻灯片的外观，用于设置幻灯片的标题、正文文字等样式，包括字体、字号、字体颜色和阴影等效果。

11.1.1 母版的类型

PowerPoint 中的母版类型分为幻灯片母版、讲义母版和备注母版 3 种类型，不同母版的作用和视图都是不相同的。

1. 幻灯片母版

幻灯片母版中的信息包括字形、占位符的大小和位置、背景设计和配色方案。用户通过更改这些信息，即可更改整个演示文稿中幻灯片的外观。

打开【视图】选项卡，在【母版视图】组中单击【幻灯片母版】按钮，即可打开幻灯片母版视图，如图 11-1 所示。

> **提示**
>
> 在幻灯片母版视图下，用户可以看到如标题占位符、副标题占位符、页脚占位符等区域。这些占位符的位置及属性，决定了应用该母版的幻灯片的外观属性。当改变了母版占位符属性后，所有应用该母版的幻灯片的属性也将随之改变。

2. 讲义母版

讲义母版是为制作讲义而准备的，通常需要打印输出，因此讲义母版的设置大多和打印页面有关。它允许设置一页讲义中包含几张幻灯片，设置页眉、页脚、页码等基本信息。在讲义母版中插入新的对象或者更改版式时，新的页面效果不会反映在其他母版视图中。

打开【视图】选项卡，在【母版视图】组中单击【讲义母版】按钮，打开讲义母版视图。此时功能区自动打开【讲义母版】选项卡，如图 11-2 所示。

图 11-1　幻灯片母版视图

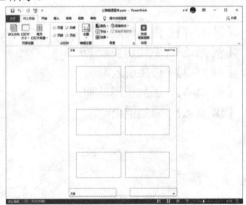

图 11-2　讲义母版视图

3. 备注母版

备注母版主要用来设置幻灯片的备注格式，一般也是用来打印输出的，所以备注母版的设置大多也和打印页面有关。打开【视图】选项卡，在【母版视图】组中单击【备注母版】按钮，切换到备注母版视图，如图 11-3 所示。

图 11-3　备注母版视图

提示

在备注母版视图中，用户可以设置或修改幻灯片内容、备注内容及页眉页脚内容在页面中的位置、比例及外观等属性。当用户退出备注母版视图时，对备注母版所做的修改将应用到演示文稿中的所有备注页上。只有在备注视图下，对备注母版所做的修改才能体现出来。

11.1.2　设置母版版式

在 PowerPoint 中创建的演示文稿都带有默认的版式，这些版式一方面决定了占位符、文本框、图片和图表等内容在幻灯片中的位置，另一方面决定了幻灯片中文本的样式。在幻灯片母版视图中，用户可以按照自己的需求设置母版版式。

【例 11-1】 设置幻灯片母版版式。 视频

(1) 启动 PowerPoint 2019，新建一个空白演示文稿，然后将其以"我的母版"为名保存，如图 11-4 所示。

(2) 选中第一张幻灯片，按 4 次 Enter 键，插入 4 张新幻灯片，如图 11-5 所示。

图 11-4　新建演示文稿

图 11-5　插入新幻灯片

(3) 打开【视图】选项卡，在【母版视图】组中单击【幻灯片母版】按钮，切换到幻灯片母版视图，如图 11-6 所示。

(4) 选中【单击此处编辑母版标题样式】占位符, 选择【开始】选项卡, 在【字体】组中设置字体格式为【华文行楷】, 字号为 60, 字体颜色为【黑色】, 如图 11-7 所示。

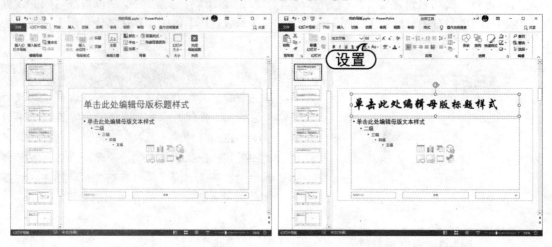

图 11-6　切换到幻灯片母版视图　　　　　　　图 11-7　设置字体

(5) 选中【单击此处编辑母版文本样式】占位符, 选择【开始】选项卡, 在【字体】组中设置字体格式为【华文宋体】, 字号为 18, 字体颜色为【蓝色】, 如图 11-8 所示。

(6) 在左侧预览窗格中选择第 1 张幻灯片, 将该幻灯片母版显示在编辑区域, 如图 11-9 所示。

图 11-8　设置字体　　　　　　　　　　　图 11-9　选择幻灯片

(7) 打开【插入】选项卡, 在【图像】组中单击【图片】按钮, 选择【此设备】选项, 打开【插入图片】对话框, 选择要插入幻灯片中的图片后, 单击【插入】按钮, 如图 11-10 所示。

(8) 此时, 在幻灯片中插入图片, 并打开【图片工具】的【格式】选项卡, 调整图片的大小和位置, 然后在【排列】组中单击【下移一层】下拉按钮, 选择【置于底层】命令, 图片背景效果如图 11-11 所示。

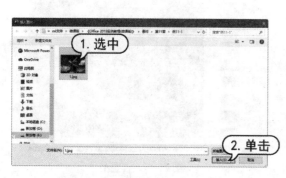

图 11-10　【插入图片】对话框

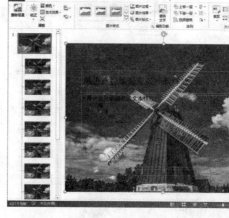

图 11-11　选择【置于底层】命令后的图片背景效果

(9) 打开【幻灯片母版】选项卡，在【关闭】组中单击【关闭母版视图】按钮，如图 11-12 所示，返回到普通视图模式。

(10) 此时，幻灯片中都自动带有添加的图片，如图 11-13 所示，在快速访问工具栏中单击【保存】按钮，保存创建的"我的母版"演示文稿。

图 11-12　单击【关闭母版视图】按钮

图 11-13　显示幻灯片

11.1.3　设置页眉和页脚

在制作幻灯片时，使用 PowerPoint 提供的页眉页脚功能，可以为每张幻灯片添加相对固定的信息。要插入页眉和页脚，只需在【插入】选项卡的【文本】组中单击【页眉和页脚】按钮，打开【页眉和页脚】对话框，在其中进行相关操作即可。

打开【页眉和页脚】对话框，选中【日期和时间】【幻灯片编号】【页脚】【标题幻灯片中不显示】复选框，并在【页脚】文本框中输入信息，单击【全部应用】按钮，如图 11-14 所示，为除第 1 张幻灯片以外的幻灯片添加页脚。

打开【视图】选项卡，在【母版视图】组中单击【幻灯片母版】按钮，切换到幻灯片母版视图，在左侧预览窗格中选择第 1 张幻灯片，将其显示在编辑区域，选中所有的页脚占位符，设置字体新格式，如图 11-15 所示。

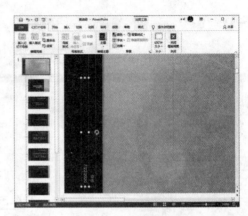

图 11-14　【页眉和页脚】对话框　　　　　　　　图 11-15　设置字体

11.2　设置幻灯片主题和背景

PowerPoint 提供了多种主题颜色和背景样式，使用这些主题颜色和背景样式，可以使幻灯片具有丰富的色彩和良好的视觉效果。

11.2.1　设置主题

PowerPoint 2019 提供了几十种内置的主题，此外还可以自定义主题的颜色等。

1. 使用内置主题

PowerPoint 2019 提供了多种内置的主题，使用这些内置主题，可以快速统一演示文稿的外观。
在同一个演示文稿中应用多种主题与应用单个主题的方法相同，打开【设计】选项卡，在【主题】组中单击【其他】按钮，从弹出的下拉列表框中选择一种主题，即可将其应用于单个演示文稿中，如图 11-16 所示，然后选择要应用另一主题的幻灯片，在【设计】选项卡的【主题】组中单击【其他】按钮，从弹出的下拉列表框中右击所需的主题，从弹出的快捷菜单中选择【应用于选定幻灯片】命令，如图 11-17 所示，此时将其应用于所选中的幻灯片中。

图 11-16　选择主题　　　　　　　　图 11-17　选择【应用于选定幻灯片】命令

2. 设置主题颜色

PowerPoint 为每种设计模板提供了几十种内置的主题颜色，用户可以根据需要选择不同的颜色来设计演示文稿。应用设计模板后，打开【设计】选项卡，单击【变体】组中的【颜色】按钮，将打开主题颜色菜单，用户可以选择内置的主题颜色，或者自定义设置主题颜色。

打开一个演示文稿，选择【设计】选项卡，在【变体】组中单击【颜色】按钮，然后在弹出的主题颜色菜单中选择【橙色】选项，自动为幻灯片应用该主题颜色，如图 11-18 所示。

在【变体】组中单击【颜色】按钮，在弹出的主题颜色菜单中选择【自定义颜色】选项。打开【新建主题颜色】对话框，如图 11-19 所示，设置主题的颜色参数，在【名称】文本框中输入"自定义主题颜色"，然后单击【保存】按钮，设置的主题颜色将自动应用于当前幻灯片中。

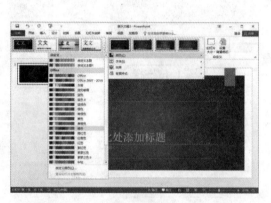

图 11-18　选择主题颜色

图 11-19　【新建主题颜色】对话框

11.2.2　设置背景

用户除了可以在应用模板或改变主题颜色时更改幻灯片的背景外，还可以根据需要任意更改幻灯片的背景颜色和背景设计，如添加底纹、图案、纹理或图片等。

打开【设计】选项卡，在【自定义】组中单击【设置背景格式】按钮，打开【设置背景格式】窗格，如图 11-20 所示。

在【设置背景格式】窗格中的【填充】选项区域中选中【图案填充】单选按钮，然后在【图案】选项区域中选择一种图案，并单击【前景】按钮，在弹出的颜色选择器中选择【蓝色】选项，即可设置前景为蓝色，如图 11-21 所示。

要以图片作为背景，可以在【设置背景格式】窗格中选中【图片或纹理填充】单选按钮，并在显示的选项区域中单击【文件】按钮，打开【插入图片】对话框，如图 11-22 所示，选择一张图片，单击【插入】按钮，将图片插入选中的幻灯片并作为背景。

计算机基础与实训教材系列

图 11-20　打开【设置背景格式】窗格

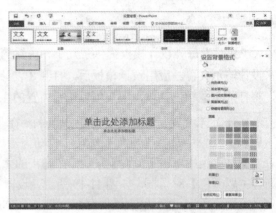

图 11-21　设置图案填充

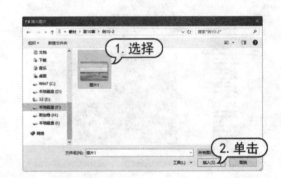

图 11-22　打开【插入图片】对话框

11.3　设计幻灯片切换动画

幻灯片切换动画效果是指一张幻灯片如何从屏幕上消失,以及另一张幻灯片如何显示在屏幕上的方式。在 PowerPoint 中,可以为一组幻灯片设置同一种切换方式,也可以为每张幻灯片设置不同的切换方式。

11.3.1　添加切换动画

要为幻灯片添加切换动画,可以打开【切换】选项卡,在【切换到此幻灯片】组中进行设置。在该组中单击囯按钮,将打开幻灯片动画效果列表,将鼠标指针指向某个选项时,幻灯片将应用该效果,供用户预览,单击即可使用该动画效果。

【例 11-2】 为幻灯片添加切换动画。 🎬视频

(1) 启动 PowerPoint 2019,打开"我的相册"演示文稿,选择【切换】选项卡,在【切换到此幻灯片】组中单击【其他】按钮,如图 11-23 所示。

(2) 在弹出的切换效果列表框中选择【帘式】选项,如图 11-24 所示。

（3）此时，动画效果将应用到第 1 张幻灯片中，并可预览切换动画效果，如图 11-25 所示。

（4）在窗口左侧的幻灯片预览窗格中选中第 2 至第 11 张幻灯片，然后在【切换到此幻灯片】组中为这些幻灯片添加"跌落"效果，如图 11-26 所示。

图 11-23　单击【其他】按钮

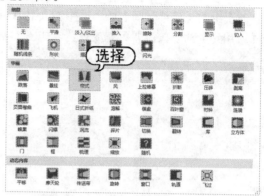

图 11-24　选择【帘式】选项

图 11-25　应用切换动画效果

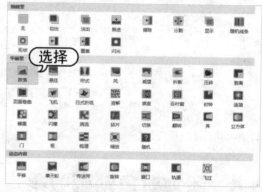

图 11-26　添加"跌落"效果

（5）在【切换到此幻灯片】组中单击【效果选项】下拉按钮，在弹出的下拉列表中选择【向右】选项，如图 11-27 所示。

（6）此时，第 2～第 11 张幻灯片将添加"向右"动画效果，如图 11-28 所示。

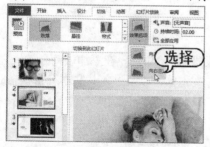

图 11-27　选择【向右】选项

图 11-28　添加"向右"效果

11.3.2　设置切换动画

添加切换动画后，还可以对切换动画进行设置，如设置切换动画时出现的声音效果、持续时间和换片方式等，从而使幻灯片的切换效果更为逼真。

比如要设置切换动画的声音和持续时间，可以先打开演示文稿，选择【切换】选项卡，在【计时】组中单击【声音】下拉按钮，从弹出的下拉菜单中选择【照相机】选项，如图 11-29 所示。在【计时】组的【持续时间】微调框中输入"01.20"，为幻灯片设置动画切换效果的持续时间，单击【应用到全部】按钮即可完成设置，如图 11-30 所示。

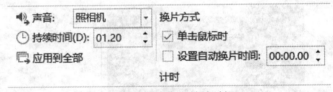

图 11-29　选择【照相机】选项　　　　　　　图 11-30　设置声音和持续时间

11.4　添加对象动画效果

所谓对象动画，是指为幻灯片内部某个对象设置的动画效果。用户可以对幻灯片中的文字、图形、表格等对象添加不同的动画效果，如进入动画、强调动画、退出动画和动作路径动画等。

11.4.1　添加进入动画效果

进入动画是为了设置文本或其他对象以多种动画效果进入放映屏幕。在添加该动画效果之前需要选中对象。对于占位符或文本框来说，选中占位符、文本框，以及进入其文本编辑状态时，都可以为它们添加该动画效果。

选中对象后，打开【动画】选项卡，单击【动画】组中的【其他】按钮，在弹出的【进入】列表框中选择一种进入效果，即可为对象添加该动画效果，如图 11-31 所示。

另外，在【高级动画】组中单击【添加动画】按钮，同样可以在弹出的【进入】列表框中选择内置的进入动画效果，若选择【更多进入效果】命令，则打开【添加进入效果】对话框，如图 11-32 所示，在该对话框中同样可以选择更多的进入动画效果。

图 11-31　选择进入动画

图 11-32　【添加进入效果】对话框

【例 11-3】　为幻灯片中的对象设置进入动画。🎬视频

(1) 启动 PowerPoint 2019，打开"我的相册"演示文稿，在打开的第 1 张幻灯片中选中标题"我的相册"，打开【动画】选项卡，单击【动画】组中的【其他】按钮，从弹出的【进入】列表框中选择【弹跳】选项，如图 11-33 所示。

(2) 选中图片对象，在【高级动画】组中单击【添加动画】按钮，从弹出的菜单中选择【更多进入效果】命令，如图 11-34 所示。

图 11-33　选择【弹跳】选项

图 11-34　选择【更多进入效果】命令

(3) 打开【添加进入效果】对话框，在【温和】选项区域中选择【下浮】选项，单击【确定】按钮，为图片应用【下浮】进入效果，如图 11-35 所示。

(4) 完成第 1 张幻灯片中对象的进入动画的设置，在幻灯片编辑窗口中以编号来显示标记对象，如图 11-36 所示。

图 11-35　选择【下浮】选项　　　　图 11-36　显示编号

11.4.2　添加强调动画效果

强调动画是为了突出幻灯片中的某部分内容而设置的特殊动画效果。添加强调动画的过程和添加进入效果的过程基本相同，选择对象后，在【动画】组中单击【其他】按钮，在弹出的【强调】列表框中选择一种强调效果，即可为对象添加该动画效果，如图 11-37 所示。

图 11-37　选择强调效果　　　　图 11-38　【添加强调效果】对话框

在【高级动画】组中单击【添加动画】按钮，同样可以在弹出的【强调】列表框中选择内置的强调动画效果，若选择【更多强调效果】命令，则打开【添加强调效果】对话框，在该对话框中同样可以选择更多的强调动画效果，如图 11-38 所示。

【例 11-4】 为幻灯片中的对象设置强调动画。 🎬视频

(1) 启动 PowerPoint 2019，打开"我的相册"演示文稿。

(2) 在幻灯片缩略窗格中选中第 2 张幻灯片，选中"时装"标题占位符，在【动画】组中单击【其他】按钮，在弹出的【强调】列表框中选择【陀螺旋】选项，为文本添加该强调效果，如图 11-39 所示。

(3) 选中文本占位符，在【高级动画】组中单击【添加动画】按钮，在弹出的菜单中选择【更多强调效果】命令，如图 11-40 所示。

图 11-39　选择【陀螺旋】选项

图 11-40　选择【更多强调效果】命令

(4) 打开【添加强调效果】对话框，在【细微】选项区域中选择【脉冲】选项，单击【确定】按钮，如图 11-41 所示。

(5) 完成第 2 张幻灯片中对象的强调动画的设置，在幻灯片编辑窗口中以编号来显示标记对象，如图 11-42 所示。

图 11-41　【添加强调效果】对话框

图 11-42　显示编号

11.4.3　添加退出动画效果

退出动画用于设置幻灯片中的对象退出屏幕的效果。添加退出动画的过程和添加进入、强调动画的过程基本相同。

选择对象后，在【动画】组中单击【其他】按钮，在弹出的【退出】列表框中选择一种退出效果，即可为对象添加该动画效果，如图 11-43 所示。

在【高级动画】组中单击【添加动画】按钮，同样可以在弹出的【退出】列表框中选择内置的退出动画效果，若选择【更多退出效果】命令，则打开【添加退出效果】对话框，在该对话框中同样可以选择更多的退出动画效果，如图 11-44 所示。

图 11-43　选择退出效果

图 11-44　【添加退出效果】对话框

【例 11-5】 为幻灯片中的对象设置退出动画。 视频

(1) 启动 PowerPoint 2019，打开"我的相册"演示文稿。

(2) 在幻灯片缩略窗格中选中第 3 张幻灯片，选中"时装秀"标题占位符，在【动画】组中单击【其他】按钮，在弹出的【退出】列表框中选择【浮出】选项，为文本添加该退出效果，如图 11-45 所示。

(3) 选中图片，在【高级动画】组中单击【添加动画】按钮，在弹出的菜单中选择【更多退出效果】命令，如图 11-46 所示。

图 11-45　选择【浮出】选项

图 11-46　选择【更多退出效果】命令

(4) 打开【添加退出效果】对话框，在【基本】选项区域中选择【棋盘】选项，单击【确定】按钮，如图 11-47 所示。

(5) 完成第 3 张幻灯片中对象的退出动画的设置，在幻灯片编辑窗口中以编号来显示标记对象，如图 11-48 所示。

图 11-47　【添加退出效果】对话框

图 11-48　显示编号

11.4.4　添加动作路径动画效果

动作路径动画可以指定文本等对象沿着预定的路径运动。PowerPoint 2019 不仅提供了大量预设路径效果，还可以由用户自定义路径动画。

添加动作路径效果的步骤与添加进入动画的步骤基本相同，在【动画】组中单击【其他】按钮，在弹出的【动作路径】列表框中选择一种动作路径效果，即可为对象添加该动画效果。

在【高级动画】组中单击【添加动画】按钮，在弹出的【动作路径】列表框中同样可以选择一种动作路径效果；选择【其他动作路径】命令，打开【添加动作路径】对话框，同样可以选择更多的动作路径，如图 11-49 所示。

图 11-49　【添加动作路径】对话框

当 PowerPoint 2019 提供的动作路径不能满足用户需求时，用户可以自己绘制动作路径。在【动作路径】菜单中选择【自定义路径】选项，即可在幻灯片中拖动鼠标绘制出需要的图形，当结束绘制时双击鼠标，动作路径即可出现在幻灯片中。

【例 11-6】 为幻灯片中的对象设置动作路径动画。 视频

(1) 启动 PowerPoint 2019，打开"我的相册"演示文稿。

(2) 选中第 6 张幻灯片，选中图片，在【动画】组中单击【其他】按钮，在弹出的列表中选择【自定义路径】选项，如图 11-50 所示。

(3) 此时，鼠标指针变成十字形状，将鼠标指针移动到图片上，拖动鼠标绘制曲线。双击完成曲线的绘制，此时即可查看图片的动作路径，如图 11-51 所示。

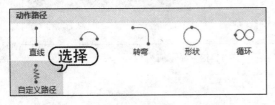

图 11-50　选择【自定义路径】选项　　　　　　　　图 11-51　绘制曲线

(4) 选中右侧的文本，在【高级动画】组中单击【添加动画】按钮，在弹出的菜单中选择【其他动作路径】命令，打开【添加动作路径】对话框，选择【螺旋向右】选项，单击【确定】按钮如图 11-52 所示。

(5) 此时即可查看文字的动作路径以及动画编号，如图 11-53 所示。

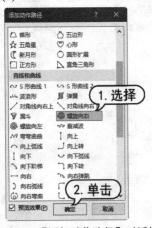

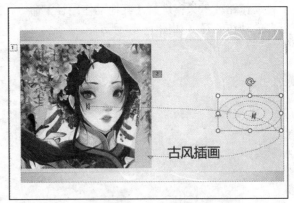

图 11-52　【添加动作路径】对话框　　　　　　　图 11-53　显示动作路径和编号

11.5 设置对象动画效果

PowerPoint 2019 具备动画效果高级设置功能，如设置动画计时选项、设置动画触发器、重新排序动画等。使用这些功能，可以使整个演示文稿更为美观。

11.5.1 设置动画计时选项

默认设置的动画效果在幻灯片放映屏幕中持续播放的时间只有几秒钟，同时需要单击鼠标时才会开始播放下一个动画。如果默认的动画效果不能满足用户的实际需求，则可以通过动画设置对话框的【计时】选项卡进行动画计时选项的设置。

【例 11-7】 为幻灯片中的对象设置动画计时选项。 视频

(1) 启动 PowerPoint 2019，打开"我的相册"演示文稿。

(2) 在第 2 张幻灯片中，打开【动画】选项卡，在【高级动画】组中单击【动画窗格】按钮，打开【动画窗格】任务窗格，如图 11-54 所示。

(3) 在【动画窗格】任务窗格中选中第 2 个动画，在【计时】组中单击【开始】下拉按钮，从弹出的下拉列表中选择【上一动画之后】选项，如图 11-55 所示。此时，第 2 个动画将在第 1 个动画播放完后自动开始播放，无须单击鼠标。

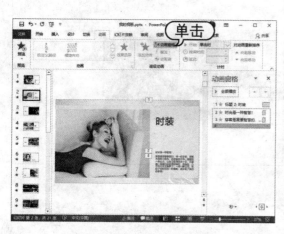

图 11-54 单击【动画窗格】按钮

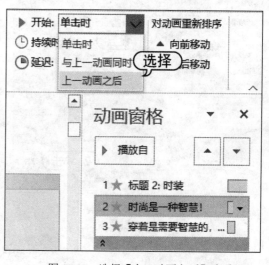

图 11-55 选择【上一动画之后】选项

(4) 选择第 3 张幻灯片，在【动画窗格】任务窗格中选中第 2 个动画效果，在【计时】组中单击【开始】下拉按钮，从弹出的下拉列表中选择【上一动画之后】选项，并在【持续时间】和【延迟】文本框中输入"01.00"，如图 11-56 所示。

(5) 在【动画窗格】任务窗格中选中第 1 个动画效果，右击，从弹出的快捷菜单中选择【计时】命令，如图 11-57 所示。

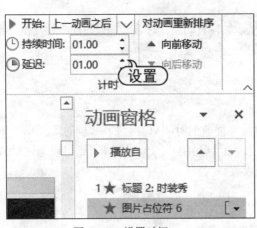
图 11-56　设置时间

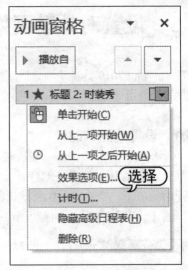
图 11-57　选择【计时】命令

　　(6) 打开【下浮】对话框的【计时】选项卡，在【期间】下拉列表中选择【中速(2 秒)】选项，在【重复】下拉列表中选择【直到幻灯片末尾】选项，然后单击【确定】按钮，如图 11-58 所示。

　　(7) 此时将自动播放该计时动画，如图 11-59 所示。

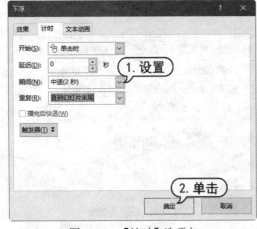
图 11-58　【计时】选项卡

图 11-59　播放该计时动画

11.5.2　设置动画触发器

　　在幻灯片放映时，使用触发器功能，可以在单击幻灯片中的对象后显示动画效果。

　　在打开的【动画窗格】任务窗格中选中编号为 1 的动画效果，在【高级动画】组中单击【触发】按钮，从弹出的菜单中选择【单击】|【下箭头 1】选项，如图 11-60 所示。

　　此时，"下箭头"对象上产生动画的触发器，并在任务窗格中显示所设置的触发器。当播放幻灯片时，将鼠标指针指向该触发器并单击，将显示既定的动画效果，如图 11-61 所示。

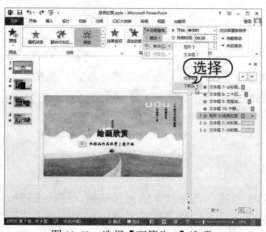

图 11-60　选择【下箭头 1】选项

图 11-61　单击触发器

11.5.3　改变动画的播放顺序

在给幻灯片中的多个对象添加动画效果时，添加效果的顺序就是幻灯片放映时的播放次序。当幻灯片中的对象较多时，难免在添加效果时使动画播放次序产生错误，这时可以在动画效果添加完成后，再对其播放次序进行重新调整。

【动画窗格】中的动画效果列表是按照设置的先后顺序从上到下排列的，放映也是按照此顺序进行的，用户若不满意动画的播放顺序，可通过调整动画效果列表中各动画选项的位置来更改动画的播放顺序，方法介绍如下。

▽　通过拖动鼠标调整：在动画效果列表中选择要调整的动画选项，按住鼠标左键不放进行拖动，此时有一条红色的横线随之移动，当横线移动到需要的目标位置时释放鼠标即可。

▽　通过单击按钮调整：在动画效果列表中选择需要调整播放次序的动画效果，然后单击窗格底部的上移按钮 或下移按钮 来调整该动画的播放次序。其中，单击上移按钮，表示将该动画的播放次序向前移一位，单击下移按钮，表示将该动画的播放次序向后移一位。或者单击选中要调整顺序的动画选项，然后在【动画】选项卡的【计时】组中单击【向前移动】按钮，可向前移动；单击【向后移动】按钮，可向后移动，如图 11-62 所示。

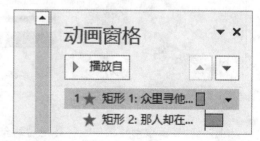

图 11-62　单击按钮改变顺序

11.6 制作交互式幻灯片

在 PowerPoint 中，可以为幻灯片中的文本、图像等对象添加超链接或者动作按钮。当放映幻灯片时，可以在添加了超链接的文本或动作按钮上单击，程序将自动跳转到指定的页面，或者执行指定的程序。

11.6.1 添加动作按钮

动作按钮是 PowerPoint 中预先设置好的一组带有特定动作的图形按钮，这些按钮被预先设置为指向前一张、后一张、第一张、最后一张幻灯片、播放声音及播放电影等链接，应用这些预置好的按钮，可以实现在放映幻灯片时跳转的目的。

【例 11-8】 为幻灯片中的对象添加动作按钮。 视频

(1) 启动 PowerPoint 2019，打开"公司简介"演示文稿。

(2) 选择第 2 张幻灯片，选择【插入】选项卡，在【插图】组中单击【形状】按钮，在弹出的类别中选择一种动作按钮，本例选择【后退或前一项】按钮，如图 11-63 所示。

(3) 在幻灯片中合适的位置按住鼠标左键绘制动作按钮，释放鼠标后打开【操作设置】对话框，保持默认设置，单击【确定】按钮，如图 11-64 所示。

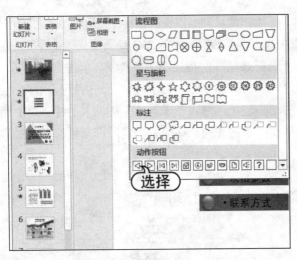

图 11-63 选择动作按钮

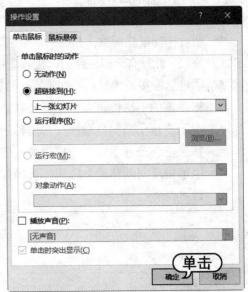

图 11-64 单击【确定】按钮

(4) 此时显示该动作按钮，将其拖动到合适位置，如图 11-65 所示。

(5) 选中幻灯片中绘制的动作按钮，选择【格式】选项卡，在【形状样式】组中单击【其他】按钮，在展开的库中选择一种形状样式，如图 11-66 所示。

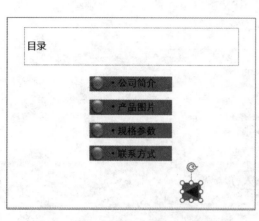

图 11-65 移动按钮

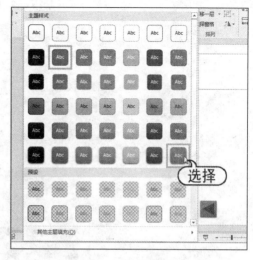

图 11-66 选择形状样式

(6) 选中幻灯片中的动作按钮，按下 Ctrl+C 组合键，再按下 Ctrl+V 组合键，复制该按钮，在【插入形状】组中单击【编辑形状】下拉按钮，在弹出的菜单选择【更改形状】|【动作按钮：自定义】选项，打开【操作设置】对话框。选中【超链接到】单选按钮，单击下拉按钮，在弹出的下拉列表中选择【幻灯片】选项，如图 11-67 所示。

(7) 打开【超链接到幻灯片】对话框，选择一张幻灯片，单击【确定】按钮，如图 11-68 所示。

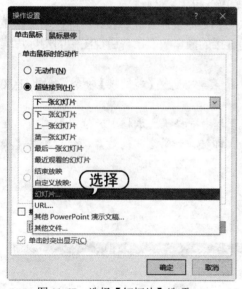

图 11-67 选择【幻灯片】选项

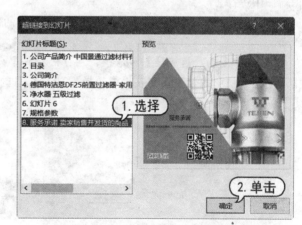

图 11-68 【超链接到幻灯片】对话框

(8) 返回【操作设置】对话框，单击【确定】按钮。

(9) 右击自定义的动作按钮，在弹出的快捷菜单中选择【编辑文字】命令，然后在按钮上输入文本"结束放映"，如图 11-69 所示。

图 11-69　输入文本

11.6.2　添加超链接

超链接是指向特定位置或文件的一种连接方式，可以利用它指定程序的跳转的位置。超链接只有在幻灯片放映时才有效。在 PowerPoint 中，超链接可以跳转到当前演示文稿中的特定幻灯片、其他演示文稿中特定的幻灯片、电子邮件地址、文件或 Web 页上。

只有幻灯片中的对象才能添加超链接，备注、讲义等内容不能添加超链接。幻灯片中可以显示的对象几乎都可以作为超链接的载体。添加或修改超链接的操作一般在普通视图中的幻灯片编辑窗口中进行。

(1) 选中幻灯片中的艺术字，右击鼠标，在弹出的快捷菜单中选择【超链接】命令，如图 11-70 所示。

(2) 打开【插入超链接】对话框，在【链接到】列表框中选择【文本档中的位置】选项，在【请选择文档中的位置】列表框中选择【2 目录】选项，即链接到第 2 张幻灯片，然后单击【确定】按钮，如图 11-71 所示。

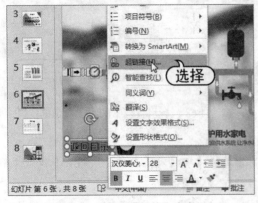

图 11-70　选择【超链接】命令

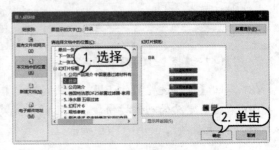

图 11-71　【插入超链接】对话框

（3）为艺术字设置了超链接后，返回幻灯片中，文本将显示超链接格式，在放映时单击【返回目录】艺术字，将返回第 2 张幻灯片，如图 11-72 所示。

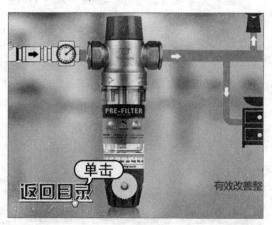
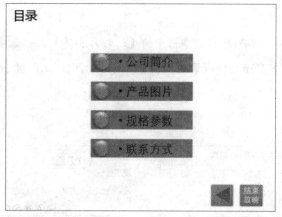

图 11-72　单击【返回目录】艺术字返回第 2 张幻灯片

11.7　实例演练

本章的实例演练部分为设计动画效果等几个综合实例操作，用户通过练习从而巩固本章所学知识。

11.7.1　设计动画效果

【例 11-9】在演示文稿中设计动画效果。 🎬 视频

（1）启动 PowerPoint 2019，打开"幼儿数学教学"演示文稿。选中第一张幻灯片，打开【切换】选项卡，在【切换到此幻灯片】组中单击【其他】按钮 ，从弹出的【华丽型】列表中选择【涟漪】选项，如图 11-73 所示。

（2）此时即可将【涟漪】切换动画应用到第 1 张幻灯片中，并自动放映该切换动画效果，如图 11-74 所示。

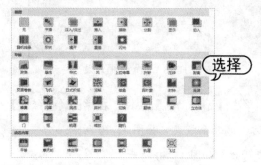

图 11-73　选择【涟漪】选项

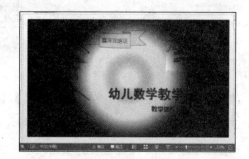

图 11-74　放映动画效果

(3) 在【计时】组中单击【声音】下拉按钮，从弹出的下拉列表中选择【风声】选项，选中【换片方式】下的所有复选框，并设置时间为01:40，然后单击【应用到全部】按钮，如图11-75所示。

(4) 单击状态栏中的【幻灯片浏览】按钮 ⊞，切换至幻灯片浏览视图，此时在幻灯片图片下显示切换效果图标和自动切片时间，如图11-76所示。

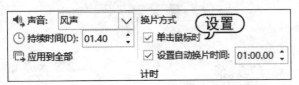

图 11-75 设置声音

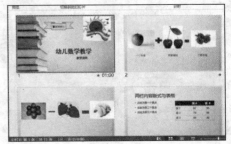

图 11-76 切换至幻灯片浏览视图

(5) 切换至普通视图，在打开的第1张幻灯片中，选中标题占位符，打开【动画】选项卡，在【动画】组中单击【其他】按钮，在弹出的【进入】效果列表中选择【翻转式由远及近】选项，为标题占位符应用该进入动画效果，如图11-77所示。

(6) 此时，应用了【翻转式由远及近】进入效果的标题效果如图11-78所示。

图 11-77 选择【翻转式由远及近】选项

图 11-78 预览动画效果

(7) 选中副标题占位符，在【高级动画】组中单击【添加动画】按钮，在弹出的【强调】列表中选择【陀螺旋】选项，为副标题占位符应用该强调动画效果，如图11-79所示。

(8) 此时，应用了【陀螺旋】强调效果的副标题效果如图11-80所示。

图 11-79　选择【陀螺旋】选项

图 11-80　预览动画效果

(9) 选中自选图形中的文本"喜洋洋培训"，在【动画】组中单击【其他】按钮，在弹出的菜单中选择【更多进入效果】命令，如图 11-81 所示。

(10) 打开【添加进入效果】对话框，选择【展开】选项，为图形文本框中的文本添加该进入效果，如图 11-82 所示，单击【确定】按钮。

图 11-81　选择【更多进入效果】命令

图 11-82　选择【展开】选项

(11) 此时第 1 张幻灯片中的对象前将依次标注上编号，如图 11-83 所示。

(12) 在【高级动画】组中单击【动画窗格】按钮，打开【动画窗格】任务窗格，如图 11-84 所示。

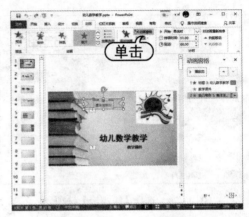

图 11-83　标注上编号　　　　　　　　图 11-84　单击【动画窗格】按钮

(13) 选中第 2 个动画，右击，从弹出的快捷菜单中选择【从上一项之后开始】命令，设置开始播放顺序，如图 11-85 所示。

(14) 使用同样的方法，设置其他动画的播放顺序，如图 11-86 所示。

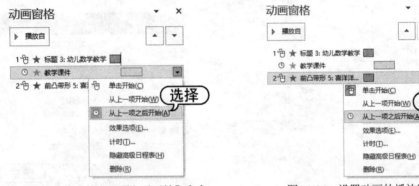

图 11-85　选择【从上一项之后开始】命令　　图 11-86　设置动画的播放顺序

(15) 在幻灯片预览窗格中选择第 2 张幻灯片缩略图，将其显示在幻灯片编辑窗口中，选中苹果图片，在【动画】选项卡的【动画】组中单击【其他】按钮，在弹出的【进入】效果列表中选择【浮入】选项，如图 11-87 所示。

(16) 选中 "一个苹果" 艺术字，在【动画】组中单击【其他】按钮，在弹出的【进入】效果列表中选择【弹跳】选项，如图 11-88 所示。

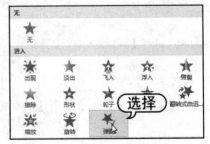

图 11-87　选择【浮入】选项　　　　　　图 11-88　选择【弹跳】选项

计算机基础与实训教材系列

(17) 选中加号形状，在【动画】组中单击【其他】按钮，在弹出的【强调】效果列表中选择【加深】选项，如图 11-89 所示。

(18) 使用同样的方法，设置樱桃教学对象、"两颗樱桃"艺术字和等号形状的动画效果和播放顺序，如图 11-90 所示。

图 11-89　选择【加深】选项

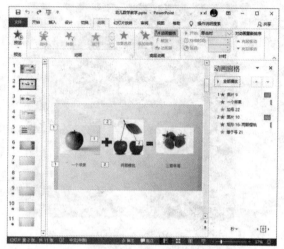

图 11-90　设置动画效果和播放顺序

(19) 使用同样的方法，设置香蕉和葡萄教学对象的动画效果和播放顺序，如图 11-91 所示。

(20) 在键盘上按下 F5 键放映幻灯片，即可预览切换效果和对象的动画效果，如图 11-92 所示，放映完毕后，单击鼠标左键退出放映模式。

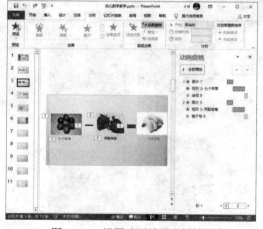

图 11-91　设置动画效果和播放顺序

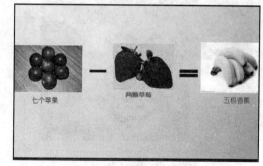

图 11-92　预览动画效果

11.7.2　设置运动模糊动画

【例 11-10】利用动画计时功能制作运动模糊动画。 🎬 视频

(1) 启动 PowerPoint 2019，打开一个演示文稿，选择【插入】选项卡，在【图像】组中单击

【图片】按钮,在当前幻灯片中插入一张图片,并按下 Ctrl+D 组合键将图片复制一份,如图 11-93 所示。

(2) 右击幻灯片中复制的图片,在弹出的快捷菜单中选择【设置图片格式】命令,打开【设置图片格式】窗格,单击【图片】选项,将【清晰度】设置为"-100%",如图 11-94 所示。

图 11-93　复制图片

图 11-94　设置清晰度

(3) 选中步骤 1 插入幻灯片的图片,按下 Ctrl+D 组合键将其复制一份。按住 Shift 键拖动复制后的图片四周的控制点将其放大,选择【格式】选项卡,在【大小】组中单击【裁剪】按钮,然后拖动图片四周的裁剪边,裁剪图片的大小,如图 11-95 所示。

(4) 按下 Ctrl+D 组合键,将裁剪后的图片复制一份,然后选中复制的图片,在【设置图片格式】窗格中将图片的清晰度设置为"-100%",效果如图 11-96 所示。

图 11-95　裁剪图片

图 11-96　设置清晰度

(5) 将这 4 张图片中左上角的图片拖动至幻灯片舞台正中间,选择【动画】选项卡,在【动画】组中选择【淡出】选项,为图片设置"淡出"动画,效果如图 11-97 所示。

(6) 在【计时】组中单击【开始】下拉按钮,在弹出的下拉列表中选择【与上一动画同时】选项,然后单击【高级动画】组中的【动画窗格】按钮,如图 11-98 所示。

计算机基础与实训教材系列

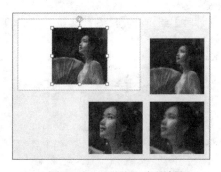

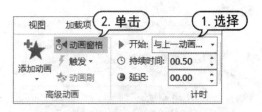

图 11-97　"淡出" 动画效果

图 11-98　单击【动画窗格】按钮

(7) 将第 2 张图片拖动至幻灯片中与第 1 张图片重叠，然后为其设置 "淡出" 动画，并设置【计时】选项为 "与上一动画同时"，效果如图 11-99 所示。

(8) 重复以上操作，设置第 3 和第 4 张图片，完成后的效果如图 11-100 所示。

图 11-99　设置 "淡出" 动画

图 11-100　动画效果

(9) 在【动画窗格】窗格中按住 Ctrl 键选中所有的图片动画，在【动画】选项卡的【计时】组中设置动画的持续时间为 "00.50"，【延迟】为 "00.50"，如图 11-101 所示。

(10) 在【动画窗格】窗格中选中第 2 个图片动画，在【计时】组中将【延迟】设置为 "01.00"，如图 11-102 所示。

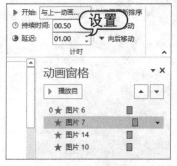

图 11-101　设置计时

图 11-102　设置延迟

(11) 在【动画窗格】窗格中选中第 3 个图片动画，在【计时】组中将【延迟】设置为 "01.50"，如图 11-103 所示。

计算机基础与实训教材系列

(12) 在【动画窗格】窗格中选中第 4 个图片动画，在【计时】组中将【延迟】设置为 "02.00"，如图 11-104 所示。

图 11-103 设置延迟   图 11-104 设置延迟

(13) 最后，在【预览】组中单击【预览】按钮★，即可在幻灯片中浏览运动模糊动画效果。

11.8 习题

1. 如何添加幻灯片切换动画？
2. 幻灯片中对象的动画效果有哪几种？
3. 新建一个演示文稿，要求将幻灯片中的标题设置为自顶部的【浮入】动画；将副标题设置为【棋盘】动画；设置插入的图片为【循环】动作路径动画。

第 12 章

放映和发布演示文稿

在 PowerPoint 中，用户可以选择最为理想的放映速度与放映方式，使幻灯片的放映过程更加清晰明确。此外，还可以将制作完成的演示文稿进行打包或发布。本章将介绍管理演示文稿放映和发布的操作内容。

本章重点

- 幻灯片放映设置
- 添加标记
- 打包和导出演示文稿
- 打印演示文稿

二维码教学视频

【例 12-1】 创建自定义放映
【例 12-2】 使用绘图笔标注重点
【例 12-3】 打包为 CD 文件
【例 12-4】 导出为 JPEG 格式
【例 12-5】 联机放映幻灯片

12.1 应用排练计时

制作完演示文稿后，用户可以根据需要进行放映前的准备，若演讲者为了专心演讲需要自动放映演示文稿，可以选择排练计时设置，从而使演示文稿自动播放。

12.1.1 设置排练计时

排练计时的作用在于为演示文稿中的每张幻灯片计算好播放时间之后，在正式放映时自行放映幻灯片，演讲者则可以专心进行演讲而不用再去控制幻灯片的切换等操作。

在放映幻灯片之前，演讲者可以运用 PowerPoint 的【排练计时】功能来排练整个演示文稿放映的时间，即将每张幻灯片的放映时间和整个演示文稿的总放映时间了然于胸。当真正放映时，就可以做到从容不迫。

实现排练计时的方法为：打开【幻灯片放映】选项卡，在【设置】组中单击【排练计时】按钮，此时将进入排练计时状态，在打开的【录制】工具栏中将开始计时，如图 12-1 所示。

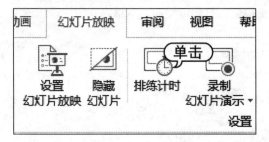
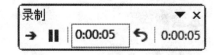

图 12-1 打开【录制】工具栏

若当前幻灯片中的内容显示的时间足够，则可单击鼠标进入下一对象或下一张幻灯片的计时，以此类推。当所有内容完成计时后，将打开提示对话框，单击【是】按钮即可保留排练计时，如图 12-2 所示。从幻灯片浏览视图中可以看到每张幻灯片下方均显示各自的排练时间，如图 12-3 所示。

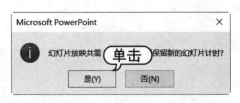

图 12-2 单击【是】按钮

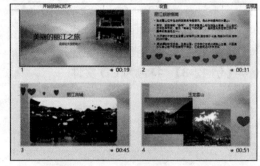

图 12-3 显示排练时间

計算机基础与实训教材系列

12.1.2 取消排练计时

当幻灯片被设置了排练计时后，实际情况又需要演讲者手动控制幻灯片，那么，就需要取消排练计时设置。

取消排练计时的方法为：选择【幻灯片放映】选项卡，单击【设置】组里的【设置幻灯片放映】按钮，如图 12-4 所示。打开【设置放映方式】对话框，在【推进幻灯片】选项区域中，选择【手动】单选按钮，即可取消排练计时，如图 12-5 所示。

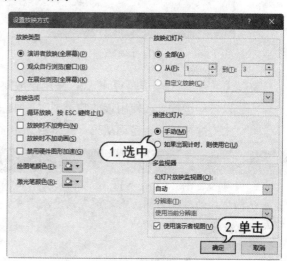

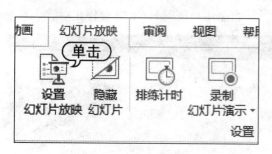

图 12-4 单击【设置幻灯片放映】按钮　　　　图 12-5 【设置放映方式】对话框

12.2 幻灯片放映设置

幻灯片放映前，用户可以根据需要设置幻灯片放映的方式和类型，以及进行自定义放映等操作。本节将介绍幻灯片放映前的一些基本设置。

12.2.1 设置放映类型

在【设置放映方式】对话框的【放映类型】选项区域中可以设置幻灯片的放映模式。

▽ 【观众自行浏览(窗口)】模式：观众自行浏览是在标准 Windows 窗口中显示的放映形式，放映时的 PowerPoint 窗口具有菜单栏、Web 工具栏，类似于浏览网页的效果，便于观众自行浏览，如图 12-6 所示。

▽ 【演讲者放映(全屏幕)】模式：该模式是系统默认的放映类型，也是最常见的全屏放映方式。在这种放映方式下，将以全屏幕放映演示文稿，演讲者现场控制演示节奏，具有放映的完全控制权。用户可以根据观众的反应随时调整放映速度或节奏，还可以暂

停下来进行讨论或记录观众即席反应。一般用于召开会议时的大屏幕放映、联机会议或网络广播等，如图 12-7 所示。

图 12-6 【观众自行浏览(窗口)】模式　　　图 12-7 【演讲者放映(全屏幕)】模式

▽ 　【展台浏览(全屏幕)】模式：采用该放映类型，最主要的特点是不需要专人控制就可以自动运行，在使用该放映类型时，如超链接等的控制方法都失效。当播放完最后一张幻灯片后，会自动从第一张重新开始播放，直至用户按下 Esc 键才会停止播放。

提示

使用【展台浏览(全屏幕)】模式放映演示文稿时，用户不能对其放映过程进行干预，必须设置每张幻灯片的放映时间，或者预先设定演示文稿的排练计时，否则可能会长时间停留在某张幻灯片上。

12.2.2 设置放映方式

PowerPoint 2019 提供了多种演示文稿的放映方式，最常用的是幻灯片页面的演示控制，主要有幻灯片的定时放映、连续放映和循环放映等。

1. 定时放映

用户在设置幻灯片切换效果时，可以设置每张幻灯片在放映时停留的时间，当等待到设定的时间后，幻灯片将自动向下放映。

打开【切换】选项卡，在【计时】组中选中【单击鼠标时】复选框，如图 12-8 所示，则用户单击鼠标或按下 Enter 键和空格键时，放映的演示文稿将切换到下一张幻灯片。

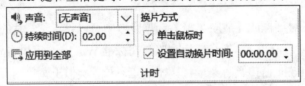

图 12-8 【计时】组

2. 连续放映

在【切换】选项卡的【计时】组选中【设置自动换片时间】复选框，并为当前选定的幻灯片设置自动切换时间，再单击【应用到全部】按钮，为演示文稿中的每张幻灯片设定相同的切换时间，即可实现幻灯片的连续自动放映。

3. 循环放映

用户将制作好的演示文稿设置为循环放映，可以应用于如展览会场的展台等场合，让演示文稿自动运行并循环播放。

打开【幻灯片放映】选项卡，在【设置】组中单击【设置幻灯片放映】按钮，打开【设置放映方式】对话框。在【放映选项】选项区域中选中【循环放映，按 Esc 键终止】复选框，单击【确定】按钮，则在播放完最后一张幻灯片后，会自动跳转到第 1 张幻灯片，而不是结束放映，直到用户按 Esc 键退出放映状态，如图 12-9 所示。

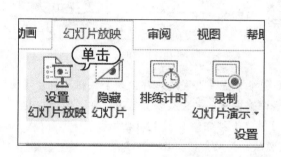
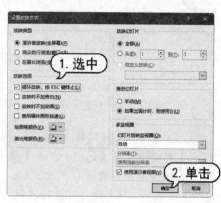

图 12-9　打开【设置放映方式】对话框

4. 自定义放映

自定义放映是指用户可以自定义幻灯片放映的张数，使一个演示文稿适用于多种观众，即可以将一个演示文稿中的多张幻灯片进行分组，以便给特定的观众放映演示文稿中的特定部分。用户可以用超链接分别指向演示文稿中的各个自定义放映，也可以在放映整个演示文稿时只放映其中的某个自定义放映。

【例 12-1】　创建自定义放映。　🎬视频

(1) 启动 PowerPoint 2019，打开一个演示文稿，选中【幻灯片放映】选项卡，单击【开始放映幻灯片】组中的【自定义幻灯片放映】按钮，在弹出的菜单中选择【自定义放映】命令，如图 12-10 所示。

(2) 打开【自定义放映】对话框，单击【新建】按钮，如图 12-11 所示。

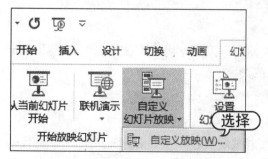
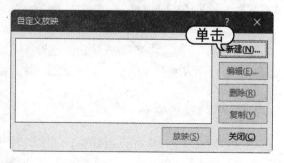

图 12-10　选择【自定义放映】命令　　　　　图 12-11　单击【新建】按钮

(3) 打开【定义自定义放映】对话框,在【幻灯片放映名称】文本框中输入文字"梵高作品展",在【在演示文稿中的幻灯片】列表中选择第 2 张和第 3 张幻灯片,然后单击【添加】按钮,将两张幻灯片添加到【在自定义放映中的幻灯片】列表中,单击【确定】按钮,如图 12-12 所示。

(4) 返回【自定义放映】对话框,在【自定义放映】列表中显示创建的放映,单击【关闭】按钮,如图 12-13 所示。

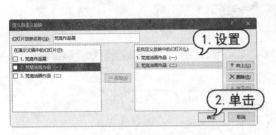

图 12-12　【定义自定义放映】对话框

图 12-13　单击【关闭】按钮

(5) 在【幻灯片放映】选项卡的【设置】组中单击【设置幻灯片放映】按钮,打开【设置放映方式】对话框,在【放映幻灯片】选项区域中选中【自定义放映】单选按钮,然后在其下方的列表框中选择需要放映的自定义放映,单击【确定】按钮,如图 12-14 所示。

(6) 此时按下 F5 键,将自动播放自定义放映的幻灯片,如图 12-15 所示。

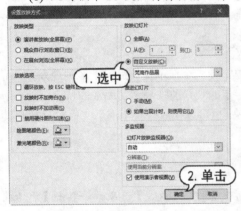

图 12-14　【设置放映方式】对话框

图 12-15　播放幻灯片

12.3　放映演示文稿

完成准备工作后,就可以开始放映已设计完成的演示文稿。常用的放映方法很多,除了自定义放映外,还有从头开始放映、从当前幻灯片开始放映等。

12.3.1　从头开始放映

从头开始放映是指从演示文稿的第一张幻灯片开始播放演示文稿。在 PowerPoint 2019 中,打开【幻灯片放映】选项卡,在【开始放映幻灯片】组中单击【从头开始】按钮,或者直接按 F5 键,开始放映演示文稿,此时进入全屏模式的幻灯片放映视图。

计算机基础与实训教材系列

12.3.2　从当前幻灯片开始放映

当用户需要从指定的某张幻灯片开始放映，则可以使用【从当前幻灯片开始】功能。

选择指定的幻灯片，打开【幻灯片放映】选项卡，在【开始放映幻灯片】组中单击【从当前幻灯片开始】按钮，如图 12-16 所示，显示从当前幻灯片开始放映的效果。此时进入幻灯片放映视图，幻灯片以全屏幕方式从当前幻灯片开始放映。

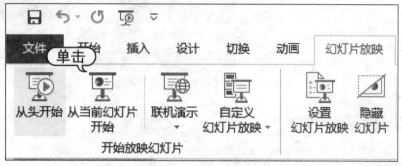

图 12-16　单击按钮

12.3.3　联机演示幻灯片

联机演示幻灯片利用 Windows Live 账户或组织提供的联机服务，直接向远程观众呈现所制作的幻灯片。用户可以完全控制幻灯片的播放进度，而观众只需在浏览器中跟随浏览。要注意的问题是：使用【联机演示】功能时，需要用户先注册一个 Windows Live 账户。

打开【幻灯片放映】选项卡，在【开始放映幻灯片】组中单击【联机演示】按钮，打开【登录】对话框，在文本框中输入账户，单击【下一步】按钮，如图 12-17 所示，在打开的对话框的【Microsoft 账户】和【密码】文本框中输入账户和密码，单击【登录】按钮，如图 12-18 所示。

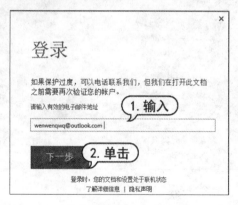

图 12-17　单击【下一步】按钮

图 12-18　输入账户和密码

联机完成之后，在【联机演示】对话框中显示共享的网络链接，单击【启动演示文稿】按钮，即可进入幻灯片放映视图，此时以全屏幕方式开始放映幻灯片，如图 12-19 所示。

计算机基础与实训教材系列

305

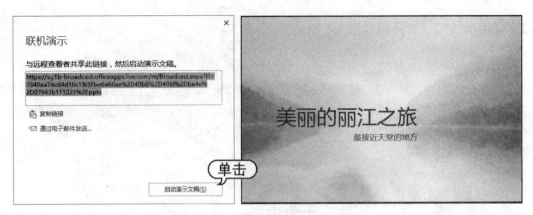

图 12-19　单击【启动演示文稿】按钮

12.3.4　使用激光笔和黑白屏

在幻灯片放映的过程中,可以将鼠标设置为激光笔,也可以将幻灯片设置为黑屏或白屏显示。

1. 激光笔

在幻灯片放映视图中,可以将鼠标指针变为激光笔样式,以将观看者的注意力吸引到幻灯片上的某个重点内容或特别要强调的内容位置。

将演示文稿切换至幻灯片放映视图状态下,按 Ctrl 键的同时,单击鼠标左键,此时鼠标指针变成激光笔样式,移动鼠标指针,将其指向需要观众注意的内容上。激光笔的默认颜色为红色,用户可以更改其颜色,打开【设置放映方式】对话框,在【激光笔颜色】下拉列表中选择颜色即可,如图 12-20所示。

图 12-20　选择激光笔颜色

2. 黑屏和白屏

在幻灯片放映的过程中,有时为了隐藏幻灯片内容,可以将幻灯片进行黑屏或白屏显示。具体方法为:全屏放映下,在右键菜单中选择【屏幕】|【黑屏】命令或【屏幕】|【白屏】命令即可,如图 12-21所示。

计算机基础与实训教材系列

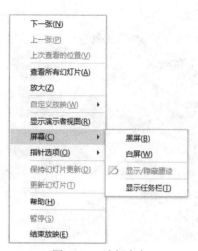

图 12-21　选择命令

12.3.5　添加标记

若想在放映幻灯片时为重要位置添加标记以突出强调重要内容，那么此时就可以利用 PowerPoint 2019 提供的笔或荧光笔来实现。其中笔主要用来圈点幻灯片中的重点内容，有时还可以进行简单的写字操作；而荧光笔主要用来突出显示重点内容，并且呈透明状。

1. 使用笔

使用笔之前首先应该启用它，其方法为：在放映的幻灯片上单击鼠标右键，然后在弹出的快捷菜单中选择【指针选项】|【笔】命令，此时在幻灯片中将显示一个小红点，按住鼠标左键不放并拖动鼠标即可为幻灯片中的重点内容添加标记，如图 12-22 所示。

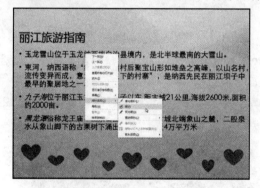
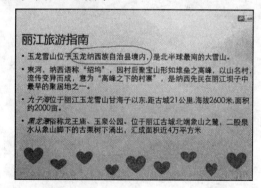

图 12-22　选择【笔】命令绘制标记

2. 使用荧光笔

荧光笔的使用方法与笔相似，也是在放映的幻灯片上单击鼠标右键，在弹出的快捷菜单中选择【指针选项】|【荧光笔】命令，此时幻灯片中将显示一个黄色的小方块，按住鼠标左键不放并拖动鼠标即可为幻灯片中的重点内容添加标记，如图 12-23 所示。

计算机基础与实训教材系列

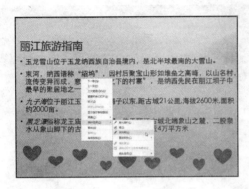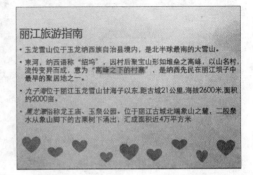

图 12-23　选择【荧光笔】命令绘制标记

【例 12-2】 放映"光盘策划提案"演示文稿，使用绘图笔标注重点。 📹视频

(1) 启动 PowerPoint 2019，打开"光盘策划提案"演示文稿，打开【幻灯片放映】选项卡，在【开始放映幻灯片】组中单击【从头开始】按钮，放映演示文稿，如图 12-24 所示。

(2) 当放映到第 2 张幻灯片时，单击■按钮，或者在屏幕中右击，在弹出的快捷菜单中选择【荧光笔】命令，将绘图笔设置为荧光笔样式，如图 12-25 所示。

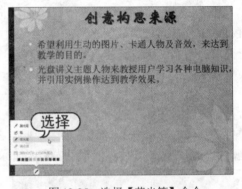

图 12-24　放映演示文稿　　　　　　图 12-25　选择【荧光笔】命令

(3) 在放映视图中右击，从弹出的快捷菜单中选择【指针选项】|【墨迹颜色】命令，然后从弹出的颜色面板中选择【红色】色块，如图 12-26 所示。

(4) 此时，鼠标指针变为一个小矩形形状■，在需要绘制的地方拖动鼠标绘制标记，如图 12-27 所示。

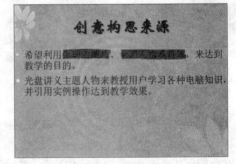

图 12-26　选择【红色】色块　　　　　图 12-27　绘制标记

(5) 当放映到第 3 张幻灯片时，右击空白处，从弹出的快捷菜单中选择【指针选项】|【笔】命令，如图 12-28 所示。

(6) 在放映视图中右击，从弹出的快捷菜单中选择【指针选项】|【墨迹颜色】命令，然后从弹出的颜色面板中选择【蓝色】色块，如图 12-29 所示。

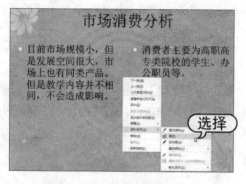

图 12-28　选择【笔】命令

图 12-29　选择【蓝色】色块

(7) 此时拖动鼠标在放映界面中的文字下方绘制墨迹，如图 12-30 所示。

(8) 使用同样的方法，在其他幻灯片中绘制墨迹，如图 12-31 所示。

图 12-30　绘制墨迹

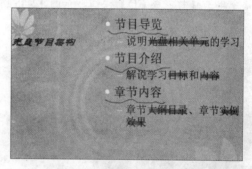

图 12-31　继续绘制墨迹

(9) 当幻灯片播放完毕后，单击鼠标左键退出放映状态时，系统将弹出对话框询问用户是否保留在放映时所做的墨迹注释，单击【保留】按钮，如图 12-32 所示。

(10) 此时将绘制的注释图形保留在幻灯片中，如图 12-33 所示，在快速访问工具栏中单击【保存】按钮保存演示文稿。

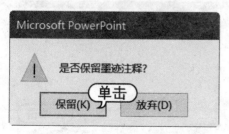

图 12-32　单击【保留】按钮

图 12-33　保留墨迹注释

计算机基础与实训教材系列

12.4 打包和导出演示文稿

通过打包演示文稿，可以创建演示文稿的 CD 或是打包文件夹，然后在另一台计算机上进行幻灯片的放映。导出演示文稿是指将演示文稿转换为其他格式的文件以满足用户其他用途的需要。

12.4.1 将演示文稿打包成 CD

将演示文稿打包成 CD 的操作方法：单击演示文稿中的【文件】按钮，在弹出的界面中选择【导出】选项，在右侧的界面中选择【将演示文稿打包成 CD】选项，打开【打包成 CD】对话框，在其中单击【复制到 CD】按钮，即可将演示文稿压缩到 CD。

【例 12-3】将演示文稿打包成 CD。 ⊙视频

(1) 启动 PowerPoint 2019，打开"销售业绩报告"演示文稿，单击【文件】按钮，在弹出的界面中选择【导出】命令，如图 12-34 所示。

(2) 在右侧中间窗格的【导出】选项区域中选择【将演示文稿打包成 CD】选项，并在右侧的窗格中单击【打包成 CD】按钮，如图 12-35 所示。

图 12-34 选择【导出】命令

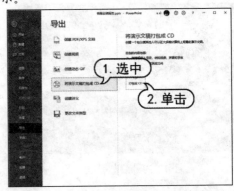

图 12-35 单击【打包成 CD】按钮

(3) 打开【打包成 CD】对话框，在【将 CD 命名为】文本框中输入"销售业绩报告 CD"，单击【添加】按钮，如图 12-36 所示。

(4) 在打开的【添加文件】对话框中，选择要添加的文件，单击【添加】按钮，如图 12-37 所示。

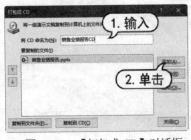

图 12-36 【打包成 CD】对话框

图 12-37 【添加文件】对话框

(5) 返回【打包成 CD】对话框，可以看到新添加的演示文稿，单击【选项】按钮，如图 12-38 所示。

(6) 打开【选项】对话框，选择包含的文件，在密码文本框中输入相关的密码(这里设置打开密码为 123，修改密码为 456)，单击【确定】按钮，如图 12-39 所示。

图 12-38　单击【选项】按钮

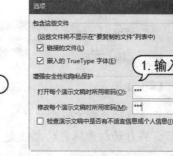

图 12-39　【选项】对话框

(7) 打开【确认密码】对话框，输入打开和修改演示文稿的密码，单击【确定】按钮，如图 12-40 所示。

(8) 返回【打包成 CD】对话框，单击【复制到文件夹】按钮，如图 12-41 所示。

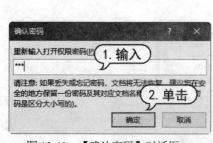

图 12-40　【确认密码】对话框

图 12-41　单击【复制到文件夹】按钮

(9) 打开【复制到文件夹】对话框，在【位置】文本框右侧单击【浏览】按钮，如图 12-42 所示。

(10) 打开【选择位置】对话框，在其中设置文件的保存路径，单击【选择】按钮，如图 12-43 所示。

图 12-42　【复制到文件夹】对话框

图 12-43　【选择位置】对话框

计算机基础与实训教材系列

311

(11) 返回【复制文件夹】对话框，在【位置】文本框中查看文件的保存路径，单击【确定】按钮，如图 12-44 所示。

(12) 打开 Microsoft PowerPoint 提示框，单击【是】按钮，如图 12-45 所示。

图 12-44　单击【确定】按钮　　　　　　　　　　　　　图 12-45　单击【是】按钮

(13) 此时系统将开始自动复制文件到文件夹，如图 12-46 所示。

(14) 打包完毕后，将自动打开保存的文件夹 "销售业绩报告 CD"，将显示打包后的所有文件，如图 12-47 所示。

(15) 返回打开的 "销售业绩报告" 演示文稿，在其中单击【打包成 CD】对话框的【关闭】按钮，关闭该对话框。

图 12-46　开始复制文件

图 12-47　显示打包文件

12.4.2　导出演示文稿

演示文稿制作完成后，还可以将它们转换为其他格式的文件，如图片文件、视频文件、PDF 文档等，以满足用户其他用途的需要。

1. 导出为图形文件

PowerPoint 支持将演示文稿中的幻灯片输出为 GIF、JPG、PNG、TIFF、BMP、WMF 及 EMF 等格式的图形文件。这有利于用户在更大范围内交换或共享演示文稿中的内容。

在 PowerPoint 2019 中，不仅可以将整个演示文稿中的幻灯片输出为图形文件，还可以将当前幻灯片输出为图片文件。

(1) 打开演示文稿，单击【文件】按钮，从弹出的界面中选择【导出】命令，在中间窗格的【导出】选项区域中选择【更改文件类型】选项，在右侧窗格的【图片文件类型】选项区域中选择【PNG 可移植网络图形格式】选项，单击【另存为】按钮，如图 12-48 所示。

(2) 打开【另存为】对话框，设置存放路径和文件名，单击【保存】按钮，如图 12-49 所示。

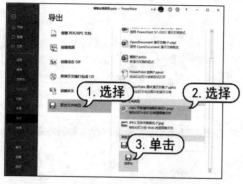

图 12-48　单击【另存为】按钮

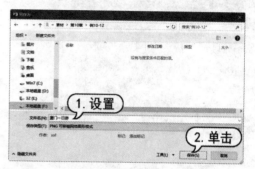

图 12-49　【另存为】对话框

(3) 此时系统会弹出提示对话框，供用户选择输出为图片文件的幻灯片范围，单击【所有幻灯片】按钮，开始输出图片，如图 12-50 所示。

(4) 完成输出后，自动弹出提示框，提示用户每张幻灯片都以独立的方式保存到文件夹中，单击【确定】按钮即可，如图 12-51 所示。

图 12-50　单击【所有幻灯片】按钮

图 12-51　单击【确定】按钮

2. 导出为 PDF 文档

在 PowerPoint 2019 中，用户可以方便地将制作好的演示文稿转换为 PDF/XPS 文档。

(1) 打开演示文稿，单击【文件】按钮，从弹出的界面中选择【导出】命令，选择【创建 PDF/XPS 文档】选项，单击【创建 PDF/XPS】按钮，如图 12-52 所示。

(2) 打开【发布为 PDF 或 XPS】对话框，设置保存文档的路径和文件名，单击【选项】按钮，如图 12-53 所示。

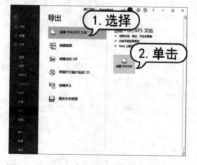

图 12-52　单击【创建 PDF/XPS】按钮

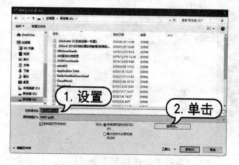

图 12-53　单击【选项】按钮

计算机基础与实训教材系列

(3) 打开【选项】对话框，在【发布选项】选项区域中选中【幻灯片加框】复选框，保持其他默认设置，单击【确定】按钮，如图 12-54 所示。

(4) 返回【发布为 PDF 或 XPS】对话框，在【保存类型】下拉列表中选择 PDF 选项，单击【发布】按钮，如图 12-55 所示。发布完成后，自动打开发布成 PDF 格式的文档。

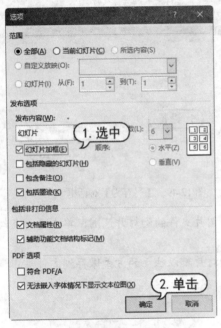

图 12-54　【选项】对话框

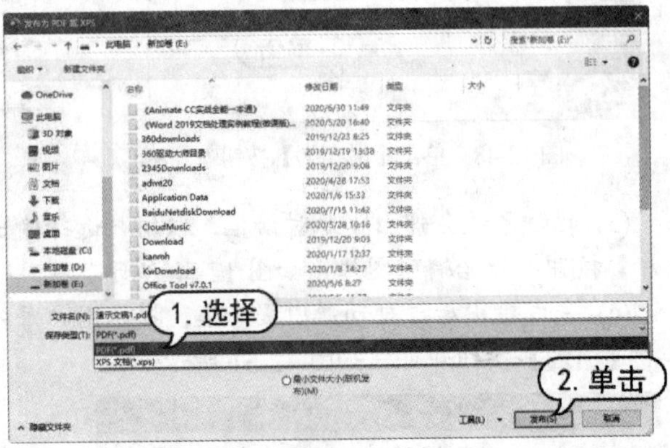

图 12-55　单击【发布】按钮

3. 导出为视频文件

PowerPoint 2019 可以将演示文稿转换为视频内容，以供用户通过视频播放器播放该视频文件，实现与其他用户共享该视频。

(1) 打开演示文稿，单击【文件】按钮，在弹出的界面中选择【导出】选项，选择【创建视频】选项，并在右侧窗格的【创建视频】选项区域中设置显示选项和放映时间，单击【创建视频】按钮，如图 12-56 所示。

(2) 打开【另存为】对话框，设置视频文件的名称和保存路径，单击【保存】按钮，如图 12-57 所示。

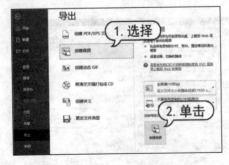

图 12-56　选择【创建视频】选项

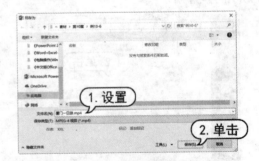

图 12-57　单击【保存】按钮

（3）此时 PowerPoint 的窗口任务栏中将显示制作视频的进度，如图 12-58 所示。

（4）制作完毕后，打开视频的存放路径，双击视频文件，即可使用视频播放器播放该视频，如图 12-59 所示。

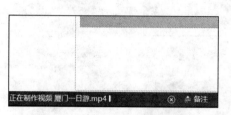

图 12-58　显示制作视频的进度

图 12-59　播放视频

12.5　打印演示文稿

在 PowerPoint 2019 中，制作完成的演示文稿不仅可以进行现场演示，还可以将其通过打印机打印出来，分发给观众作为演讲提示。

12.5.1　打印页面设置

在打印演示文稿前，可以根据自己的需要对打印页面进行设置，使打印的形式和效果更符合实际需要。

打开【设计】选项卡，在【自定义】组中单击【幻灯片大小】下拉按钮，在弹出的下拉列表中选择【自定义幻灯片大小】选项，如图 12-60 所示。在打开的【幻灯片大小】对话框中对幻灯片的大小、编号和方向进行设置，如图 12-61 所示，单击【确定】按钮。

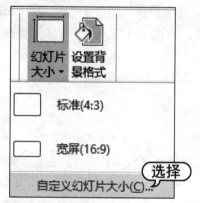

图 12-60　选择【自定义幻灯片大小】选项

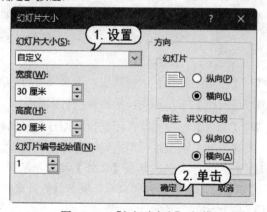

图 12-61　【幻灯片大小】对话框

此时，系统会弹出提示对话框，供用户选择是要最大化内容大小还是按比例缩小以确保适应新幻灯片，单击【确保适合】按钮，如图 12-62 所示。

打开【视图】选项卡，在【演示文稿视图】组中单击【幻灯片浏览】按钮，此时即可查看设置页面属性后的幻灯片缩略图效果，如图 12-63 所示。

计算机基础与实训教材系列

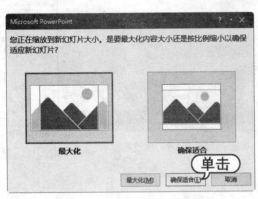

图 12-62　单击【确保适合】按钮

图 12-63　幻灯片缩略图效果

12.5.2　预览并打印

　　用户在页面设置中设置好打印的参数后，在实际打印之前，可以使用打印预览功能先预览一下打印的效果。对当前的打印设置及预览效果满意后，可以连接打印机开始打印演示文稿。

　　单击【文件】按钮，从弹出的界面中选择【打印】命令，打开打印界面，在中间的【打印】窗格中进行相关设置。

　　其中，各选项的主要作用如下。

▽　【打印机】下拉列表：自动调用系统默认的打印机，当用户的计算机上装有多台打印机时，可以根据需要选择打印机或设置打印机的属性。

▽　【打印全部幻灯片】下拉列表：用来设置打印范围，系统默认打印当前演示文稿中的所有内容，用户可以选择打印当前幻灯片或在其下的【幻灯片】文本框中输入需要打印的幻灯片编号。

▽　【整页幻灯片】下拉列表：用来设置打印的版式、边框和大小等参数。

▽　【对照】下拉列表：用来设置打印顺序。

▽　【颜色】下拉列表：用来设置幻灯片打印时的颜色。

▽　【份数】微调框：用来设置打印的份数。

　　(1) 打开演示文稿。单击【文件】按钮，从弹出的界面中选择【打印】选项。在最右侧的窗格中可以查看幻灯片的打印效果，单击预览页中的【下一页】按钮▶，可查看下一张幻灯片效果，如图 12-64 所示。

　　(2) 在【显示比例】滑动条中拖动滑块，将幻灯片的显示比例设置为 60%，查看其中的文本内容，如图 12-65 所示。

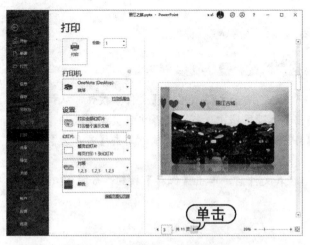

图 12-64　单击【下一页】按钮

图 12-65　设置显示比例

（3）在【份数】微调框中输入 10；单击【整页幻灯片】下拉按钮，在弹出的下拉列表中选择【打印当前幻灯片】选项；在【颜色】下拉列表中选择【灰度】选项，如图 12-66 所示。

（4）在【打印机】下拉列表中选择正确的打印机，设置完毕后，单击【打印】按钮，即可开始打印幻灯片，如图 12-67 所示。

图 12-66　设置打印选项

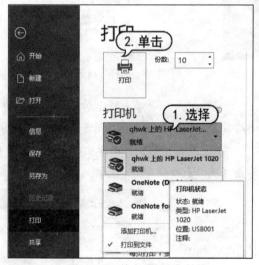

图 12-67　单击【打印】按钮

12.6　实例演练

本章的实例演练部分为转换演示文稿等几个综合实例操作，用户通过练习从而巩固本章所学知识。

12.6.1 转换演示文稿

【例 12-4】 将演示文稿导出为 JPEG 格式。 ▶视频

(1) 启动 PowerPoint 2019，打开"厦门一日游"演示文稿，单击【文件】按钮，从弹出的界面中选择【导出】命令，在中间窗格的【导出】选项区域中选择【更改文件类型】选项，在右侧窗格的【图片文件类型】选项区域中选择【JPEG 文件交换格式】选项，单击【另存为】按钮，如图 12-68 所示。

(2) 打开【另存为】对话框，设置存放路径和文件名，单击【保存】按钮，如图 12-69 所示。

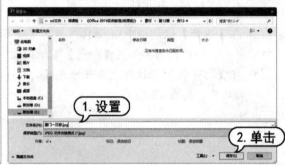

图 12-68 选择导出选项 图 12-69 【另存为】对话框

(3) 此时系统会弹出提示对话框，供用户选择输出为图片文件的幻灯片范围，单击【所有幻灯片】按钮，如图 12-70 所示，开始输出图片，并在窗口任务栏中显示进度。

(4) 完成输出后，自动弹出提示框，提示用户每张幻灯片都以独立的方式保存到文件夹中，单击【确定】按钮即可，如图 12-71 所示。

图 12-70 单击【所有幻灯片】按钮

图 12-71 单击【确定】按钮

(5) 打开保存的文件夹，此时 6 张幻灯片以 JPEG 格式显示在文件夹中，如图 12-72 所示。

(6) 双击某张图片，打开并查看该图片，如图 12-73 所示。

图 12-72　显示图片

图 12-73　查看图片

12.6.2　联机放映幻灯片

【例 12-5】　在演示文稿中进行联机演示。　📹视频

(1) 启动 PowerPoint 2019，打开"厦门一日游"演示文稿，打开【幻灯片放映】选项卡，在【开始放映幻灯片】组中单击【联机演示】按钮，如图 12-74 所示。

(2) 打开【联机演示】对话框，选中【允许远程查看者下载此演示文稿】复选框，单击【连接】按钮，如图 12-75 所示。

图 12-74　单击【联机演示】按钮

图 12-75　【联机演示】对话框

(3) 联机完成之后，在【联机演示】对话框中显示共享的网络链接，单击【开始演示】按钮，如图 12-76 所示。

(4) 即可进入幻灯片放映视图，此时以全屏幕方式开始放映幻灯片，如图 12-77 所示。

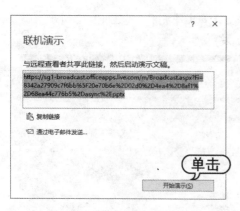

图 12-76　单击【开始演示】按钮　　　　　　　图 12-77　全屏幕放映幻灯片

(5) 放映完毕后，返回演示文稿工作界面，打开【联机演示】选项卡，在【联机演示】组中单击【结束联机演示】按钮，结束放映，如图 12-78 所示。

(6) 此时将自动弹出信息提示框，提示是否要结束此联机演示文稿，单击【结束联机演示】按钮，如图 12-79 所示。

图 12-78　单击【结束联机演示】按钮　　　　　　图 12-79　单击【结束联机演示】按钮

12.7　习题

1. 简述幻灯片的放映方式。
2. 如何打包演示文稿？
3. 创建一个新的演示文稿，设置自定义放映，并使用观众自行浏览模式放映该演示文稿。

第13章

Office 2019综合应用

本章将通过多个实例来串联各知识点，帮助用户加深与巩固所学知识，灵活运用 Office 2019 的各种功能，提高综合应用能力。

➡ 本章重点

- 制作售后服务卡
- 使用公式和函数进行计算
- 制作汉字书写动画
- 制作员工培训 PPT

➡ 二维码教学视频

【例 13-1】制作售后服务保障卡
【例 13-2】使用公式和函数进行计算
【例 13-3】将 Excel 数据转换到 Word 文档中
【例 13-4】Word 与 Excel 数据同步
【例 13-5】制作汉字书写动画
【例 13-6】制作员工培训 PPT
【例 13-7】制作撕纸效果图片

13.1 制作售后服务保障卡

使用 Word 2019 的图文混排功能,通过绘制矩形图形来绘制整体背景,然后绘制售后服务保障卡,并插入素材文件,最后使用文本框工具输入内容文本。

【例 13-1】 创建"售后服务保障卡"文档,在其中插入图片等元素。 📹视频

(1) 启动 Word 2019,新建一个名为"售后服务保障卡"的文档。

(2) 选择【布局】选项卡,在【页面设置】组中单击对话框启动器按钮🔟,在打开的【页面设置】对话框的【页边距】选项卡中,将【上】【下】【左】【右】都设置为【1.5 厘米】,如图 13-1 所示。

(3) 选择【纸张】选项卡,将【宽度】和【高度】分别设置为【23.2 厘米】和【21.2 厘米】,单击【确定】按钮,如图 13-2 所示。

图 13-1 【页边距】选项卡

图 13-2 【纸张】选项卡

(4) 选择【插入】选项卡,在【页面】组中单击【空白页】按钮,如图 13-3 所示,添加一个空白页。

(5) 在【插图】组中单击【形状】下拉按钮,在展开的库中选择【矩形】选项,如图 13-4 所示。

图 13-3 单击【空白页】按钮

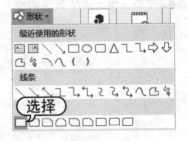

图 13-4 选择【矩形】选项

(6) 按住鼠标，在文档的第一页中绘制一个与文档页面大小相同的矩形，如图 13-5 所示。

(7) 选择【格式】选项卡，在【形状样式】组中单击【形状填充】下拉按钮，在展开的库中选择【渐变】|【从中心】选项，如图 13-6 所示。

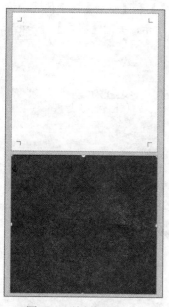

图 13-5　绘制矩形

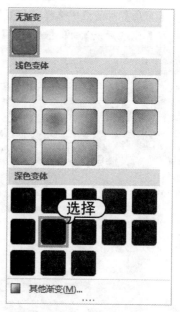

图 13-6　选择【从中心】选项

(8) 单击【形状填充】下拉按钮，在弹出的下拉列表中选择【渐变】|【其他渐变】选项，打开【设置形状格式】窗格，在【渐变光圈】选项中将左侧光圈的 RGB 值设置为 216、216、216，将中间光圈的 RGB 值设置为 175、172、172，将右侧光圈的 RGB 值设置为 118、112、112，如图 13-7 所示。

(9) 关闭【设置形状格式】窗格，在【插入】选项卡的【插图】组中单击【形状】下拉按钮，在展开的库中选择【矩形】选项，按住鼠标在文档中绘制一个矩形，如图 13-8 所示。

图 13-7　设置【渐变光圈】

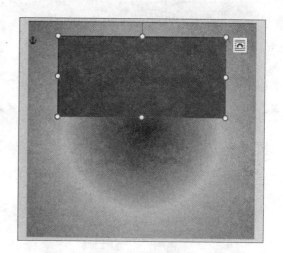

图 13-8　绘制矩形

(10) 选中刚绘制的矩形，选择【格式】选项卡，在【大小】组中单击按钮，打开【布局】对话框，选择【大小】选项卡，在【高度】选项区域中将【绝对值】设置为 9.6 厘米，在【宽度】选项区域中将【绝对值】设置为 21.2 厘米，如图 13-9 所示。

(11) 在【布局】对话框中选择【位置】选项卡，在【水平】和【垂直】选项区域中将【绝对位置】均设置为【-0.55 厘米】，单击【确定】按钮，如图 13-10 所示，关闭【布局】对话框。

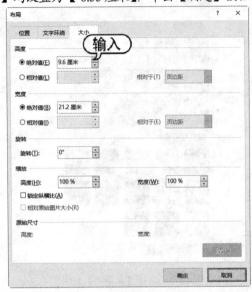

图 13-9　设置高度和宽度

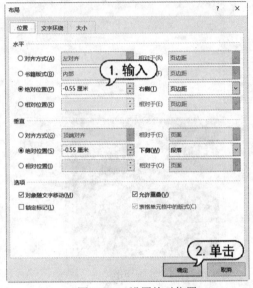

图 13-10　设置绝对位置

(12) 在【形状样式】组中单击【设置形状样式】按钮，在打开的【设置形状格式】窗格中单击【颜色】下拉按钮，选择下拉菜单中的【其他颜色】命令，如图 13-11 所示。

(13) 打开【颜色】对话框，将【颜色】的 RGB 值设置为 0、88、152，然后单击【确定】按钮，如图 13-12 所示。

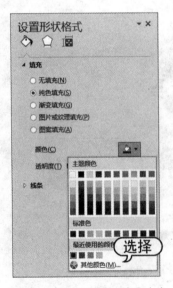

图 13-11　选择【其他颜色】命令

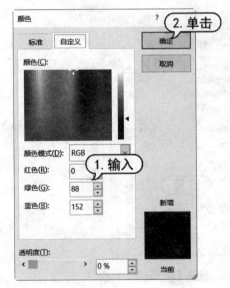

图 13-12　【颜色】对话框

计算机基础与实训教材系列

(14) 关闭【设置形状格式】窗格。选择【插入】选项卡，在【插图】组中单击【图片】按钮，在弹出的【插入图片】对话框中选择一个图片文件后单击【插入】按钮，如图 13-13 所示。

(15) 在【格式】选项卡的【排列】组中单击【环绕文字】下拉按钮，在弹出的菜单中选择【浮于文字上方】命令，如图 13-14 所示。

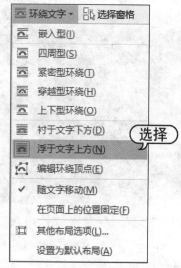

图 13-13　【插入图片】对话框

图 13-14　选择【浮于文字上方】命令

(16) 在文档中调整该图像的位置，完成后按 Esc 键取消图像的选择。选择【插入】选项卡，在【文本】组中单击【文本框】下拉按钮，在展开的列表中选择【绘制横排文本框】命令，如图 13-15 所示。

(17) 按住鼠标在文档中绘制一个文本框并输入文本。选中输入的文本，选择【开始】选项卡，在【字体】组中设置文本的字体为【方正综艺简体】，字号为【五号】，如图 13-16 所示。

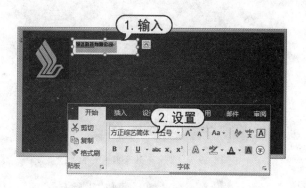

图 13-15　选择【绘制横排文本框】命令

图 13-16　输入并设置文本

(18) 选择【格式】选项卡，在【形状格式】组中将【形状填充】设置为【无填充颜色】，将【形状轮廓】设置为【无轮廓】，在【艺术字样式】组中将【文本填充】设置为【白色】，并调整文本框和图片的大小和位置，效果如图 13-17 所示。

(19) 选中文档中的文本框，按下 Ctrl+C 组合键复制文本框，按下 Ctrl+V 组合键粘贴文本框，并调整复制后的文本框的位置，并将该文本框中的文字修改为"售后服务保障卡"，如图 13-18 所示。

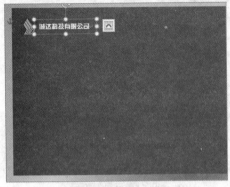

图 13-17　设置文本框

图 13-18　输入文本

(20) 重复步骤(19)的操作，复制更多的文本框，并在其中输入相应的文本内容，完成后的效果如图 13-19 所示。

(21) 选中并复制文档中的蓝色图形，使用键盘上的方向键调整图形在文档中的位置。选择【格式】选项卡，在【形状样式】组中将复制后的矩形样式设置为【彩色轮廓-蓝色 强调颜色 1】，如图 13-20 所示。

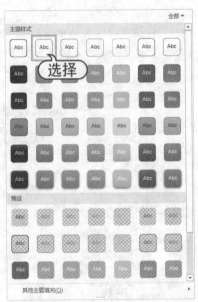

图 13-20　选择形状样式

图 13-19　复制文本框并输入文本

(22) 此时矩形的效果如图 13-21 所示。

(23) 重复步骤(21)的操作，复制文档中的矩形并调整矩形的大小，如图 13-22 所示。

图 13-21　矩形效果

图 13-22　复制矩形

(24) 右击调整大小后的图形，在弹出的快捷菜单中选择【编辑顶点】命令，如图 13-23 所示。

(25) 编辑矩形图形的顶点，改变图形形状，效果如图 13-24 所示。

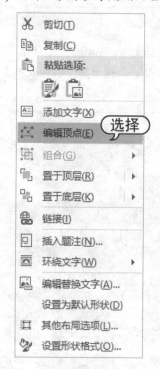

图 13-23　选择【编辑顶点】命令

图 13-24　改变图形形状

(26) 按下 Enter 键，确认图形顶点的编辑。选择【插入】选项卡，在【文本】组中单击【文本框】下拉按钮，在弹出的菜单中选择【绘制横排文本框】命令，如图 13-25 所示。

(27) 在文档中绘制一个文本框，并在其中输入文本，如图 13-26 所示。

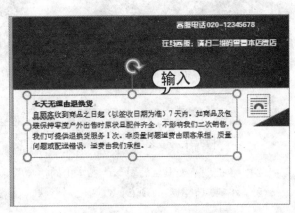

图 13-25　选择【绘制横排文本框】命令　　　　　　图 13-26　绘制文本框并输入文本

(28) 使用同样的方法，在文档中绘制其他文本框并输入相应的文本，如图 13-27 所示。

(29) 在【插入】选项卡的【插图】组中单击【形状】下拉按钮，在弹出的下拉列表中选择【线条】区域中的【直线】选项，如图 13-28 所示。

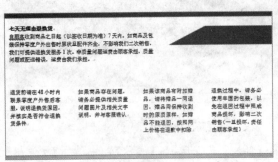

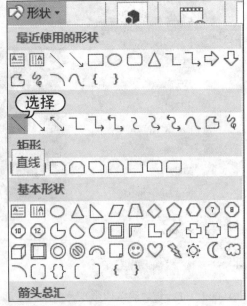

图 13-27　绘制其他文本框并输入文本　　　　　　图 13-28　选择【直线】选项

(30) 按住 Shift 键在文档中绘制直线，如图 13-29 所示。

(31) 选择【格式】选项卡，在【形状样式】组中单击【其他】按钮，在弹出的列表中选择【虚线】选项，如图 13-30 所示。

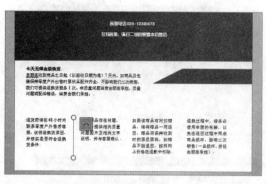

图 13-29　绘制直线

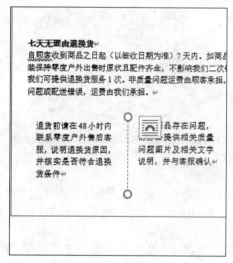

图 13-30　选择【虚线】选项

(32) 此时设置直线的形状样式为虚线，如图 13-31 所示。

(33) 复制文档中的直线，将其粘贴至文档中的其他位置，完成售后服务保障卡的制作，效果如图 13-32 所示。

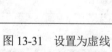

图 13-31　设置为虚线

图 13-32　文档效果

13.2　使用公式和函数进行计算

使用 Excel 2019 的公式和函数功能，计算工资预算，学习并巩固 Excel 中函数和公式的使用方法。

【例 13-2】　创建"工资预算表"工作簿，使用公式和函数进行计算。　🎬视频

(1) 启动 Excel 2019，新建一个名为"工资预算表"的工作簿，并在 Sheet1 工作表中输入数据，如图 13-33 所示。

计算机基础与实训教材系列

329

(2) 选中 G3 单元格，将鼠标指针定位至编辑栏中，输入 "="，如图 13-34 所示。

图 13-33　输入数据

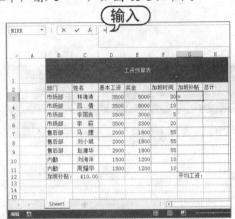

图 13-34　输入 "="

(3) 单击 F3 单元格，输入 "*"，如图 13-35 所示。

(4) 单击 C12 单元格，然后按下 F4 键，结果如图 13-36 所示。

图 13-35　输入 "*"

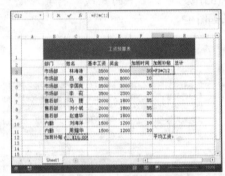

图 13-36　按下 F4 键后的结果

(5) 按下 Enter 键，即可在 G3 单元格中计算出员工 "林海涛" 的加班补贴，如图 13-37 所示。

(6) 选中 G3 单元格后，按下 Ctrl+C 组合键复制公式。选中 G4:G11 单元格区域，然后按下 Ctrl+V 组合键粘贴公式，系统将自动计算结果，如图 13-38 所示。

图 13-37　计算数据

图 13-38　计算结果

(7) 选中 H3 单元格，输入公式“=D3+E3+G3”，如图 13-39 所示。

(8) 按下 Enter 键，即可在 H3 单元格中计算出员工“林海涛”的总工资，如图 13-40 所示。

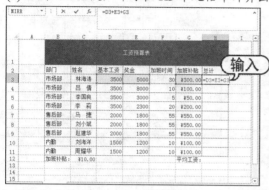

工资预算表						
部门	姓名	基本工资	奖金	加班时间	加班补贴	总计
市场部	林海涛	3500	5000	30	¥300.00	=D3+E3+G3
市场部	吕 倩	3500	8000	10	¥100.00	
市场部	李国良	3500	3000	5	¥50.00	
市场部	李 莉	3500	2300	20	¥200.00	
售后部	马 捷	2000	1800	55	¥550.00	
售后部	刘小斌	2000	1800	55	¥550.00	
售后部	赵建华	2000	1800	55	¥550.00	
内勤	刘海洋	1500	1200	10	¥100.00	
内勤	周耀华	1500	1200	10	¥100.00	
加班补贴：	¥10.00				平均工资：	

图 13-39　输入公式

工资预算表						
部门	姓名	基本工资	奖金	加班时间	加班补贴	总计
市场部	林海涛	3500	5000	30	¥300.00	¥8,800.00
市场部	吕 倩	3500	8000	10	¥100.00	
市场部	李国良	3500	3000	5	¥50.00	
市场部	李 莉	3500	2300	20	¥200.00	
售后部	马 捷	2000	1800	55	¥550.00	
售后部	刘小斌	2000	1800	55	¥550.00	
售后部	赵建华	2000	1800	55	¥550.00	
内勤	刘海洋	1500	1200	10	¥100.00	
内勤	周耀华	1500	1200	10	¥100.00	
加班补贴：	¥10.00				平均工资：	

图 13-40　计算工资

(9) 将鼠标指针移动至 H3 单元格右下角，当其变为加号状态时，按住鼠标左键拖动至 H11 单元格，计算出所有员工的总工资，如图 13-41 所示。

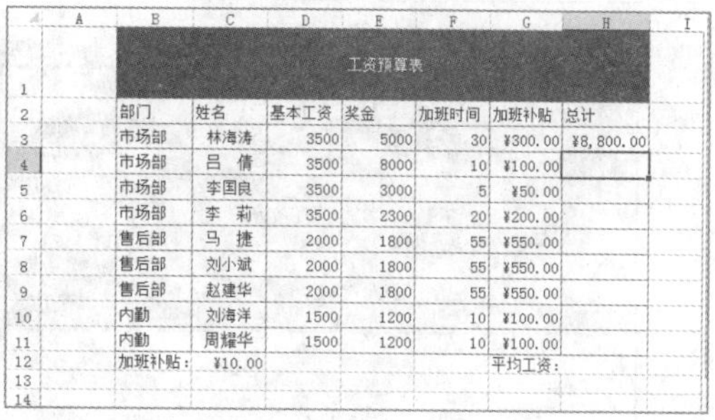

(10) 选中 H12 单元格，然后选择【公式】选项卡，在【函数库】组中单击【自动求和】下拉按钮，在弹出的下拉列表中选择【平均值】选项，按下 Ctrl+Enter 组合键，即可在 H12 单元格中计算出所有员工的平均工资，如图 13-42 所示。

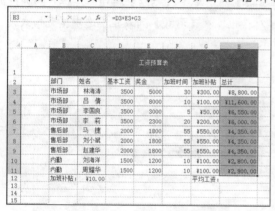

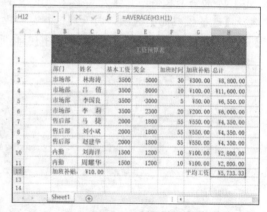

工资预算表						
部门	姓名	基本工资	奖金	加班时间	加班补贴	总计
市场部	林海涛	3500	5000	30	¥300.00	¥8,800.00
市场部	吕 倩	3500	8000	10	¥100.00	¥11,600.00
市场部	李国良	3500	3000	5	¥50.00	¥6,550.00
市场部	李 莉	3500	2300	20	¥200.00	¥6,000.00
售后部	马 捷	2000	1800	55	¥550.00	¥4,350.00
售后部	刘小斌	2000	1800	55	¥550.00	¥4,350.00
售后部	赵建华	2000	1800	55	¥550.00	¥4,350.00
内勤	刘海洋	1500	1200	10	¥100.00	¥2,800.00
内勤	周耀华	1500	1200	10	¥100.00	¥2,800.00
加班补贴：	¥10.00				平均工资：	

图 13-41　计算总工资

工资预算表						
部门	姓名	基本工资	奖金	加班时间	加班补贴	总计
市场部	林海涛	3500	5000	30	¥300.00	¥8,800.00
市场部	吕 倩	3500	8000	10	¥100.00	¥11,600.00
市场部	李国良	3500	3000	5	¥50.00	¥6,550.00
市场部	李 莉	3500	2300	20	¥200.00	¥6,000.00
售后部	马 捷	2000	1800	55	¥550.00	¥4,350.00
售后部	刘小斌	2000	1800	55	¥550.00	¥4,350.00
售后部	赵建华	2000	1800	55	¥550.00	¥4,350.00
内勤	刘海洋	1500	1200	10	¥100.00	¥2,800.00
内勤	周耀华	1500	1200	10	¥100.00	¥2,800.00
加班补贴：	¥10.00				平均工资	¥5,733.33

图 13-42　平均工资

13.3　将 Excel 数据转换到 Word 文档中

使用复制数据的方法可以将 Excel 数据转换到 Word 文档中，从中学习 Office 各组件协作办公的方法。

【例 13-3】将 Excel 数据复制到 Word 文档中的表格内。视频

(1) 启动 Excel 2019，打开工作簿，选中工作表中的数据。按下 Ctrl+C 组合键执行复制操作，如图 13-43 所示。

(2) 启动 Word 2019，将鼠标指针插入文档中，在【插入】选项卡的【表格】组中单击【表

格】按钮，在弹出的列表中选择【插入表格】选项，如图 13-44 所示。

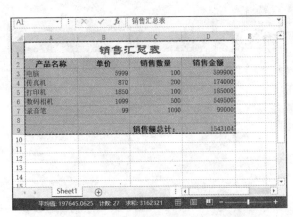

图 13-43　复制数据

图 13-44　选择【插入表格】选项

　　(3) 打开【插入表格】对话框，在其中设置合适的行、列参数后，单击【确定】按钮，如图 13-45 所示，在 Word 中插入一个表格。

　　(4) 选中整个表格，在【开始】选项卡的【剪贴板】组中单击【粘贴】按钮，在弹出的列表中选择【选择性粘贴】选项，打开【选择性粘贴】对话框，在【形式】列表框中选中【无格式文本】选项，然后单击【确定】按钮，如图 13-46 所示。

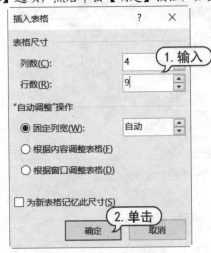

图 13-45　【插入表格】对话框

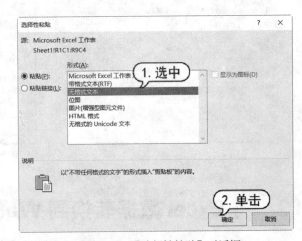

图 13-46　【选择性粘贴】对话框

　　(5) 此时，即可将 Excel 中的数据复制到 Word 文档的表格中，选中表格的第 1 行，右击鼠标，在弹出的快捷菜单中选择【合并单元格】命令，如图 13-47 所示。

　　(6) 在【开始】选项卡的【字体】组中，设置表格中文本的格式，然后选中并右击表格，在弹出的快捷菜单中选择【自动调整】|【根据内容自动调整表格】命令，调整表格后的最终效果如图 13-48 所示。

图 13-47　选择【合并单元格】命令

图 13-48　自动调整表格

13.4　Word 与 Excel 数据同步

将 Excel 表格转换到 Word 文档时可以设置两者数据同步。

【例 13-4】 把 Excel 中的表格插入 Word 文档中，并且保持实时更新。 视频

(1) 启动 Word 2019，在其中输入文本，如图 13-49 所示。

(2) 启动 Excel 2019，在其中输入数据，如图 13-50 所示。

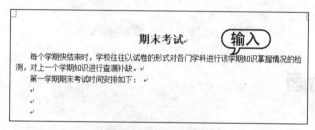

图 13-49　输入文本

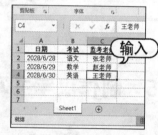

图 13-50　输入数据

(3) 在 Excel 中选中 A1:C4 单元格区域，然后按下 Ctrl+C 组合键复制数据。

(4) 切换至 Word，选中文档底部的行，在【剪贴板】组中单击【粘贴】按钮，在弹出的列表中选择【链接与保留源格式】选项，此时，Excel 中的表格将被复制到 Word 文档中，如图 13-51 所示。

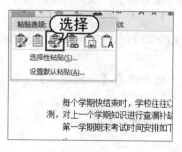

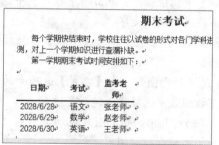

图 13-51　选择【链接与保留源格式】选项

(5) 将鼠标指针放置在 Word 文档中插入的表格左上角的 ⊞ 按钮上,按住鼠标左键拖动,调整表格在文档中的位置,如图 13-52 所示。

(6) 将鼠标指针放置在表格右下角的 □ 按钮上,按住鼠标左键拖动,调整表格的高度和宽度,如图 13-53 所示。

图 13-52　调整表格位置

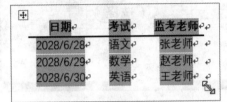

图 13-53　调整表格的高度和宽度

(7) 当 Excel 工作表的数据变动时,Word 文档的数据会实时更新。例如,在 Excel 工作表 C2 单元格中将"张老师"修改为"徐老师",如图 13-54 所示。

(8) 此时,Word 中的表格数据将自动同步发生变化,如图 13-55 所示。

	A	B	C
1	日期	考试	监考老师
2	2028/6/28		徐老师
3	2028/6/29	数学	赵老师
4	2028/6/30	英语	王老师
5			

图 13-54　修改数据

图 13-55　数据同步变化

13.5　制作汉字书写动画

在 PowerPoint 2019 中插入形状并运用动画功能,制作模拟汉字书写效果的动画,学习并巩固在 PowerPoint 中使用动画的方法。

☞【例 13-5】制作一个模拟汉字书写的动画。 📹视频

(1) 启动 PowerPoint 2019,新建一个演示文稿,选择【插入】选项卡,在【文本】组中单击【文本框】下拉按钮,在弹出的下拉列表中选择【绘制横排文本框】选项,在幻灯片中插入一个文本框并在其中输入文字"汉"。

(2) 在【插图】组中单击【形状】下拉按钮,在弹出的下拉列表中选择【矩形】选项,在幻灯片中绘制一个矩形图形。

(3) 选中矩形图形,在【格式】选项卡的【形状样式】组中单击【形状轮廓】下拉按钮,在弹出的下拉列表中选择【无轮廓】选项。

(4) 将幻灯片中的矩形图片拖动至文本"汉"的上方,然后按下 Ctrl+A 组合键,同时选中幻灯片中的文本框和矩形图形。

(5) 选择【格式】选项卡,在【插入形状】组中单击【合并形状】下拉按钮,在弹出的下拉列表中选择【拆分】选项,如图 13-56 所示。

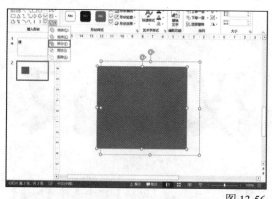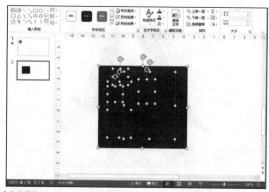

图 13-56　拆分图形

(6) 矩形图形和汉字将被拆分合并，删除其中多余的图形，如图 13-57 左图所示。

(7) 此时，幻灯片中的文字将被拆分为以下 4 个部分，如图 13-57 右图所示。

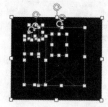

图 13-57　删除图形中多余的部分后，文字将被拆分成 4 个部分

(8) 选中汉字右侧的"又"，按下 Ctrl+D 组合键，将其复制两份，如图 13-58 所示。

(9) 选中并右击左侧的"又"图形，在弹出的快捷菜单中选择【编辑顶点】命令，通过拖动控制点对图形进行编辑(右击不需要的控制点，在弹出的快捷菜单中选择【删除顶点】命令)，使其效果如图 13-59 所示。

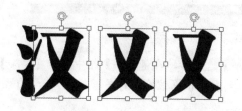

图 13-58　复制"又"图形

图 13-59　编辑图形顶点

(10) 使用同样的方法，编辑中间和右侧的两个"又"图形，使其效果如图 13-60 所示。

(11) 将拆分后的笔画组合在一起，如图 13-61 所示。

计算机基础与实训教材系列

图 13-60　通过编辑顶点制作撇和捺图形　　　　　　　　图 13-61　组合图形

(12) 选中"汉"字的第一笔"、"，选择【动画】选项卡，在【动画】组中选择【擦除】选项，然后单击【效果选项】下拉按钮，在弹出的下拉列表中根据该笔画的书写顺序选择【自顶部】选项，如图 13-62 所示。

图 13-62　设置"擦除"动画的显示方向

(13) 选中"汉"字的第二笔"、"，选择【动画】选项卡，在【动画】组中选择【擦除】选项，然后单击【效果选项】下拉按钮，在弹出的下拉列表中根据该笔画的书写顺序选择【自左侧】选项。

(14) 重复以上操作，为"汉"字的其他笔顺设置"擦除"动画，并根据笔画的书写顺序设置【效果选项】参数。

(15) 在【动画】选项卡的【高级动画】组中单击【动画窗格】按钮，在打开的窗格中按住 Ctrl 键选中所有动画，然后在【计时】组中设置动画的"持续时间"和"延迟"，如图 13-63 所示。

(16) 最后，按下 F5 键放映 PPT，即可在页面中浏览汉字书写动画效果，如图 13-64 所示。

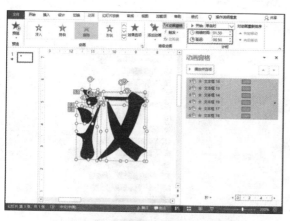

图 13-63   设置动画的持续时间和延迟

图 13-64   汉字书写动画效果

13.6   制作员工培训 PPT

使用 PowerPoint 2019 的自带主题制作员工培训演示文稿，学习并巩固在 PowerPoint 中插入修饰元素的方法。

【例 13-6】 制作员工培训 PPT。 视频

(1) 启动 PowerPoint 2019，新建一个名为 "员工培训" 的演示文稿，如图 13-65 所示。

(2) 打开【设计】选项卡，在【主题】组中单击【其他】按钮，从弹出的列表框中选择【丝状】样式，如图 13-66 所示。

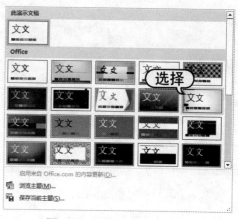

图 13-65   新建演示文稿

图 13-66   选择【丝状】样式

(3) 此时第 1 张幻灯片应用该样式，如图 13-67 所示。

(4) 单击【变体】组中的【其他】按钮，从弹出的列表框中选择【颜色】|【黄绿色】选项，应用该颜色样式，如图 13-68 所示。

计算机基础与实训教材系列

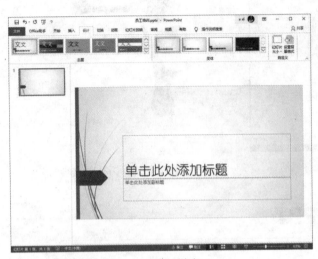

图 13-67　应用样式　　　　　　　　　图 13-68　选择【黄绿色】选项

(5) 在幻灯片的两个文本占位符中输入文字，设置标题文字字体为"华文新魏"，字号为80，字体颜色为【蓝色】，副标题字体为"华文楷体"，字号为40，字体颜色为【蓝色】，效果如图13-69所示。

(6) 在【开始】选项卡的【幻灯片】组中单击【新建幻灯片】按钮，添加一张新的空白幻灯片，如图 13-70 所示。

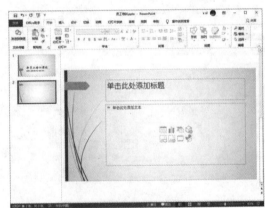

图 13-69　输入文字　　　　　　　　　　图 13-70　添加幻灯片

(7) 打开【视图】选项卡，在【母版版式】选项组中单击【幻灯片母版】按钮，显示幻灯片母版视图，如图 13-71 所示。

(8) 选中第 2 张幻灯片母版，在左侧选中菱形图片，放大图片的尺寸。然后在【关闭】组中单击【关闭母版视图】按钮，返回到普通视图模式，如图 13-72 所示。

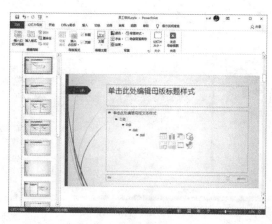

图 13-71 幻灯片母版视图 　　　　　　　　　图 13-72 设置菱形图片

(9) 打开【设计】选项卡，单击【自定义】组的【设置背景格式】按钮，打开【设置背景格式】窗格，在【颜色】栏中设置背景颜色，然后单击【应用到全部】按钮，如图 13-73 所示。

(10) 此时所有的幻灯片都应用该背景颜色，效果如图 13-74 所示。

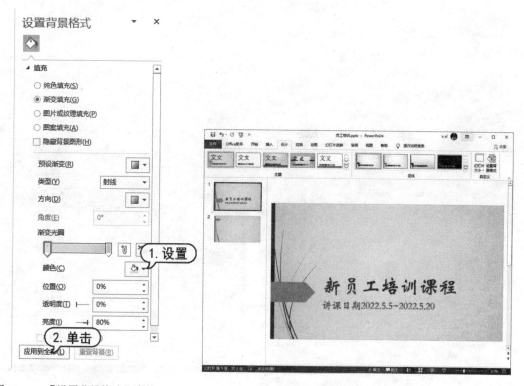

图 13-73 【设置背景格式】窗格 　　　　　　　图 13-74 应用背景颜色

(11) 在第 2 张幻灯片的文本占位符中输入文字。设置标题文字字号为 60，字形为【加粗】和【阴影】；设置文本字号为 32，效果如图 13-75 所示。

(12) 使用同样的方法，添加一张空白幻灯片，在文本占位符中输入文字，设置标题文字字号为 60，字形为【加粗】和【阴影】；设置文本字号为 32，效果如图 13-76 所示。

图 13-75 输入文字

图 13-76 输入文字

(13) 在【开始】选项卡的【幻灯片】组中单击【新建幻灯片】下拉按钮，从弹出的幻灯片样式列表中选择【仅标题】选项，如图 13-77 所示，新建一张仅有标题的幻灯片。

(14) 在标题文本占位符中输入文本，设置其字号为 60，字形为【加粗】和【阴影】，效果如图 13-78 所示。

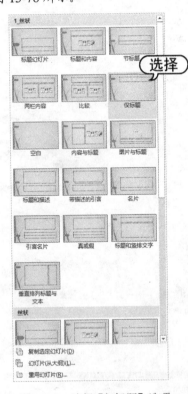

图 13-77 选择【仅标题】选项

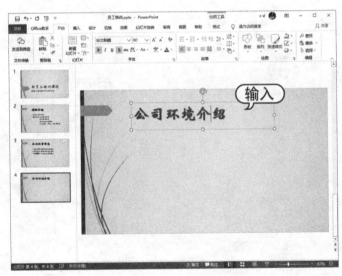

图 13-78 输入文字

(15) 打开【插入】选项卡，在【插图】组中单击【SmartArt】按钮，打开【选择 SmartArt 图形】对话框。选择其中的【流程】选项卡，选择【交错流程】样式，单击【确定】按钮，如图 13-79 所示。

(16) 将 SmartArt 图形插入幻灯片中并调整其大小和位置，如图 13-80 所示。

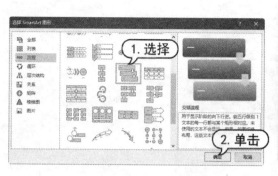

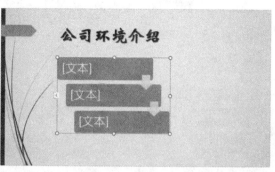

图 13-79　【选择 SmartArt 图形】对话框　　　　图 13-80　调整 SmartArt 图形

(17) 单击 SmartArt 图形中的形状，在其中输入文本。设置其文本格式为华文楷体，字号为 40，效果如图 13-81 所示。

(18) 在【开始】选项卡的【幻灯片】组中单击【新建幻灯片】下拉按钮，从弹出的幻灯片样式列表中选择【空白】选项，如图 13-82 所示，新建一张空白幻灯片。

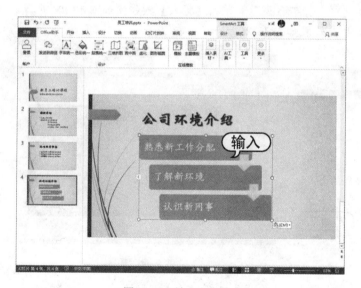

图 13-81　输入文本

图 13-82　选择【空白】选项

(19) 打开【设计】选项卡，在【自定义】组中单击【设置背景格式】按钮，打开【设置背景格式】窗格，选择【填充】|【图片或纹理填充】单选按钮，然后单击【插入】按钮，如图 13-83 所示。

计算机基础与实训教材系列

(20) 打开【插入图片】界面，选择【来自文件】选项，如图 13-84 所示。

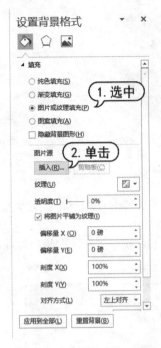

图 13-83　单击【插入】按钮　　　　　　　图 13-84　选择【来自文件】选项

(21) 打开【插入图片】对话框，选择一张背景图片，单击【插入】按钮，如图 13-85 所示。

(22) 此时即可显示幻灯片背景图片，效果如图 13-86 所示。

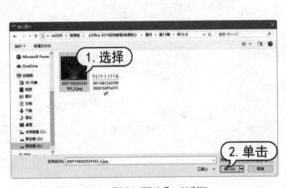

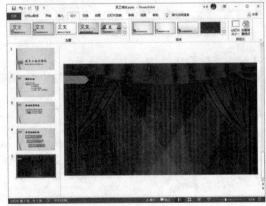

图 13-85　【插入图片】对话框　　　　　　　图 13-86　插入背景图片

(23) 在【设置背景格式】窗格中，选择【艺术效果】选项，单击下拉按钮，选择【塑封】选项，如图 13-87 所示。

(24) 此时即可显示设置艺术效果的幻灯片背景图片，效果如图 13-88 所示。

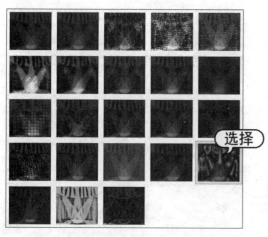

图 13-87 选择【塑封】选项

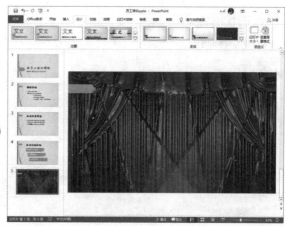

图 13-88 设置艺术效果

(25) 打开【插入】选项卡，在【文本】组中单击【艺术字】按钮，从弹出的艺术字列表框中选择一种样式，如图 13-89 所示。

(26) 将艺术字文本框插入幻灯片中，输入文本内容，并将艺术字拖动到合适的位置，如图 13-90 所示。

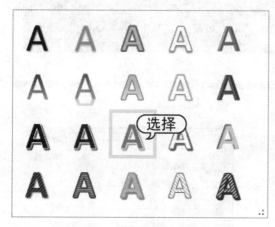

图 13-89 选择艺术字样式

图 13-90 输入文本

(27) 右击艺术字，在弹出的快捷菜单中选择【设置形状格式】命令，打开【设置形状格式】窗格，选择【文本选项】选项，在【文本填充】选项区域中选择【渐变填充】单选按钮，在【渐变光圈】中单击不同滑块，然后在下面的【颜色】下拉列表中设置光圈颜色，如图 13-91 所示。

(28) 此时艺术字经设置后，效果如图 13-92 所示。

(29) 在幻灯片预览窗格中选择第 3 张幻灯片缩略图，将其显示在幻灯片编辑窗口中，如图 13-93 所示。

(30) 打开【插入】选项卡，在【图像】组中单击【图片】按钮，选择【此设备】选项，如图 13-94 所示。

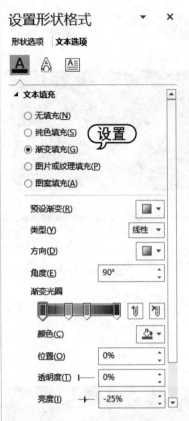

图 13-91　设置颜色

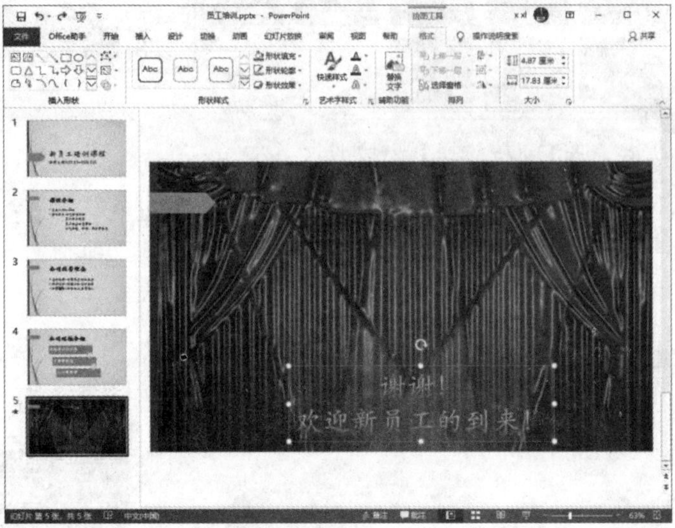

图 13-92　文本效果

图 13-93　选择第 3 张幻灯片

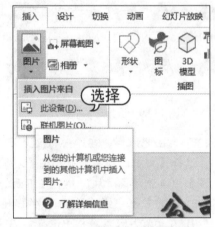

图 13-94　选择【此设备】选项

(31) 打开【插入图片】对话框,选择一张 GIF 图片,单击【确定】按钮,如图 13-95 所示。

(32) 将该图片插入幻灯片中并设置其大小和位置,效果如图 13-96 所示。

图 13-95　选择 GIF 图片插入　　　　　　　　　图 13-96　设置图片

(33) 打开【切换】选项卡，在【切换到此幻灯片】组中单击【其他】按钮，从弹出的切换效果列表框中选择【揭开】选项，如图 13-97 所示。

(34) 在【计时】组中单击【声音】下拉按钮，从弹出的下拉列表中选择【风声】选项，如图 13-98 所示。

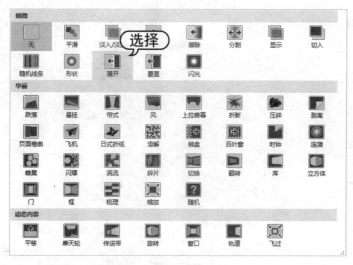

图 13-97　选择【揭开】选项

图 13-98　选择【风声】选项

计算机基础与实训教材系列

(35) 在【计时】组的【换片方式】选项区域中选中两个复选框，并设置幻灯片的播放时间为 2 分钟，单击【应用到全部】按钮，将设置的切换效果和换片方式应用于整个演示文稿，如图 13-99 所示。

(36) 选择第 5 张幻灯片，选中艺术字，打开【动画】选项卡，在【高级动画】组中单击【添加动画】按钮，从弹出的菜单中选择【更多进入效果】选项，如图 13-100 所示。

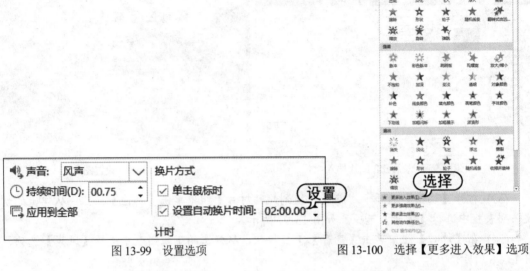

图 13-99　设置选项　　　　　　　　　图 13-100　选择【更多进入效果】选项

(37) 打开【添加进入效果】对话框，在【华丽】选项区域选中【飞旋】选项，单击【确定】按钮，为艺术字对象设置飞旋动画效果，如图 13-101 所示。

(38) 选择第 1 张幻灯片，选中标题文本框，打开【动画】选项卡，在【动画】组中单击【其他】按钮，从弹出的菜单中选择【轮子】进入动画效果选项，如图 13-102 所示。

图 13-101　【添加进入效果】对话框

图 13-102　选择【轮子】选项

(39) 选择第 1 张幻灯片，选中副标题文本框，打开【动画】选项卡，在【动画】组中单击【其他】按钮，从弹出的菜单中选择【补色】强调动画效果选项，如图 13-103 所示。

(40) 此时幻灯片中显示动画标号，表示包含两个动画，如图 13-104 所示。

图 13-103　选择【补色】选项　　　　　　　　　　图 13-104　显示动画编号

(41) 选择第 2 张幻灯片，选中标题文本框，打开【动画】选项卡，在【动画】组中单击【其他】按钮，从弹出的菜单中选择【彩色脉冲】强调动画效果选项，如图 13-105 所示。

(42) 选中副标题文本框，打开【动画】选项卡，在【动画】组中单击【其他】按钮，从弹出的菜单中选择【随机线条】进入动画效果选项，如图 13-106 所示。

图 13-105　选择【彩色脉冲】选项　　　　　图 13-106　选择【随机线条】选项

(43) 按 F5 键开始播放该演示文稿,每放映一张幻灯片可以单击鼠标切换幻灯片,也可以等2 分钟后自动换片,效果如图 13-107 所示。

图 13-107　播放演示文稿

13.7　制作撕纸效果

在 PowerPoint 2019 中插入图片并设置形状格式,制作撕纸效果 PPT,学习并巩固在PowerPoint 中处理 PPT 图片的方法。

【例 13-7】 制作撕纸效果图片。 📹视频

(1) 在 PowerPoint 中插入一张图片后,选择【插入】选项卡,在【插图】组中单击【形状】下拉按钮,选择【矩形】选项,插入一个 1/2 图片大小的矩形图形,如图 13-108 所示。

(2) 选中 PowerPoint 中的图片,选择【格式】选项卡,单击【裁剪】按钮,将图片裁剪成矩形大小,如图 13-109 所示。

图 13-108　绘制矩形　　　　　　　　　　　　　　图 13-109　裁剪图片

(3) 右击矩形图形,在弹出的快捷菜单中选择【编辑顶点】命令。

(4) 通过调整图形上的控制柄,将矩形调整为图 13-110 所示的任意多边形。

(5) 右击步骤 2 裁剪的图片,在弹出的快捷菜单中选择【另存为图片】命令,打开【另存为图片】对话框,将图片保存为 PNG 格式。

(6) 选中步骤 4 制作的任意多边形,右击鼠标,在弹出的快捷菜单中选择【设置形状格式】

命令，打开【设置形状格式】窗格，在【填充】选项区域中选中【图片或纹理填充】单选按钮，设置使用步骤 5 中保存的 PNG 图片填充任意多边形，如图 13-111 所示。

图 13-110　编辑图形顶点

图 13-111　使用图片填充图形

(7) 删除页面左侧的图片。选择【插入】选项卡，在【插图】组中单击【形状】下拉按钮，使用【自由曲线】工具 ，在页面中的图形边缘绘制如图 13-112 所示的自由曲线。

(8) 右击绘制的图形，在弹出的快捷菜单中选择【设置形状格式】命令，打开【设置形状格式】窗格，将图形的填充色设置为"白色"，轮廓设置为"无轮廓"。

(9) 选中页面中的图片和图形，右击鼠标，在弹出的快捷菜单中选择【组合】|【组合】命令，如图 13-113 所示，将图片组合，然后按下 Ctrl+C 组合键和 Ctrl+Alt+V 组合键。

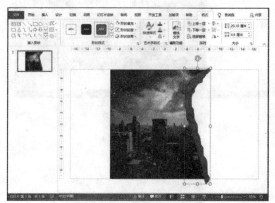

图 13-112　绘制自由曲线

图 13-113　组合图形和形状

(10) 打开【选择性粘贴】对话框，选中【图片(PNG)】选项，单击【确定】按钮，如图 13-114 所示。将组合后的图形转换为 PNG 格式的图片。

(11) 删除页面中组合后的图形，选中步骤 10 转换的 PNG 图片。选择【格式】选项卡，单击【裁剪】按钮，对转换后的图片进行裁剪，裁剪掉图片四周多余的部分，如图 13-115 所示。

图 13-114　【选择性粘贴】对话框

图 13-115　裁剪图片

　　(12) 选择【格式】选项卡，在【图片样式】组中单击【图片效果】下拉按钮，为图片设置图 13-116 所示的阴影效果。

　　(13) 重复以上操作，使用同样的方法在页面中制作效果如图 13-117 右图所示的另一半图。

图 13-116　设置阴影效果

图 13-117　撕纸效果图片

本套教材涵盖了计算机各个应用领域，包括计算机硬件知识、操作系统、数据库、编程语言、文字录入和排版、办公软件、计算机网络、图形图像、三维动画、网页制作以及多媒体制作等。众多的图书品种可以满足各类院校相关课程设置的需要。已出版的图书书目如下表所示。

图书书名	图书书名
《中文版 Photoshop CC 2018 图像处理实用教程》	《中文版 Office 2016 实用教程》
《中文版 Animate CC 2018 动画制作实用教程》	《中文版 Word 2016 文档处理实用教程》
《中文版 Dreamweaver CC 2018 网页制作实用教程》	《中文版 Excel 2016 电子表格实用教程》
《中文版 Illustrator CC 2018 平面设计实用教程》	《中文版 PowerPoint 2016 幻灯片制作实用教程》
《中文版 InDesign CC 2018 实用教程》	《中文版 Access 2016 数据库应用实用教程》
《中文版 CorelDRAW X8 平面设计实用教程》	《中文版 Project 2016 项目管理实用教程》
《中文版 AutoCAD 2019 实用教程》	《中文版 AutoCAD 2018 实用教程》
《中文版 AutoCAD 2017 实用教程》	《中文版 AutoCAD 2016 实用教程》
《电脑入门实用教程(第三版)》	《电脑办公自动化实用教程(第三版)》
《计算机基础实用教程(第三版)》	《计算机组装与维护实用教程(第三版)》
《新编计算机基础教程(Windows 7+Office 2010 版)》	《中文版 After Effects CC 2017 影视特效实用教程》
《Excel 财务会计实战应用(第五版)》	《Excel 财务会计实战应用(第四版)》
《Photoshop CC 2018 基础教程》	《Access 2016 数据库应用基础教程》
《AutoCAD 2018 中文版基础教程》	《AutoCAD 2017 中文版基础教程》
《AutoCAD 2016 中文版基础教程》	《Excel 财务会计实战应用(第三版)》
《Photoshop CC 2015 基础教程》	《Office 2010 办公软件实用教程》
《Word+Excel+PowerPoint 2010 实用教程》	《AutoCAD 2015 中文版基础教程》
《Access 2013 数据库应用基础教程》	《Office 2013 办公软件实用教程》
《中文版 Photoshop CC 2015 图像处理实用教程》	《中文版 Office 2013 实用教程》
《中文版 Flash CC 2015 动画制作实用教程》	《中文版 Word 2013 文档处理实用教程》
《中文版 Dreamweaver CC 2015 网页制作实用教程》	《中文版 Excel 2013 电子表格实用教程》
《中文版 Illustrator CC 2015 平面设计实用教程》	《中文版 PowerPoint 2013 幻灯片制作实用教程》
《中文版 InDesign CC 2015 实用教程》	《中文版 Access 2013 数据库应用实用教程》
《中文版 CorelDRAW X7 平面设计实用教程》	《中文版 Project 2013 实用教程》
《电脑入门实用教程(第二版)》	《电脑办公自动化实用教程(第二版)》

(续表)

图 书 书 名	图 书 书 名
《计算机基础实用教程(第二版)》	《计算机组装与维护实用教程(第二版)》
《中文版 Photoshop CC 图像处理实用教程》	《中文版 Office 2010 实用教程》
《中文版 Flash CC 动画制作实用教程》	《中文版 Word 2010 文档处理实用教程》
《中文版 Dreamweaver CC 网页制作实用教程》	《中文版 Excel 2010 电子表格实用教程》
《中文版 Illustrator CC 平面设计实用教程》	《中文版 PowerPoint 2010 幻灯片制作实用教程》
《中文版 InDesign CC 实用教程》	《中文版 Access 2010 数据库应用实用教程》
《中文版 CorelDRAW X6 平面设计实用教程》	《中文版 Project 2010 实用教程》
《中文版 AutoCAD 2015 实用教程》	《中文版 AutoCAD 2014 实用教程》
《中文版 Premiere Pro CC 视频编辑实例教程》	《电脑入门实用教程(Windows 7+Office 2010)》
《Oracle Database 12c 实用教程》	《ASP.NET 4.5 动态网站开发实用教程》
《AutoCAD 2014 中文版基础教程》	《Windows 8 实用教程》
《Mastercam X6 实用教程》	《C#程序设计实用教程》
《中文版 Photoshop CS6 图像处理实用教程》	《中文版 Office 2007 实用教程》
《中文版 Flash CS6 动画制作实用教程》	《中文版 Word 2007 文档处理实用教程》
《中文版 Dreamweaver CS6 网页制作实用教程》	《中文版 Excel 2007 电子表格实用教程》
《中文版 Illustrator CS6 平面设计实用教程》	《中文版 PowerPoint 2007 幻灯片制作实用教程》
《中文版 InDesign CS6 实用教程》	《中文版 Access 2007 数据库应用实用教程》
《中文版 Premiere Pro CS6 多媒体制作实用教程》	《中文版 Project 2007 实用教程》
《网页设计与制作(Dreamweaver+Flash+Photoshop)》	《AutoCAD 机械制图实用教程(2018 版)》
《Access 2010 数据库应用基础教程》	《计算机基础实用教程(Windows 7+Office 2010 版)》
《ASP.NET 4.0 动态网站开发实用教程》	《中文版 3ds Max 2012 三维动画创作实用教程》
《AutoCAD 机械制图实用教程(2012 版)》	《Windows 7 实用教程》
《多媒体技术及应用》	《Visual C# 2010 程序设计实用教程》
《AutoCAD 机械制图实用教程(2011 版)》	《AutoCAD 机械制图实用教程(2010 版)》